国家自然科学基金项目（42172082、U1812402、92162218、41872095 和 41430315）
云南大学科研启动项目（YJRC4201804）
云南大学与贵州地矿局 109、104 地质大队合作科研项目（2020–2022）　　　联合资助
云南大学关键金属成矿与找矿预测创新团队项目（2021–3）
云南省关键金属成矿与找矿预测硕士生导师团队项目（2023–2026）

贵州贵定—都匀地区铅锌矿床
成矿规律与找矿预测

周家喜　　金中国　　黄智龙　　等　著

U0209939

科学出版社
北　京

内 容 简 介

本书在简要分析黔东地区和贵定—都匀地区地质概况的基础上，重点以半边街—竹林沟锗锌矿田和牛角塘镉锌矿田为研究对象，详细剖析典型矿床地质特征、元素和同位素地球化学特征、遥感地质特征、构造分形特征等，在半边街—竹林沟锌矿田发现 Ge 的显著超常富集现象，其中半边街矿床评审备案 Ge 金属资源量超过 900t，竹林沟矿床评审备案 Ge 金属资源量超过 400t，分别达到超大型和大型共/伴生锗矿床规模。同时，首次揭示出 Ge 在半边街—竹林沟锗锌矿田中的两种赋存状态，即类质同象和微纳米独立 Ge 矿物包体，率先提出 Ge 最终富集受闪锌矿矿物结构（指矿物形态并非晶体结构）控制，并进一步指出 pH 和矿物生长速率是关键制约因素。最后，认为本区富稀散金属铅锌矿床是低温热卤水—构造组合—岩石组合耦合成矿作用的产物，成因类型上可与密西西比河谷型铅锌矿床对比，成矿流体很有可能是由西南向北东沿着区域性构造运移，具有多个流体混合汇聚中心，找矿潜力巨大，并在包括贵定—都匀地区在内的黔东地区划分三类找矿远景区，其中 A 类共 2 个（牛角塘矿田和半边街—竹林沟矿田的深部及外围）；B 类 1 个（独牛背斜核部）；C 类 1 个（三丹地区朱砂场），为下一步区域铅锌矿产勘查部署提供依据。

本书可供地质学、地球化学、区域成矿学、矿产勘查学、矿山地质学以及矿物学、岩石学、矿床学、资源综合利用等方面科研院所、大专院校、勘查单位和矿业企业科技人员、教师、学生等参考。

图书在版编目(CIP)数据

贵州贵定–都匀地区铅锌矿床成矿规律与找矿预测 / 周家喜等著. —北京：科学出版社，2024.3
ISBN 978-7-03-078195-6

Ⅰ.①贵… Ⅱ.①周… Ⅲ.①铅锌矿床–成矿规律–研究–贵州
②铅锌矿床–成矿预测–研究–贵州 Ⅳ.①P618.4

中国国家版本馆 CIP 数据核字（2024）第 053041 号

责任编辑：罗　莉 / 责任校对：彭　映
责任印制：罗　科 / 封面设计：墨创文化

科学出版社 出版
北京东黄城根北街16号
邮政编码：100717
http://www.sciencep.com

四川煤田地质制图印务有限责任公司 印刷
科学出版社发行　各地新华书店经销
*
2024 年 3 月第 一 版　开本：787×1092 1/16
2024 年 3 月第一次印刷　印张：14 1/4
字数：338 000
定价：218.00 元
（如有印装质量问题，我社负责调换）

作者名单

周家喜　金中国　黄智龙　罗　开　孙国涛

程　涌　田亚江　杨兴玉　陈　琪　崔中良

孟庆田　徐阳东　包广萍　杨智谋　安芸林

前　　言

位于扬子地块东南缘的黔东—湘西铅锌成矿带是我国重要的铅锌成矿带，分布有花垣铅锌矿集区、松桃—铜仁铅锌矿集区、凯里—都匀铅锌矿集区、贵定—都匀铅锌矿集区等，有著名的花垣超大型铅锌矿床，都匀牛角塘、贵定半边街和竹林沟中型铅锌矿床产出。与相邻的湘西铅锌成矿区相比，黔东铅锌成矿区的研究和勘查程度都要低得多。近年来，在黔东铅锌成矿区陆续实现了半边街—竹林沟锌矿田、都匀牛角塘锌矿田、丹寨老东寨铅锌矿等多个矿田/床找矿新突破，并发现了半边街和竹林沟锌矿床中关键金属锗(Ge)的显著超常富集现象(相较于 Ge 的地壳丰度 $1.5×10^{-6}$，闪锌矿中 Ge 含量超过 $1600×10^{-6}$，富集程度超过 1000 倍，锌矿石中 Ge 平均含量达到 $110×10^{-6}$，富集程度接近 100 倍)。因此，及时对黔东铅锌成矿区南西段贵定—都匀地区铅锌矿床成矿规律与找矿预测进行总结和研究，有助于理解黔东铅锌成矿区乃至整个黔东—湘西铅锌成矿带富稀散金属铅锌矿床成因，同时将为建立基于稀散金属超常富集新认识的区域成矿与找矿模式，实现新的找矿突破提供理论指导。

本次工作在对以往工作进行总结的基础上，通过典型矿床地质特征研究及元素和同位素地球化学特征分析，初步揭示了典型铅锌矿床中 Ge、镉(Cd)等稀散元素的赋存状态、富集规律和富集机制，总结了贵定—都匀地区铅锌矿床(点)成矿规律，同时结合遥感资料和分形理论，进行了找矿预测，在区域成矿规律、矿床成因、成矿预测和找矿远景等方面取得以下新认识。

(1)黔东地区铅锌矿床(点)受层位、构造和岩石组合多重控制，与古油藏具有密切的成因联系。围岩蚀变主要包括碳酸盐化(包括方解石化、白云石化和铁锰碳酸盐化)、黄铁矿化、重晶石化、硅化和有机碳化/沥青化等。

(2)贵定—都匀地区铅锌矿田白云石化可以划分为三期五阶段，即成矿期前(Dol1)、成矿期[早期(Dol2)、主成矿期(Dol3)、晚期(Dol4)]和成矿期后(Dol5)，各期次白云石产出特征和阴极发光特征不同。

(3)贵定—都匀地区铅锌矿田普遍富集稀散金属，其中半边街—竹林沟锌矿田富锗、牛角塘锌矿田富镉等，并在半边街—竹林沟锌矿田发现锗的显著超常富集现象，其中半边街备案锗金属资源量超过 900t，竹林沟备案锗金属资源量超过 400t，分别达到超大型和大型共/伴生锗矿床规模。

(4)首次揭示出锗在半边街—竹林沟锌矿田中的两种赋存状态，即类质同象和富锗纳米颗粒。提出锗最终富集受闪锌矿矿物结构(指矿物形态并非晶体结构)控制，并进一步指出 pH 和矿物生长速率是关键制约因素。

(5)贵定—都匀地区铅锌矿田成矿流体是中低温深循环卤水，成矿流体中还原硫主要来自赋存地层中的膏盐岩，还原硫形成机制包括细菌硫酸盐还原作用(BSR)和热化学硫酸盐还原作用(TSR)，其中BSR发生在成矿前，有机质在TSR中充当还原剂；成矿流体中金属主要来自基底岩石，部分来自赋矿地层；流体混合作用是硫化物沉淀的主要机制。

(6)黔东地区铅锌矿床是低温热卤水—构造组合—岩石组合耦合成矿作用的产物，成因类型上可与密西西比河谷型(Mississippi-valley type，MVT)铅锌矿床对比，成矿流体很有可能是由南西(SW)向北东(NE)沿着区域性构造运移，具有多个流体混合汇聚中心，找矿潜力巨大。

(7)综合地质规律、遥感解译和分形理论计算成果，在包括贵定—都匀地区在内的黔东地区划分三类找矿远景区，其中A类共2个(牛角塘矿田和半边街—竹林沟矿田的深部及外围)；B类1个(独牛背斜核部)；C类1个(三丹地区朱砂场)。

本书撰写分工如下。前言：周家喜；第一章：周家喜、金中国、黄智龙、程涌、田亚江、杨兴玉；第二章：周家喜、金中国、黄智龙、罗开、孙国涛；第三章：周家喜、田亚江、杨兴玉、孟庆田、安芸林、杨智谋；第四章：周家喜、罗开、孙国涛、包广萍；第五章：周家喜、罗开、包广萍、杨智谋、安芸林；第六章：崔中良、周家喜；第七章：陈琪、徐阳东、周家喜；第八章：周家喜、程涌、罗开、孙国涛、金中国、黄智龙；第九章：周家喜、金中国、黄智龙。全书由周家喜统一定稿完成。

由于著者水平有限，书中疏漏难免，敬请读者批评指正！

周家喜　云南大学

2023年10月10日于春城

目　　录

第一章　黔东地区地质概况

黔东地区位于贵州省贵阳市以东,黔东铅锌成矿区范围包括黔南坳陷东部及相邻的凯里北部—铜仁东部地区,是鄂西—湘西—黔东铅锌成矿带的重要组成部分(吴根耀等,2012;叶霖等,2018;Zhou et al.,2022),大地构造上处于扬子地块的东南缘[图1-1(a)],东部与江南造山带之雪峰山隆起毗邻(Luo et al.,2022;Cui et al.,2022)。

研究区地壳结构复杂,经历了多期构造变形形迹的复合、联合与叠加(徐政语等,2010;王伟锋等,2014),具有优越的成矿地质背景和形成大型—超大型矿床的成矿地质条件(兰天龙,2013;金少荣等,2018;叶霖等,2018;Zhou et al.,2022)。众多的铅锌矿床(点)赋存于震旦系—泥盆系碳酸盐岩中,沿NE向的铜仁—三都断裂带为中心呈带状展布(彭松等,2021),典型代表包括铜仁卜口场(杨红梅等,2015)、镇远金堡(杨宗文等,2015)、松桃嗅脑(李堃等,2018)、丹寨乌龙沟(杨松平等,2018)、凯里柏松(程涌等,2022ab)、都匀牛角塘(Ye et al.,2012;Zhou et al.,2022)等矿床/田及近年来取得找矿突破的贵定竹林沟(杨德智等,2020;杨智谋等,2021;Luo et al.,2022)和半边街(An et al.,2022;孟庆田等,2022;Sun et al.,2023)锌矿床。

黔东成矿区的铅锌矿床具有相似的成矿条件、控矿因素和矿化特征(王华云,1996;陈国勇等,2005;兰天龙,2013;叶霖等,2018;彭松等,2021)。一些铅锌矿床以富集关键矿产Ge和Cd为特点,如竹林沟—半边街锌矿田备案Ge金属资源量超过1300t,其中竹林沟锌矿床Ge金属备案资源量超过400t,达到大型共/伴生Ge矿床规模(周家喜等,2021),半边街锌矿床Ge金属备案资源量超过900t,达到超大型共/伴生锗矿床规模(周家喜等,2020a,2020b);牛角塘铅锌矿田Cd金属资源量超过5000t,达到超大型共/伴生镉矿床规模(刘铁庚和叶霖,2000;Ye et al.,2012)。可见,研究区Pb、Zn等紧缺矿产和Ge、Cd等关键矿产的勘探潜力巨大。

第一节　区　域　地　层

一、基底

黔东地区基底具有双层结构与岛链式结构双重特点(徐政语等,2010)。其中深部结晶基底可能主要由中元古界四堡群构成,呈岛链式分布;浅部浅变质基底主要由新元古界板溪群、下江群和丹州群组成,出露于研究区东南部雪峰山隆起区[图1-1(b)]。

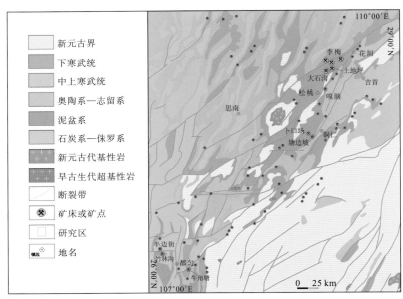

图 1-1　黔东地区地质简图及主要铅锌矿分布

注：据李堃等（2021）和 Zhou 等（2022）修改。

深部变质基底四堡群岩性由变质火山岩和陆源碎屑变质岩组成。底部为沉积变质岩夹火成岩，沉积变质岩颜色多为浅灰—灰色，岩性以变余砂岩及板岩为主，其次为千枚岩，少量片岩及变余凝灰岩，它们常为不等厚互层；火山岩以基性及超基性为主，有细碧岩、角斑岩、辉绿岩、辉石岩等；与梵净山群下部 4 个组相似，但枕状细碧岩较少，部分基性—超基性岩为侵入岩，厚度超过 3000m。上部为浅灰、灰绿色等变余砂岩、变余粉砂岩、板岩、千枚岩、片岩及凝灰岩等组成不等厚互层，大致可分 3～5 个以碎屑岩为主或黏土质岩为主的岩性段；特征与梵净山群上部 3 个组相似，厚度超过 2000m。

浅部浅变质基底自北向南分布着板溪群、下江群和丹州群浅变质岩系，主要由浅变质海相砂页岩、凝灰岩及少量碳酸盐岩组成；就原岩而论，板溪群主体发育紫红色泥岩和粉砂岩，下江群则发育巨厚的灰绿色陆源碎屑浊积岩和火山碎屑浊积岩，丹州群为厚度不大的陆源碎屑浊积岩和碎屑沉积，三者分别代表斜坡上部、斜坡下部和平原或盆地沉积。按岩性特征及其组合，总体呈 NE-SW 向展布，基本与深部重力异常显示相吻合，三者在贵州、湖南地区呈现由 NW 向 SE 方向具有"红板溪"向"黑板溪"至"复理石板溪"逐渐变化的特点，暗示扬子地块南缘基底可能是由扬子古陆沿原陆核边缘逐渐向南不断增生的产物。

二、盖层

研究区沉积盖层由两套沉积地层组成，即发育较完整的震旦纪—中三叠世海相沉积地层和零星分布的晚三叠世—古近纪陆相沉积地层，累计厚度超过 13500m（金宠等，2012）。其中，震旦系陡山沱组、寒武系清虚洞组、奥陶系红花园组、泥盆系高坡场组和望城坡组为研究区的含矿层位。

1. 震旦系(Z)

(1)陡山沱组(Z_1ds)：顶部为灰、深灰色、黑色薄层状碳质黏土岩夹中厚层状黏土质泥晶白云岩，底部为灰、深灰色中厚层状泥晶—粉晶白云岩，为区内老东寨、乌龙沟等矿床的主要赋矿地层。

(2)灯影组(Z_2dy)：主要岩性可分为两段，第一段为灰色、浅灰色中厚层状粉晶—细晶白云岩，第二段为灰色泥晶—细晶白云岩，偶见团块状与透镜状硅质岩。

2. 寒武系(∈)

寒武系是研究区内覆盖面积最广、层位最为完全的沉积地层，呈南北向展布，与上覆、下伏地层均为整合接触，主要为细碎屑岩和碳酸盐岩，属区域性缓坡—碳酸盐台地边缘滩(丘)相产物。

(1)九门冲组($∈_1j$)：本组岩性以黑色碳质页岩为主，偶夹砂质或硅质页岩，下部为高碳质页岩，或夹石煤，揉皱强烈似石墨状，偶夹硅质页岩；中上部碳质页岩偶含砂质或呈碳质黏土岩，夹少量黄绿或灰绿色砂质页岩，层位中偶见少量1～2mm粒状方铅矿晶体，总体厚约120m。与上覆地层杷榔组($∈_1p$)呈整合接触。

(2)乌训组($∈_1w$)：与杷榔组同时异相，分为三段。第一段上部为黄绿色含粉砂质页岩，局部夹少量含碳质页岩；中部为青灰、黄绿色粉砂质页岩、黏土页岩夹少量粉砂岩，风化后呈褐灰色；下部为黄绿、青灰色黏土页岩；岩石中普遍含云母，厚308m。第二段以青灰色条带状灰岩为主，夹灰、青灰色薄层片状泥灰岩和砂质泥灰岩，条带由泥质粉晶灰岩与具层纹的泥灰岩或钙质页岩呈韵律互层构成，厚297m。第三段以青灰色薄层含云母粉砂质泥灰岩为主，风化后呈黄灰色，似页岩；下部夹一层厚约18m的青灰色条带状泥质灰岩，条状由泥灰岩与泥质粉晶灰岩呈韵律互层构成，灰岩部分常呈透镜状；产三叶虫、腕足化石，厚92m。

(3)杷榔组($∈_1p$)：下部为灰绿色含粉砂质泥岩夹页岩，中部为灰绿色、浅灰色砂质、粉砂质泥岩夹薄层石英粉砂岩和石英砂岩，顶部为一套灰绿—黄绿色钙质页岩、泥岩，总厚度约为150m。与上覆地层清虚洞组($∈_1q$)呈整合接触。

(4)清虚洞组($∈_1q$)：灰、深灰色薄层—厚层状灰岩、白云质灰岩或白云岩，夹泥质白云岩或鲕粒灰岩，为研究区内都匀牛角塘、铜仁卜口场和松桃嗅脑等矿田/床的主要赋矿层位。

(5)高台组($∈_2g$)：底部为一套灰色薄层砂泥质白云岩及粉砂质黏土岩，中部为深灰色、灰色薄层—厚层状泥质条带白云岩，顶部为灰色薄至中层状泥沙质白云岩及黏土岩，层内大部分岩性段均含三叶虫化石，厚约40m，与上覆地层石冷水组($∈_2s$)呈整合接触。

(6)石冷水组($∈_2s$)：下部为灰、浅灰色薄层至中层状细粒白云岩，局部风化面呈瘤状或豹皮状，中部为灰、黄灰色厚层含砂质白云岩夹薄层白云岩，偶见灰、浅灰色叶片状白云岩与中厚层细层纹微粒白云岩互层。顶部为一套灰、浅灰色厚层角砾状白云岩与薄层状微粒白云岩互层，厚约230m，与上覆地层娄山关组($∈_3l$)呈整合接触。

(7)娄山关组（$\epsilon_3 l$）：大致可分三段。第一段以灰色薄层白云岩为主，夹少量中层白云岩，底部为浅灰色薄层石英砂岩或白云质砂岩，厚 100m。第二段为本组的主体部分，浅灰、深灰色中厚—厚层块状粗粒白云岩，晶洞发育，夹角砾状及鲕粒白云岩，常含石膏及盐类，厚 200～800m。第三段为灰、浅灰色中厚—厚层白云岩，以含燧石条带或团块为特征，产三叶虫索克虫科（Saukiidae），厚 100～200m。

3. 奥陶系（O）

(1)桐梓组（$O_1 t$）：主要岩性为灰、深灰色中层—厚层夹薄层泥晶—细晶白云岩和细晶—粗晶灰岩，夹砾屑、鲕粒白云岩，常含燧石团块或结核，顶部及底部为灰、灰绿色页岩或钙质页岩，含腕足类、三叶虫等化石，为典型的台地边缘滩相沉积。总厚约 37～226m，与上覆地层红花园组（$O_1 h$）呈整合接触。

(2)红花园组（$O_1 h$）：岩性主要为灰、深灰色中层—厚层状泥晶—粗晶生物碎屑灰岩，广泛发育燧石结核或条带，偶夹页岩，常见头足类及海绵化石，岩性总体较为稳定，以大量生物碎屑、燧石结核及条带为特征，属大陆边缘滩相沉积。厚 20～50m，与上覆地层大湾组呈整合接触，为都匀江洲等矿床的主要赋矿层位。

(3)大湾组（$O_1 d$）：在奥陶系沉积序列中与湄潭组相对应，岩性、厚度较为稳定。下部为黄绿色页岩夹灰色中厚层状泥质条带灰岩、杂色泥灰岩及含云母砂质页岩，中部为紫红色夹黄绿色中厚层瘤状灰岩、泥灰岩夹钙质页岩，顶部为黄绿色泥质粉砂岩、粉砂质泥岩夹页岩、砂质页岩及灰岩，属缓坡外陆棚相沉积。厚度一般为 200m，与上覆地层翁项群（$S_1 w$）呈假整合接触。

(4)湄潭组（$O_1 m$）：上部为灰色中厚层状泥质灰岩夹黏土页岩、生物碎屑灰岩及钙质粉砂岩，中部为浅灰色中厚层钙质粉砂岩及厚层生物碎屑灰岩互层，底部为黄绿色薄片状黏土页岩夹泥质粉砂岩。

4. 志留系（S）

区内出露的志留系由高寨田组（$S_1 g$）及翁项群（$S_1 w$）组成，两套地层为相变关系，属近滨环境沉积。

(1)高寨田组（$S_1 g$）：顶部为紫红色中厚层状钙质粉砂岩夹灰绿色钙质粉砂岩和粉砂质黏土岩，向下为一套角砾岩层，角砾成分为泥晶灰岩、硅质岩；中部为灰色中厚层状泥晶灰岩、生物碎屑泥晶灰岩为主；底部为灰、灰绿色薄层—中厚层黏土质粉砂岩或粉砂质黏土岩。

(2)翁项群（$S_1 w$）：顶部为灰绿色、黄绿色黏土页岩夹灰岩及粉砂质灰岩、下部为灰绿色砂质页岩、黏土页岩及钙质粉砂岩。

5. 泥盆系（D）

泥盆系属滨海相和开阔台地相沉积，其中多组地层为同时期相变关系，与上覆下伏地层均呈假整合接触。

(1)蟒山组(D_2m)：出露不连续，主要岩性为青灰-黄褐色黏土岩、石英砂岩夹泥质粉砂岩，岩性特征较为单一，与上覆高坡场组(D_3g)呈平行不整合接触，属滨岸潮间陆源碎屑岩沉积。总体厚度约为755m。

(2)丹林组(D_2d)：主要岩性为浅灰、灰白色中层—厚层及厚层块状细粒—中粒石英砂岩，顶部夹砾岩及灰色含砂砾质黏土岩。

(3)舒家坪组(D_2s)：上部为灰色砂岩及泥质砂岩，下部为灰白色含砾石英砂岩夹薄层状砾岩。

(4)龙洞水组(D_2l)：深灰色厚层块状泥晶灰岩，底部夹泥质灰岩，含少量生物碎屑。

(5)邦寨组(D_2b)：在三都—荔波一带为灰色厚层状砾岩、含砾石英砂岩，厚29～130m；在独山—高坡场一带为灰黄、浅灰色中层—厚层状细粒石英砂岩夹黏土岩，顶部为紫红色含铁质砂岩。

(6)独山组(D_2ds)：整合于下伏邦寨组，可分为鸡泡段与宋家桥段两个岩性段。鸡泡段岩性为灰、深灰色中层—厚层状生物碎屑灰岩、瘤状灰岩、泥灰岩夹少量灰、浅灰色中厚层状细粒石英砂岩和粉砂岩；宋家桥段岩性为灰、灰褐色中厚层状石英砂岩、含铁砂岩、泥质粉砂岩。鸡泡段为区内荔波奴亚等矿床的主要赋矿层位。

(7)鸡窝寨组(D_2j)：为一套灰、深灰色中厚层—厚层块状泥晶—细晶灰岩、泥质灰岩及白云岩，夹泥灰岩及少量层控虫礁灰岩。

(8)望城坡组(D_3w)：灰、深灰色中层—厚层状泥晶灰岩、生物碎屑灰岩为主，夹较多的泥质灰岩、泥灰岩及白云岩、白云质灰岩，为区内竹林沟等矿床的主要赋矿层位。

(9)高坡场组(D_3g)：底部为灰、深灰色中厚层状泥晶灰岩、泥质灰岩夹泥灰岩、白云质灰岩及白云岩，底板附近为数米至十数米泥灰岩及泥质灰岩，顶部为灰、深灰色中厚层至厚层状微晶灰岩、泥灰岩夹白云岩、白云质灰岩及生物介壳灰岩，属礁后湖碳酸盐岩。厚150～350m，为区内半边街等矿床的主要赋矿层位。

(10)尧梭组(D_3y)：主要岩性为灰、深灰色厚层状细晶—泥晶白云岩、含泥质白云岩、晶洞白云岩、含燧石白云岩夹深灰、灰黑色中厚层状泥晶灰岩。

(11)者王组(D_3z)：为一套深灰色厚层泥晶灰岩，层间含泥质物或呈似层状页岩的地层。含层孔虫等。整合于尧梭组(D_3y)之上与革老河组(D_3g)之下。厚2～100m。

6. 石炭系(C)

(1)汤耙沟组(C_1t)：主体岩性大致分为三部分，下部为灰—灰黑色中厚层状泥晶灰岩、泥质灰岩，夹燧石灰岩、白云质灰岩砾屑灰岩及少量黏土岩；中部为深灰—灰白色中厚层中粒砂岩、泥质砂岩及石英砂岩，夹少量砂质碳质黏土岩、灰岩；顶部为深灰色中厚层泥晶灰岩、泥质灰岩夹黏土岩及砂岩，为典型的滨浅海相含屑碳酸盐岩沉积。厚度为100～150m，与上覆地层祥摆组(C_1x)呈整合接触。

(2)祥摆组(C_1x)：与上覆地层摆佐组(C_1b)呈整合接触。主要岩性为灰、深灰色薄层—中厚层砂岩、砂质泥岩、粉砂岩、黑色页岩互层，夹劣质煤1或2层及菱铁矿结合。含植物化石碎片，属台地边缘滩相碎屑沉积，出露厚度为10～20m。

（3）旧司组（C_1j）：深灰、灰黑色中厚层状泥晶灰岩及黏土页岩，夹较多泥灰岩、燧石灰岩及硅质岩。

（4）上司组（C_1s）：岩性可分为三段，上部为深灰色中厚层泥晶灰岩夹燧石灰岩，中部为紫灰、黑灰色页岩夹泥晶灰岩，底部为深灰色中厚层状泥晶灰岩夹泥灰岩。

（5）摆佐组（C_1b）：摆佐组在研究区内分布广泛，为一套半局限台地—开阔台地相浅灰色白云岩夹灰岩的碳酸盐岩建造，与上覆地层黄龙组（C_2h）、马平组（C_2m）呈整合接触，部分地区见少量铅锌矿化，厚度为 25～150m。

（6）黄龙组（C_2h）：与上覆地层马平组呈假整合接触，岩性变化不明显，为浅灰白色灰岩夹白云岩，属开阔海台地相碳酸盐岩沉积，厚度为 273m。

（7）马平组（C_2m）：假整合于下二叠统梁山组（P_1l）之下，岩性为浅灰、灰白色厚层块状细晶—泥晶灰岩、泥晶生物碎屑灰岩、含泥瘤状泥晶灰岩，局部夹燧石灰岩和白云岩，厚度为 210～420m。

7. 二叠系（P）

（1）梁山组（P_1l）：主要岩性为白色—浅灰色中厚层状石英砂岩、硅质岩及碳质黏土岩，于黏土岩间夹 1 或 2 层劣煤层及 1 层可采煤层，底部为灰色中层—厚层状硅质灰岩，属陆缘盆地相碎屑沉积，与上覆地层栖霞组（P_2q）呈整合接触，厚约 50～300m。

（2）栖霞组（P_2q）：岩性较为均一，由顶部至底部岩性变化不大，以深灰—灰色厚层状细晶白云岩、生物碎屑灰岩、白云质灰岩及燧石泥晶灰岩为主，与上覆茅口组（P_2m）呈整合接触，厚 90～500m。

（3）茅口组（P_2m）：出露范围同栖霞组，为一套巨厚的海相台地碳酸盐岩沉积。主要岩性由上至下可分为两段，上部为浅灰白色厚层块状泥晶灰岩、生物碎屑灰岩，底部为深灰、灰黑色泥晶燧石灰岩、黑色薄层硅质岩及亮晶生物碎屑灰岩夹黏土岩，厚 220～600m。

（4）吴家坪组（P_2w）：岩性为浅灰—深灰色中厚层至厚层状亮晶生物碎屑灰岩、泥晶灰岩，夹少量燧石灰岩、海绵礁灰岩、礁角砾岩及碳酸盐砾岩，局部夹少量黏土岩。总厚度约为 460m，属开阔海台地相碳酸盐岩沉积。

8. 三叠系（T）

（1）飞仙关组（T_1f）：顶部为暗紫色、紫色钙质粉砂岩，夹泥质细砂岩，其间有灰绿色钙质岩屑细砂岩与紫红色黏土岩韵律互层，底部为灰绿色厚层绿泥石质粉砂岩，夹灰绿、紫色黏土岩。

（2）永宁镇组（T_1y）：为灰色黏土岩与灰黄色粉砂—细砂岩互层，夹黑色纹层状砂质黏土岩。

9. 第四系（Q）

第四系地层为冰碛物、冲积物、残积物和坡积物等。

第二节　区 域 构 造

一、概述

　　黔东地区经历了以武陵运动、加里东运动为主的陆洋转换构造旋回和以燕山运动、喜马拉雅山运动为代表的板内活动构造旋回(代传固，2010；徐政语等，2010；戴传固等，2013)，构造发育且复杂。研究区北西部属于湘西侏罗山式褶皱带；东南部为雪峰隆起(雪峰古陆)，是江南造山带(江南古陆)的西段，以广泛出露前寒武纪浅变质基底为特征(颜丹平等，2017)。研究区构造线整体一致呈 NE-SW 向，具有向 NE 收敛、向 SW 散开的趋势，整体呈现帚形构造特征(图 1-2)。

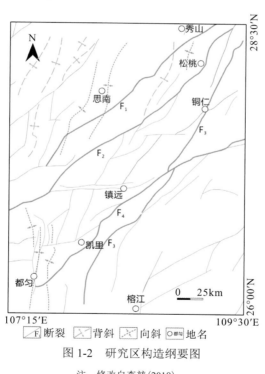

图 1-2　研究区构造纲要图

注：修改自李堃(2018)。

　　黔东地区以发育大型上部指向 NW 的逆冲推覆构造为特征(王伟锋等，2014)。北西部表现为近 SN 向和 NNE 向的隔槽式褶皱带，向斜紧闭呈尖棱状，背斜宽阔呈箱状，沉积盖层卷入变形，而基底未变形，为一典型的薄皮构造。南东的雪峰隆起表现为前寒武纪地层逆冲盖在古生代地层之上，变质基底卷入变形，属于厚皮构造。根据几何学和运动学的相似性及差异性特征，多数学者认为侏罗山式褶皱带是雪峰隆起的前陆变形产物，雪峰隆起是逆冲推覆带的根带(丘元禧等，1998；Yan et al.，2003；Wang et al.，2005)。

研究区断层与褶皱伴生，主要为 NE 向及近 SN 向推覆逆冲断层，次为近 EW 向的走滑断层(图 1-2)。NE 断层与近 SN 向、NNE 向宽缓背斜的交会部位是区域内铅锌矿床集中产出的地段(图 1-1)。

二、断裂构造

研究区主要的断裂特征描述如下。

1. 印江—花垣断裂带(F_1)

印江—花垣断裂带呈 NNE 向展布，与玉屏—铜仁—保靖断裂在保靖县附近交会。该断裂带具有张扭性质，其 NW 盘下降而 SE 盘上升，全长约 210km，主断面呈 NW 向，断距大于 1km。

2. 松桃—石阡断裂带(F_2)

松桃—石阡断裂带呈 NE 向延伸，横贯本区中部。往东被玉屏—铜仁—保靖断裂切割，往南延伸至广西境内。走向为 50°～70°，倾向 SE，倾角为 60°～70°。广泛发育断裂破碎带，带宽 10～50m，最大断距为 700～800m。普遍见角砾岩带和硅化带，角砾呈棱角状，无定向排列，角砾有被再次碎裂并受硅化溶蚀的现象，常见网状石英脉充填，脉壁呈锯齿状，另外见有捕房体的石英钠长斑岩充填，部分硅化角砾岩中见辉锑矿、闪锌矿和黄铁矿等矿物。断裂带通过梵净山穹窿，切割新元古界和下古生界，带内发育紧闭线性褶皱，褶皱多北倒南倾，指示上部指向 NW 的逆冲运动性质。

3. 铜仁—三都断裂带(F_3)

铜仁—三都断裂带又称为施洞口断裂带(杨光忠等，2020)，由多条断层组成的向NWW 突出的弧形断裂带，是区域内前寒武隆起褶皱基底与周源古生代盖层的重要地层分界断裂(李学刚等，2012)。断裂倾向总体倾向 SE，断裂上盘(SE 盘)主要为由新元古界震旦系—青白口系下江群地层构成的前寒武系基底地层，断裂下盘(NW 盘)主要为下古生界盖层以及少量上古生界—中生界地层，下盘基底地层沿断裂面向 NW 逆冲于上盘古生界盖层地层之上，断层运动学特征表现为自 SE 向 NW 的逆冲推覆断层。

4. 凯里新晃—芷江断裂(F_4)

凯里新晃—芷江断裂具有压扭性质，发育典型的糜棱岩化、片理化等。该断裂带在白垩纪仍有活动，切断了部分白垩纪盆地。

三、褶皱构造

褶皱构造分为基底褶皱和盖层褶皱。基底褶皱指的是晋宁期和武陵期发生的褶皱，该时间段发生的褶皱具有紧闭、同斜的特点，部分褶皱发生倒转。盖层褶皱指的是发生在加里东期、印支期、燕山期的褶皱，该时间发生的褶皱以隔槽式褶皱为主，大多数褶皱呈NNE、NE 向。研究区主要的褶皱特征描述如下。

1. 梵净山穹窿

梵净山是研究区内的最高峰，同时在其核部出露有研究区最老的中—新元古代地层。梵净山穹窿总体上呈 SE 向凸出的弧形形态，自 NW 往 SE 依次包括大罗背斜、铜厂向斜、芋头背斜。核部主要为青白口系板溪群和梵净山群地层，两翼主要分布有南华系—志留系（叶飞等，2021）。

2. 雪峰山断褶带

雪峰山断褶带即雪峰山脉，总体长约 400km，宽 60～80km，北起湖南安化，往南东经绥宁、通道到达广西柳城。该断褶带主要为断裂，次为褶皱。断裂带呈"多"字形排列的高角度逆冲断层，总体走向约 20°，倾角为 70°～80°，延长最长达 300km 以上，宽 20～30km。褶皱带大多数长 30～60km，与断裂带基本保持平行，主要分布在南华系、震旦系及古生界地层中。该断褶带内发育有通道、溆浦和黔阳等中—新生代沉积盆地，主要沿该断褶带呈 NNE 向"多"字形排列（丘元禧等，1998）。

3. 黄丝背斜

黄丝背斜位于黄丝—斗篷山—凯口一带。轴向 SN，轴线若断若续。核部自北向南依次出露上寒武统—上泥盆统，两翼为上古生界。背斜顶面宽阔，倾角一般在 10°以下，且张力裂隙发育以致形成仅局限于背斜顶面而很少延入两侧向斜中的 EW 向正断层；两翼倾角较陡，达 20°～70°，并分别与 EW 两侧的都匀向斜和贵定向斜呈明显的挠曲构造过渡（张江江，2010）。黄丝背斜是一个西翼宽、东翼窄、轴面稍向西倾的箱状背斜。

4. 王司背斜

王司背斜位于王司—基东—炉山一带。轴向近于 SN，北部稍偏东。核部除局部因断层影响而出露前寒武纪地层外，主要由寒武系组成，且岩层倾斜平缓，倾角为 10°～20°；两翼由奥陶系至二叠系组成，岩层倾角一般为 25°左右，但东西两边缘倾角陡达 30°～55°，与舟溪、都匀二向斜呈挠曲过渡（游家贵，2019）。王司背斜是一个比较对称的箱状背斜，北部被陕班等断层横切，中部被蔓洞逆断层斜切，南部在王司附近断层发育，组成网状断裂系。

第三节　区域岩浆岩

黔东地区岩浆活动不发育，岩浆岩出露极少，主要有梵净山穹窿的基性火山岩，以及黔东镇远—凯里地区的钾镁煌斑岩等。从该地区岩浆活动时代，以及岩浆岩与铅锌矿床空间分布关系来看，岩浆活动与铅锌成矿作用无直接关系。

一、梵净山地区

区域地质调查结果显示，梵净山地区新元古代岩浆活动形成了大量火山岩（玄武岩、细碧岩、石英角斑岩等）、基性—超基性侵入岩，以及酸性侵入岩。前人已经对这些火成岩开展了许多年代学研究（Zhou et al.，2009；高林志等，2010，2011，2014；Zhao et al.，2011；王敏等，2011，2012，2016；薛怀民等，2012；张传恒等，2014；Su et al.，2017）。研究表明，新元古代拉伸纪早期（梵净山期）存在花岗岩（855Ma）→玄武岩（约840Ma）→白云母花岗岩（834Ma）→基性—超基性侵入岩（831Ma）的岩浆时序，拉伸纪晚期（板溪期）存在一次基性-超基性岩浆活动（814～805Ma）（代雅然等，2019）。

二、镇远—凯里地区

镇远—凯里地区零星出露的钾镁煌斑岩和金伯利岩，总体走向为40°～80°，呈陡倾斜的岩墙或岩床，主要侵入下寒武统清虚洞组、中寒武统高台组的碳酸盐岩中，与围岩多数呈断层接触（江万，1995；方维萱等，2002；杨光忠，2013；饶红娟等，2019；向璐等，2019；杨光忠等，2019；杨毓红等，2021）。钾镁煌斑岩Sm-Nd等时线年龄为（503±17）Ma和（502±27）Ma，Rb-Sr等时线年龄为（501.2±4.6）Ma和（497±20）Ma，岩浆在晚寒武世—早奥陶世发生侵位（方维萱等，2002）。

第四节　区域地球物理与地球化学

一、区域地球物理

1. 重力异常特征

研究区布格重力异常值由东向西异常值逐渐降低，异常值由东部独山县以东的−100mGal（1Gal=1cm/s²）往西至安顺以西一带递减降至−160mGal，两者相差60mGal左右（图1-3）。

从布格重力异常等值线展布特征来看，大致可以分为NNE向、近SN向、EW向以及NW向。

NNE向、近SN向：大致为凯里—麻江—惠水一线以南，三都—独山以北的地区。不同的地区也存在着差异，如在都匀—独山以西、惠水以东的地区，重力异常等值线较疏松，局部有串珠状呈南北向排列；而凯里—都匀—独山以东的地区则等值线相对较密集。

EW向：贵定—龙里附近及以北的地区及罗甸附近重力等值线呈EW向排列，在贵定—龙里一直到贵阳附近，有一条EW向的重力异常低值带，两侧则为异常高值带，此外罗甸附近存在近EW向异常高值带。

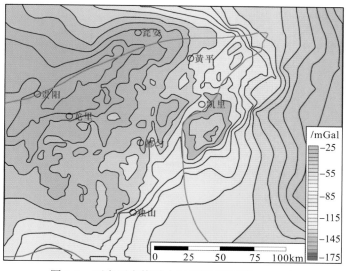

图 1-3　研究区布格重力异常图(游家贵，2019)

NW 向：在紫云以西的地区，重力异常梯度逐渐转为 NW 向，沿线分布着 NW 向串珠状异常高值。

不同走向的重力异常展布一定程度上反映了构造线方向的不同，与地质构造线状密切相关。

区域重力异常特征体现研究区深层由西向东逐渐抬升，区域重力异常由布格重力异常剥离盖层影响而得到的异常值，主要反映深层信息。区域异常值由西向东逐渐升高，异常值由安顺的−145mGal 升高到独山以东的−110mGal(图 1-4)，与布格重力异常及地表地层展布特征匹配较好，体现深层构造坳陷由西向东逐渐抬升。

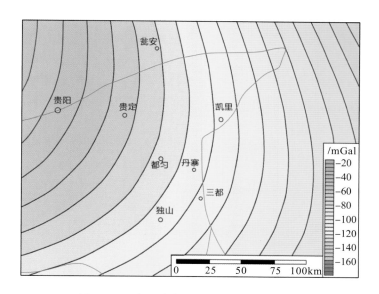

图 1-4　研究区重力异常图(游家贵，2019)

2. 磁力异常特征

航磁异常图(图 1-5)亦显示异常等值线常被呈 SN 向狭长条带所切断,体现后期构造运动对坳陷结晶基底有明显的改造与破坏作用。

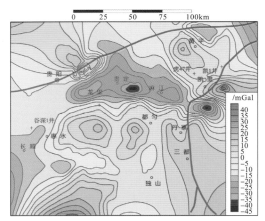

图 1-5　研究区 1 : 20 万磁力异常图(张江江,2010)

二、区域地球化学

铅锌矿床除了与 Pb、Zn 元素化探异常相关以外,部分其他元素异常也对铅锌矿床具有一定的指示作用。Cd 元素常常与 Pb、Zn 共生,主要以类质同象替换闪锌矿中的 Zn 元素。方解石和重晶石是研究区常见的脉石矿物,并且方解石化与重晶石化也是该区重要的近矿围岩蚀变,因此 Ba 和 CaO 化探异常具有一定的指示意义。此外,汞矿常常与锌矿伴生,如著名的万山大型汞矿就分布在黔东铜仁地区。根据 1 : 20 万水系沉积物测量数据,对研究区 Pb、Zn、Cd、Ba、Hg 和 CaO 进行化探异常描述。

Pb、Zn 元素异常大致呈 NNE 向展布,与铅锌矿床(点)匹配程度很高。其中 Pb 异常主要集中在花垣—吉首—嗅脑(现为"秀瑙")、铜仁—镇远、凯里—都匀这三个地区,异常的规模很大,并且有三级浓度的高强度分带特征(图 1-6)。Zn 异常与 Pb 异常分布大致相似,Zn 异常在铜仁—镇远地区相较于 Pb 异常要弱一些,三级浓度分带较少,主要集中在铜仁以南和镇远以东(图 1-7)。

Cd 元素异常分布与 Pb、Zn 异常具有明显的相关性,也同样呈 NNE 向展布,异常主要集中在花垣南西部、镇远东部以及凯里—都匀一带(图 1-8)。

Hg 元素异常主要集中在铜仁地区,并且多呈三级浓度分带,这与该地区的大型汞矿分布具有直接关系,另外还有面积较小异常分布在花垣、都匀等地区(图 1-9)。

Ba 元素异常也大致呈 NNE 向分布,但与铅锌矿床(点)匹配程度不高,并且大多数异常不集中,较分散(图 1-10)。

CaO 异常与该地区碳酸盐岩的分布具直接联系,沿 NNE 向的湘黔断裂带,东南方向为陆棚—盆地相的碎屑岩,西北方向为缓坡—台地相的碳酸盐岩,该异常在一定程度上反映了碳酸盐化的强弱(图 1-11)。

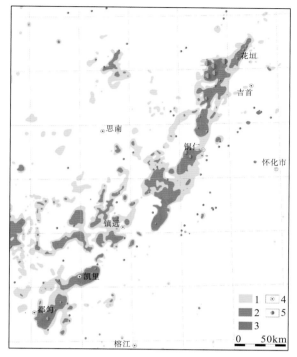

图 1-6　研究区 Pb 元素化探异常图(李堃，2018)

1. Pb 含量≥43×10^{-6}；2. Pb 含量≥58×10^{-6} 3. Pb 含量≥124×10^{-6}；4. 地名；5.铅锌矿床

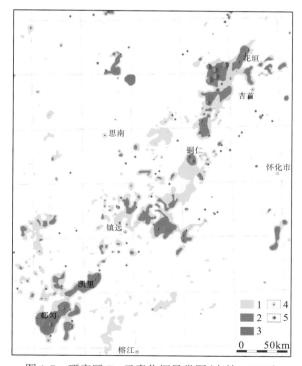

图 1-7　研究区 Zn 元素化探异常图(李堃，2018)

1. Zn 含量≥117×10^{-6}；2. Zn 含量≥141×10^{-6}；3. Zn 含量≥269×10^{-6}；4. 地名；5.铅锌矿床

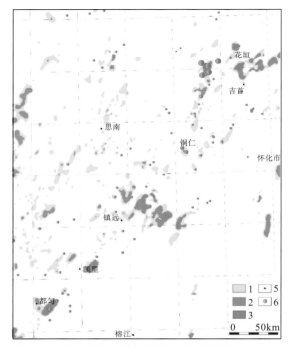

图 1-8　研究区 Cd 元素化探异常图(李堃，2018)

1. Cd 含量≥690×10^{-6}；2. Cd 含量≥1106×10^{-6}；3. Cd 含量≥2750×10^{-6}；4. 地名；5.铅锌矿床

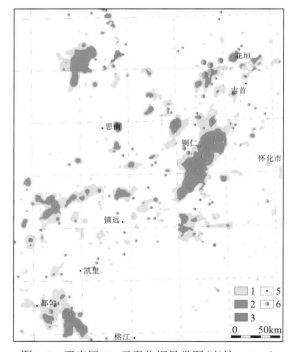

图 1-9　研究区 Hg 元素化探异常图(李堃，2018)

1. Hg 含量≥210×10^{-6}；2. Hg 含量≥368×10^{-6}；3. Hg 含量≥2521×10^{-6}；4. 地名；5.铅锌矿床

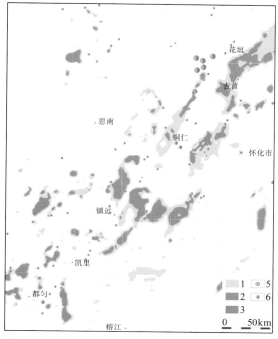

图 1-10　研究区 Ba 元素化探异常图(李堃，2018)

1. Ba 含量≥820×10⁻⁶；2. Ba 含量≥1293×10⁻⁶；3. Ba 含量≥2825×10⁻⁶；4. 地名；5. 铅锌矿床

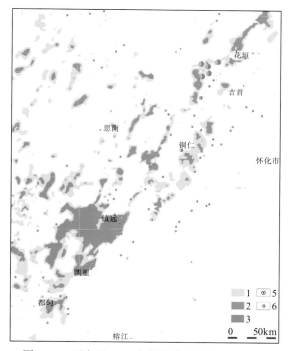

图 1-11　研究区 CaO 化探异常图(李堃，2018)

1. CaO 含量≥2.9×10⁻²；2. CaO 含量≥5.1×10⁻²；3. CaO 含量≥10.8×10⁻²；4. 地名；5. 铅锌矿床

第五节　区域构造演化

一、武陵—晋宁运动与基底形成时期（1300～1000Ma）

根据贵州地区地调成果、古生物演替、地层序列及岩浆活动等事件的记录，结合前人在研究区内所开展的相关科研工作，认为黔东地区的构造演化始于1300Ma左右的四堡期（晋宁期）（徐政语等，2010）。晋宁—雪峰运动期间，随着华南洋的封闭，早先形成的中元古界地层受到造山作用的影响形成褶皱，并进一步随着区域构造活动而形成结晶基底；而后（850Ma）随着罗迪尼亚（Rodinia）超大陆的裂解及原特提斯海的形成，今黔南坳陷东部及南部发育有限洋盆，同时雪峰运动使得新元古代地层受到区域变质作用的影响，形成了浅变质基底（陈建书等，2020）。

二、加里东洋陆转换时期（542～250Ma）

研究区震旦系—三叠系地层发育良好，层序除志留系外较为齐全，表明在加里东运动—印支运动期间，区域应力主要体现为伸展，研究区内为一较为稳定的沉积盆地。晋宁运动后，早期裂陷形成的有限洋盆进一步扩张，使得黔南、桂北及湘中合并成同一个沉积单元，这一扩张于陡山沱期结束，区内为一广阔的陆表海盆地（吴根耀等，2012）。震旦纪—晚奥陶纪，区内沉积从寒武系底部的半深海—深海向黑色岩系沉积过渡到奥陶系的浅海相沉积，表明扬子板块与华夏板块在拼合之后，开始有了隆升作用的雏形（舒良树等，2008）。

广西运动后，区内发生广泛的陆内造山作用，黔南地区上升为陆，广泛缺失志留系沉积，同时造成了区内泥盆系与下伏部分志留系及奥陶系的多组不整合（舒良树，2012；徐亚军和杜远生，2018）。随着广西运动进入尾声，晚古生代再次进入新一轮的裂陷洋演化阶段，形成了一套陆源滨海—碳酸盐台地沉积。与此同时，研究区位于加里东陆内造山带前陆，作为造山作用的构造响应，本时期区内发育大量NEE向、近NS向及NE向逆冲褶断，同时造山作用之前的裂陷洋盆演化过程为成矿提供了良好的岩性条件，雪峰—加里东构造旋回是黔南坳陷内重要的成矿时期，裂陷洋盆演化与区内众多内生热液型矿产（Au、Sb、Pb、Zn、Mn、Mo、Ni）和沉积型矿产（磷矿及页岩气）的形成关系密切。

三、印支—燕山板内活动及陆内构造演化定型（200～90Ma）

随着古特提斯洋的闭合，印支运动使得川滇黔地区周缘和外围形成了一系列的前陆盆地和造山带，典型的如松潘—甘孜褶皱带、哀牢山—红河造山带、右江前陆盆地、越北造山带及楚雄前陆盆地等（邓飞等，2008；丁道桂等，2012；杜远生等，2013）。该构造活动使区内的构造应力场由拉伸转换为挤压，先前加里东期形成的一些深大断裂也随之由张性转为压扭性，地层也开始发生大规模的褶皱及变形。燕山期，随着特提斯构造域向滨太平洋构造域转换，新特提斯海自西向东闭合，区内发育大量以侏罗山式褶皱、逆冲推覆断层及走滑断层为代表的造山带前陆构造，研究区内现今的构造格架即是在燕山期形成。

四、新生代构造演化（90Ma～）

新近纪开始，印度板块和欧亚板块发生陆-陆碰撞，青藏高原和云贵高原发生强烈的隆升，在中国南方中西部多次形成褶皱及断裂构造活动（秦守荣和刘爱民，1998）。黔南地区处于青藏高原向东南湘西丘陵过渡的斜坡地带，新生代地层记录不全，新近系发育较为零散，下伏古近系发育相当有限，少数出露的地层均为陆相沉积且厚度不大，结合地调成果及前人研究认为，黔东地区相对造山带区域构造作用不甚强烈，冲断构造不明显，没有火山活动和岩浆侵入，以间歇性的升降作用为主，大部分地层随着隆升受到剥蚀。

第六节　区　域　矿　产

黔东地区矿产资源类型比较丰富，除了铅锌矿以外，金锑汞矿、黑色岩系重晶石钒（镍钼）矿、锰矿也是该地区的优势矿种，另外还分布有磷矿、铝土矿等（图1-12）。

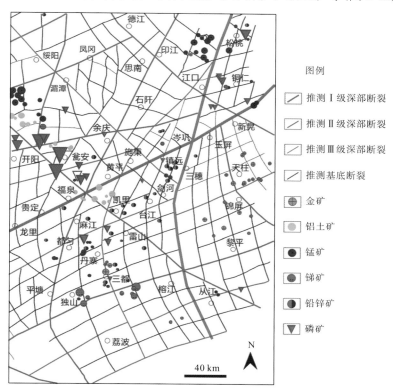

图1-12　贵州东部推测深部断裂与重要矿产分布

注：修改自王亮等（2019）。

一、铅锌矿

铅锌矿床均产于扬子地块东南缘古生代大型沉积盆地中，主要赋存于震旦系、寒武系、奥陶系、泥盆系等不同时代碳酸盐岩地层中，以中小型矿床为主(叶霖等，2018)。铅锌矿化与古油藏关系密切，许多铅锌矿床位于古油藏范围内(麻江古油藏、丹寨古油藏和铜仁—万山古油藏)，矿床及外围常含有固体沥青，矿石中成矿期热液矿物与固体沥青共生，且包裹体中富含 CH_4、C_2H_6 等有机气体(叶霖等，2000；胡煜昭等，2007；Ye et al.，2012；刘劲松等，2012；谷团，2017)。主要铅锌矿床特征见表 1-1。

表 1-1　黔东地区主要铅锌矿床(点)地质特征统计表

矿床(点)名称	层位	矿体形态特征及产状	蚀变类型	矿石特征
丹寨老东寨锌矿	震旦系	发育于区域性蔓洞断裂 NE 盘。矿体产出于泥质白云岩和碳质泥岩中，呈顺层透镜状产出	黄铁矿化	闪锌矿呈浅黄色、棕色或黑色，粗粒结构，团块状构造
贵阳芭蕉寨铅锌矿		受张王坝-洋水褶断带控制，次级褶皱、断裂、层间破碎带控制矿体产出	不详	不详
丹寨乌龙沟铅锌矿		受北东及 NW 向断裂控制，矿体赋存于断层破碎带中以及陡山沱组白云岩、砂质白云岩中	硅化、黄铁矿化、方解石化、重晶石化	矿石矿物以闪锌矿、方铅矿为主，矿石构造有块状构造、脉状构造以及浸染状构造
麻江两鼓铅锌矿		产出于王司背斜近轴部及 NE 向大风洞断层旁侧，矿体呈脉状、透镜状产出	白云石化、硅化、重晶石化	矿石矿物以闪锌矿为主，次为方铅矿，具浸染状、斑点状、角砾状及块状构造
都匀牛角塘锌矿	寒武系	产于王司背斜轴部，受 NE 向早楼断裂控制，矿体呈似层状、透镜状产出，矿床规模达到中型	方解石化、白云石化、黄铁矿化	矿石矿物以闪锌矿为主，次为方铅矿，矿石具浸染状、脉状、角砾状构造
都匀独牛锌矿		产出于 NNE 向宣威背斜及早楼断层旁侧，矿体形态与围岩产状一致，呈似层状、透镜状产出	白云石化、黄铁矿化、方解石化	矿石矿物以闪锌矿为主，具致密块状、条带状、细脉状、浸染状及团块状构造
都匀水牛石锌矿		受 NE 向狮子洞背斜及次级构造控制，矿体产状与围岩基本一致，呈似层状及透镜状产出	白云石化、黄铁矿化、硅化	矿石矿物主要为闪锌矿，以条带状、细脉状为主
都匀拉娘山锌矿		产出于 NE 向狮子洞背斜与早楼断层旁侧，矿体呈似层状、透镜状产出	黄铁矿化、硅化、重晶石化	矿石矿物以闪锌矿，脉石矿物以白云石为主，其次为少量方解石和石英
都匀同子园锌矿		矿体受 NE 向狮子洞背斜与早楼断裂控制，呈似层状产出	白云石化、黄铁矿化、硅化	矿石矿物以闪锌矿为主，有少量方铅矿，矿石具浸染状、星点状以及条带状构造
台江龙井街铅锌矿		受柏松断裂及施洞口断裂控制，矿体呈似层状产出，矿体沿走向可延伸 100～700m，厚 3.97～9.30m	白云石化、黄铁矿化、硅化	矿石矿物有闪锌矿、方铅矿，具浸染状、角砾状、块状构造
凯里硐下铅锌矿		受柏松断裂和施洞口断裂控制，共三个矿层 9 个矿体，矿体走向延伸 200～1900m，厚 1.00～1.53m	白云石化，黄铁矿化	矿石矿物为闪锌矿、方铅矿，具角砾状、块状、网脉状构造
三都孙家湾铅锌矿		受区域性地祥断层控制，矿体产出于 NNW 向重晶石脉中	硅化、重晶石化	矿石矿物有闪锌矿、方铅矿，脉石矿物有重晶石、石英、方解石
三都雅莱村铅锌矿		受区域性地祥断层控制，矿体赋存于重晶石脉中，矿化带长约 200m，厚 1.5～2.0m	重晶石化、方解石化	矿石矿物有闪锌矿、方铅矿，脉石矿物有重晶石、方解石等

续表

矿床(点)名称	层位	矿体形态特征及产状	蚀变类型	矿石特征
三都水家铅锌矿		受区域性地祥断层控制，矿体沿近NS向断裂破碎带产出，矿体倾向为280°～290°，呈透镜状，断续延伸约875m	重晶石化、硅化	矿石矿物有闪锌矿、方铅矿，脉石矿物有重晶石、石英等
三都抵案铅锌矿		受区域性地祥断层与十里坡断层控制，矿体产出于NNW向重晶石脉中，倾向NEE向，呈陡倾斜产出	重晶石化、硅化	矿石矿物有闪锌矿、方铅矿
松桃粑粑寨锌矿		受松桃-盘山背斜及保洞玉断层控制，矿体呈似层状、透镜状产出，延伸约320m，厚2.89m	方解石化、白云石化、重晶石化、萤石化、黄铁矿化	矿石矿物为闪锌矿、次为方铅矿，具浸染状、块状、团块状、脉状构造
松桃五星锌矿		受水田坝断层及松桃背斜控制，矿体呈似层状、透镜状产出	方解石化、白云石化、重晶石化、黄铁矿化	矿石矿物主要为闪锌矿，具浸染状、块状、团块状及脉状构造
铜仁塘边坡铅锌矿		受铜凤向斜及卜口场断层控制，矿体呈似层状、透镜状产出，严格受层位控制	方解石化、白云石化	矿石矿物为闪锌矿、方铅矿，具浸染状、块状、团块状、脉状构造
铜仁花竹山铅矿	寒武系	受铜凤向斜及卜口场断层控制，矿体呈似层状、透镜状产出，严格受层位控制，走向延伸长35～460m，厚6～8m	方解石化、白云石化、硅化等	矿石矿物主要为方铅矿，脉石矿物主要为方解石、白云石
铜仁前坪铅锌矿		受铜凤向斜及卜口场断层控制，矿体呈似层状产出，受层位控制明显，产状平缓	方解石化、白云石化	矿石矿物主要为方铅矿、闪锌矿，具脉状、星点状、块状构造
铜仁葫芦田铅锌矿		受铜凤向斜及卜口场断层控制，矿体呈似层状、透镜状产出	白云石化、方解石化	矿石矿物主要为闪锌矿、方铅矿，具脉状、浸染状、块状构造
山帽山锌矿		受NW向小寨断层控制，矿体呈似层状、透镜状产出	白云石化、黄铁矿化	矿石具粒状镶嵌结构，浸染状、团块状、块状、脉状构造。矿石矿物主要为闪锌矿。
老里冲锌矿	奥陶系	受NW向老里冲断层控制，矿体呈似层状、透镜状产出	白云石化	矿石具粒状镶嵌结构，星散状、浸染状、团块状构造。矿石矿物主要为闪锌矿
大石头铅锌矿		受近EW向苦李井断层及旁侧次级断层控制，矿体呈层状、似层状产出	白云石化	矿石具粒状镶嵌结构，星散状、浸染状、团块状构造，主要矿石矿物为闪锌矿
都匀江洲锌矿		受江洲背斜及EW向江洲断层控制，矿体呈似层状、透镜状、脉状产出，矿体走向延伸约945m	白云石化、重晶石化、黄铁矿化	主要矿石矿物为闪锌矿，另见辉锑矿，矿石具块状、团块状、脉状、浸染状构造
贵定半边街锌矿		受EW向黄丝断裂及NW向次级断裂控制，矿体呈似层状、脉状产出	黄铁矿化、白云石化、硅化、方解石化	矿石矿物主要为闪锌矿，少量方铅矿，矿石具层纹状、浸染状、块状构造
贵定竹林沟锌矿		受NW向构造控制，矿体呈层状、似层状产出及镜状产出	黄铁矿化、白云石化、方解石化	矿石矿物主要为闪锌矿、方铅矿，具浸染状构造、块状构造及脉状构造
独山新寨锌矿	泥盆系	矿体产出于独山箱状背斜轴部北西向断层旁侧，矿体形态呈似层状、透镜状	不详	矿石矿物以闪锌矿为主，具细脉状构造
独山下令当锌矿		矿体产出于独山箱状背斜轴部北西向断层旁侧，矿体形态呈似层状、透镜状	不详	矿石矿物以闪锌矿为主，具浸染状构造
独山郁家锌矿		矿体产出于独山箱状背斜轴部北西向断层旁侧，矿体形态呈似层状、透镜状	不详	矿石矿物以闪锌矿为主，具浸染状构造

二、金锑汞矿

三都—丹寨 Au-Sb-Hg 成矿带大地构造位置处于华南褶皱系西缘与扬子准地台黔南台陷交界处(谢卓君等，2014)，北起贵州省丹寨汞矿，南至贵州省三都县城北部拉峨一带，总体呈近 NNE 向带状分布，长约 19km，宽约 6km。在已知矿床的分带性和构造层次的基础上，据 Au-Sb-Hg 矿床和化探异常的空间组合，可将三都—丹寨 Au-Sb-Hg 成矿带划分为东、西两个亚带(谢卓君等，2012)。东带为三丹 Au-Sb 矿化亚带，以金矿化为主，其次为锑矿化，主要为排庭—排和—高洞—苗龙一带，南北又可分为苗龙 Au-Sb 矿田和排和 Au-Sb 矿田。西带为三丹 Hg-Au 矿化亚带，以汞矿化为主，其次为金矿化，主要为朱砂厂—宏发厂—交梨—拉峨一带，南北又可分为交梨矿田和水银厂矿田。总之，三都—丹寨成矿带从西到东呈现出 NNE 走向的 Hg-Au-Sb 分带性。

此外，天柱—锦屏—黎平地区是黔东最主要的金矿集中区，大量的造山型石英脉金矿(点)产于新元古界下江群浅变质碎屑岩系中，构成了贵州省第二大金矿集区，成矿前景广阔(陈军等，2022)；据不完全统计，该区有报道的金矿床有 60 余处，代表性矿床有金井、八克、者往、壁泽、同古、坑头和平秋等。

三、其他矿产

贵州早寒武世黑色岩系发育着众多不同规模及类型的矿产资源，主要有天柱重晶石矿床、铜仁—镇远—岑巩黔东南钒(镍钼)矿床及磷块岩等(李军等，2019；王琼等，2022)。天柱重晶石矿层产于寒武系老堡组，资源量达到 2.4 亿 t，属于世界级超大型重晶石矿床(王富良等，2020；夏瑞等，2021；杨瑞东等，2023)。含钒岩系主要赋存于下寒武统牛蹄塘组、九门冲组等薄—中层状碳质页岩中，严格受层位控制，层位较稳定；代表性矿床有岑巩注溪、瓮安小河山、铜仁满家湾、黄平上塘、余庆构皮滩、镇远两路口、江古和三穗吉洞等(晏国祥和王亮，2014；马力克等，2020)。研究区磷块岩主要赋存于老堡组顶部与牛蹄塘组底部之间，沿扬子地块东南缘台地边缘斜坡相区分布，代表性矿床有铜仁坝黄富铀磷矿和三都湾滩磷矿(王琼等，2022)。

黔东地区锰矿主要赋存于南华纪地层中，主要含矿层位为湘锰组、大塘坡组和古城组。湘黔渝接壤地区是全国著名的"锰三角"，代表性矿床为松桃超大型锰矿(周琦等，2016，2017)。研究区铝土矿床分布于贵州凯里市西北，毗邻黄平县，是黔中—渝南铝土矿成矿带的重要组成部分；矿体严格赋存于碳酸盐岩古岩溶侵蚀面上的下二叠统梁山组，其成矿时代为早二叠世梁山期；主要矿床有苦李井、鱼洞、王家寨及铁厂沟等(李传班等，2012；刘幼平等，2014)。

第二章　贵定—都匀地区地质概况

贵州贵定—都匀地区大地构造位置处于扬子地块东南缘，是湘西—黔东铅锌成矿带重要组成组成部分之一(图 2-1)，也是贵州省重要的 Pb、Zn 等生产基地之一(金中国等，2020；周家喜等，2020a，2020b；杨智谋等，2021；An et al.，2022；Luo et al.，2022；Zhou et al.，2022)。截至 2022 年底，贵定—都匀地区已发现铅锌矿床(点)30 余处，其中以半边街—竹林沟大型富锗锌矿田[包括半边街锗锌矿床(An et al.，2022，2023；孟庆田等，2022；

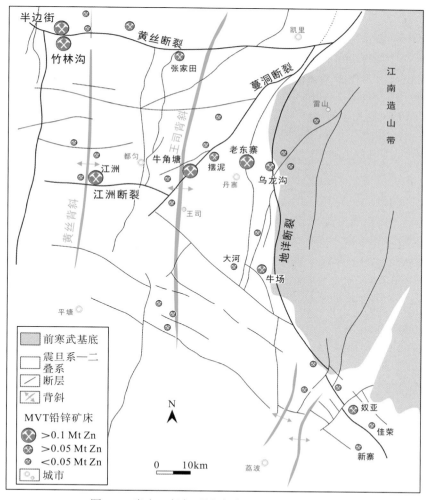

图 2-1　贵定—都匀区域地质和铅锌矿床分布图

注：据 Luo et al.，2022 修改。

Sun et al.，2023)、竹林沟锗锌矿床(杨智谋等，2021；Luo et al.，2022)]和牛角塘大型富镉锌矿田[包括东冲、马坡、大梁、786、菜园河、双龙泉和独牛等7个矿床(叶霖等，2000；Ye et al.，2012；Zhou et al.，2022)]最为典型。

已探明铅锌矿床受构造(如牛角塘矿田发育于区域性滑脱褶皱轴部与NE向断层交会部位)、地层(区内铅锌含矿层位主要为上泥盆统高坡场组、下寒武统清虚洞组与震旦系陡山沱组)、岩性界面(如牛角塘矿田矿体产于灰—深灰色厚层鲕状细晶白云岩与泥质白云岩岩性界面)、沉积相(碳酸盐台地边缘滩相和局限海台地相)等多重控制。在众多与成矿有关地质要素中，NS向褶皱与NE、EW向断层构造组合，是区内与铅锌矿床成矿关系最为密切的成矿构造体系。

第一节　地　　层

扬子地块基底具有"双层结构"(柳贺昌和林文达，1999)，包括太古宙—古元古代结晶基底(3.3～2.5Ga)(Qiu et al.，2000；Gao et al.，2011)和中—新元古代褶皱基底(1.7～1.0Ga)(Sun et al.，2009；Wang et al.，2010；Zhao et al.，2010)。结晶基底为以康定杂岩为主体的康定群，原岩为一套火山-沉积岩组合，且普遍遭受重熔混合岩化作用，主要由角闪斜长片麻岩、斜长角闪岩、黑云变粒岩和少量二辉麻粒岩等组成，局部出现英云闪长质、奥长花岗质和角闪二辉质混合片麻岩。褶皱基底由中元古代的盐边群、会理群和昆阳群等组成，主要为海相火山岩、粉砂岩、板岩、砂岩和白云岩，大量的新元古代镁铁质—超镁铁质岩和长英质岩侵入其中(黄智龙等，2004；王峰等，2013)。

贵定—都匀地区未见明显的基底岩石出露，区内出露地层由老至新依次为震旦系、寒武系、奥陶系、志留系、泥盆系、石炭系、二叠系及第四系，除志留系外，其余地层发育较为完整，空间分布上具有从东至西由老到新的特点(图2-2)，其中寒武系和泥盆系地层是该区最重要的铅锌矿床赋矿地层。岩浆岩在区内不发育或出露较少，零星分布于邻区黔东江口—印江地区和镇远—凯里地区(李宗发，1991；方维萱等，2002；王敏等，2011)，其侵入时代与区内大规模成矿事件耦合较差，另外受限于岩体的规模和空间产出位置，侵入体不能为该区大范围的铅锌成矿提供主要的金属来源。

第二节　构　　造

一、构造格局

研究区主体构造格局是一个典型的冲断推覆构造系统，其具有从西到东变形增强特征(图2-3)，西部和南部抬升不甚明显，而东部和北部受到强烈挤压而剧烈隆升。徐政语等(2010)依据构造纲要图及2D地震剖面等资料的分析表明，研究区现今的构造格局表现为以近SN(NNE)向的褶皱和断裂为主，伴有近EW(NEE)向、NE向和NW的褶皱和断层

（图 2-4）。近 SN 向的主要褶皱变形特征表现为向斜狭窄、背斜宽阔，为隔槽式褶皱，整体上呈现出大致平行、等间距的分布。

地层名称		柱状图	岩性描述	
茅口组（P_2m）			灰色厚层状致密块状灰岩	
栖霞组（P_2q）			深灰色厚层状石灰岩夹页岩	
梁山组（P_1l）			灰色石英砂岩夹黏土岩，局部含煤	
马坪组（C_2m）			浅灰色厚层致密块状灰岩	
黄龙组（C_2h）			灰白色厚层状粗晶白云岩	
摆佐组（C_1b）			燧石灰岩夹白云岩，下部为白云岩	
上司组（C_1s）			深灰色薄层—厚层致密灰岩夹泥质白云岩	
旧司组（C_1j）	祥摆组（C_1x）		上部为深灰色中—厚层泥质灰岩 下部为灰黄色薄—厚层细粒石英砂岩	浅灰、灰色细粒石英砂岩、粉砂岩
汤耙沟组（C_1t）			浅灰、灰色石英砂岩夹泥质灰岩	
高坡场组（D_3g）	者王组（D_3z）		灰、深灰色含燧石生物碎屑白云岩，其间夹黄绿色、黑色泥质条带	灰色中厚层介壳灰岩
	尧梭组（D_3y）			浅灰—深灰色白云岩
	望城坡组（D_3w）			上部为灰色薄层状泥质白云岩，底部为深灰色晶洞白云岩
独山组（D_2ds）	蟒山组（D_2m）		上部为细粒泥质砂岩，下部为生物碎屑灰岩、泥质灰岩	浅灰色、深灰黄色、杂色中—厚层状细晶—粗晶灰英砂岩
邦塞组（D_2b）			深灰色细粒泥质砂岩	
龙洞水组（D_2l）			深灰色中厚层泥晶灰岩	
舒家坪组（D_2s）			灰黑色薄层细砂岩	
丹林组（D_2d）			灰白色中厚层石英砂岩	
高寨田组（S_1g）	翁项群（S_1w）		紫红色厚层状钙质砂岩	灰绿色黏土岩夹灰岩
大湾组（O_1d）	湄潭组（O_1m）		灰绿色钙质砂岩夹灰岩	灰色泥质灰岩夹页岩
红花园组（O_1h）			灰色致密灰岩及生物碎屑灰岩	
桐梓组（O_1t）			灰、深灰色白云岩，底部为页岩	
娄山关组（ϵ_3l）			浅灰—微红色白云岩，底部为含砾白云岩	
石冷水组（ϵ_3s）			灰、灰白色中厚层亮晶砂屑白云岩	
高台组（ϵ_2g）			灰、青灰色白云岩，底部为页岩	
清虚洞组（ϵ_1q）			顶部为灰色鲕状细晶白云岩，中部为深灰色中厚层泥质白云岩，底部为灰色厚层含鲕粒白云岩	
乌训组（ϵ_1w）	杷榔组（ϵ_1p）		青灰色水云母页岩	灰绿色粉砂质页岩
九门冲组（ϵ_1j）			深灰色、灰黑色薄—中厚层泥晶灰岩，下部为黑色碳质页岩	
灯影组（Z_2dy）			浅灰色、灰白色白云岩	
陡山沱组（Z_1ds）			浅灰、灰色含砂泥质白云岩，部分为磷块岩	
南沱组（Nh_3n）			灰、灰绿色含砾泥岩，冰碛砾岩	
青白口系（Qb）			前变质岩组合，多为砂质绢云板岩夹千枚岩	

图 2-2 区域地层柱状图

注：据游家贵（2019）。

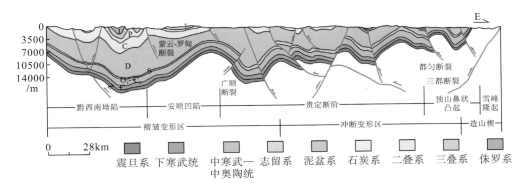

图 2-3　研究区及邻区 EW 向地震地质综合解释大剖面图

注：据徐政语等，2010。

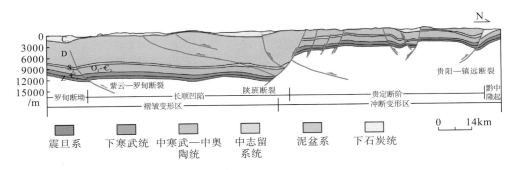

图 2-4　研究区及邻区 SN 向地震地质综合解释大剖面图

注：据徐政语等，2010。

二、构造特征

区内构造以 NE、NS 向为主要构造形迹。研究区经历了以武陵运动、加里东运动为主的陆洋转换构造旋回和以燕山运动、喜马拉雅运动为代表的板内活动构造旋回（戴传固等，2010a，2010b，2013；徐政语等，2010），构造发育且复杂，构造样式主要有侏罗山式褶皱、逆冲推覆构造、韧性剪切带、平行走滑构造及伸展—剥离断层系等（戴传固等，2016）。其中，侏罗山式褶皱最具代表性，表现为背斜形态呈宽缓箱状，向斜紧闭，二者组合形成典型的隔槽式褶皱，其褶皱南北向展布达 200km，宽缓背斜处常与北东向及近南北向推覆逆冲断层伴生，是区域内铅锌矿床集中产出的地段（崔敏等，2009；杨坤光等，2012），较典型的构造自西向东有贵定向斜、黄丝背斜、都匀向斜和王司背斜等，与成矿关系密切。构造展布方向主要为 SN 向和 NE 向断层及褶皱，次为近 EW 向的走滑断层，构造行迹方向变化以福泉—都匀—荔波一线为界，西侧以 SN 向褶皱与断裂为主，东侧则多发育 NE 向构造。

第三节　矿　产

　　研究区位于江南造山带西南侧，由贵阳—镇远断裂、紫云—罗甸断裂以及铜仁—三都断裂三条区域性深大断裂所围限，发育一系列 Pb、Zn、Sb、Hg 等多金属矿床(点)。

　　铅锌矿是区内主要矿种，主要沿古陆边缘的陆源碎屑滩及碳酸盐台地相一带展布，主要分为 7 个五级铅锌矿带：①摆巷铅锌矿带；②平塘铅锌矿带；③叶巴洞—摆泥铅锌矿带；④窑夜铅锌矿带；⑤半坡铅锌矿带；⑥独牛—东冲铅锌矿带(牛角塘富镉锌矿田)；⑦半边街—江洲铅锌矿带(半边街—竹林沟富锗锌矿田)。其中区域 Pb、Zn 及相关伴生元素(如镉、镓、锗等)集中的区域位于独牛—东冲矿带及半边街—江洲铅锌矿带。含矿层位主要为下寒武统清虚洞组及上泥盆统高坡场组，共计 2 个大型铅锌矿田(牛角塘富镉锌矿田和半边街—竹林沟富锗锌矿田)及 10 余个小型铅锌矿床及矿化点(叶霖等，2000；Ye et al.，2012；周家喜等，2020；杨智谋等，2021；杨德智等，2022；An et al.，2022；孟庆田等，2022；Luo et al.，2022；Zhou et al.，2022)。

　　黔南汞矿床主要分布于三都—丹寨地区，主要产于寒武系中统都柳江组、上统杨家湾组及下奥陶统锅塘组等含粉砂质、泥质碳酸盐岩中，伴有硅化、重晶石化等。同时该区汞矿床伴生一系列 Au、Sb 等综合利用的元素，如典型的四相厂汞金矿床等(黄根深和杜宣渝，1992)。

　　重晶石矿床则主要分布于黔南镇宁—紫云一带，矿床展布受控于北西向区域断裂，矿体主要赋存在上泥盆统响水洞组灰黑色硅质岩、灰岩中，部分矿床可能伴有 Sb 矿化(张旭等，2017)。

第三章 典型矿床地质特征

对典型矿床的深入系统剖析，是认识矿床成因机制和刻画成矿过程的关键，也是总结成矿规律和构建切合实际不同尺度(区域、矿田、矿床)成矿模型的基础。贵州贵定—都匀地区发育铅锌矿床/点众多(图3-1)，但除半边街—竹林沟富锗锌矿田和牛角塘富镉锌矿田达到大、中型矿床规模外，其他铅锌矿床(点)规模均较小。本章重点分析半边街—竹林沟和牛角塘等富稀散金属铅锌矿田中典型矿床地质特征，并对它们共性地质特征、关键控矿因素和区域成矿规律进行归纳总结。

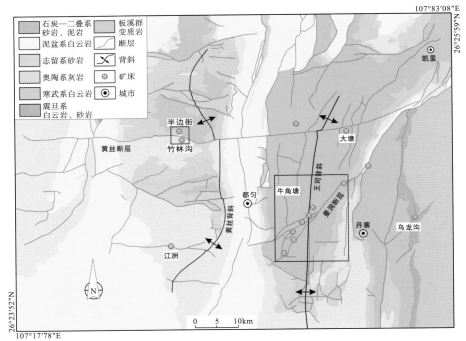

图 3-1 贵州贵定—都匀地区地质略图

注：据卢贸达等(2022)，杨德智等(2022)修改。

第一节 半边街—竹林沟富锗锌矿田

半边街—竹林沟富锗锌矿田(图3-2)是近年来找矿取得突破的重要代表，包括半边街富锗锌矿床和竹林沟富锗锌矿床两个典型矿床。下面分别介绍它们的地质特征。

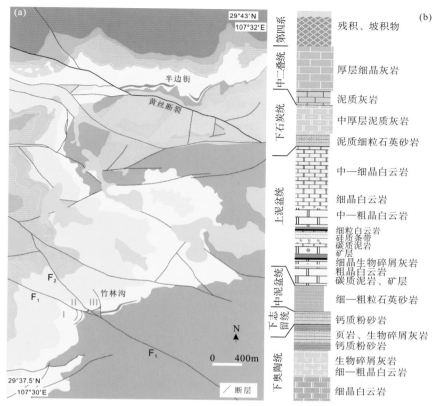

图 3-2　半边街—竹林沟富锗锌矿田地质略图

一、半边街锗锌矿床

半边街锗锌矿床位于贵定县东侧半边街一带，黄丝背斜西翼，是 2000 年以来发现并在近期取得较大找矿突破的矿床（新增锌金属储量超过 39 万 t）（孟庆田等，2022；卢贸达等，2022）。同时，半边街矿床也是贵州省内少数赋存于泥盆系且具有一定规模的铅锌矿床。另外，该矿床一个极具特色的成矿特征是矿石中显著超常富集稀散金属锗（Ge），锌矿石中 Ge 平均含量为 110×10^{-6}，共/伴生锗金属资源量超过 900t（周家喜等，2020a），达到特大型规模（超过 500t）。

1. 地层

半边街矿床位于东西向的黄丝断裂北侧（图 3-3）。矿区内主要出露志留系—石炭系沉积岩（陈国勇等，2005，2006；左佳丽，2013；莫璐璐，2020；An et al.，2022；孟庆田等，2022；卢贸达等，2022）。志留系主要为下志留统高寨田组（S_1g），岩性为紫红色中厚层状钙质砂岩。泥盆系包括中泥盆统蟒山组（D_2m）、上泥盆统高坡场组（D_3g）、尧梭组（D_3y）和者王组（D_3z）。蟒山组（D_2m）主要为浅灰色、深灰色、杂色细晶—粗晶石英砂岩，局部见双壳类化石。高坡场组（D_3g）是半边街矿床重要的含矿层，大致分为三段（图 3-4），第一段为浅灰色中厚层含生物碎屑晶洞细晶—粗晶白云岩，层间夹黑色、浅灰绿色泥质条带，裂隙较为发育，含燧石团块和生物碎屑；第二段为深灰色中厚层含生物碎屑细晶白云岩，层间产出 2 或 3 层锌矿，矿体大致呈似层状、透镜状产出；第三段为灰色中厚层细晶白云岩间夹灰绿色、灰黄色泥质条带，裂隙、晶洞发育。尧梭组（D_3y）岩性主要为浅灰、灰色中厚层泥晶白云岩。者王组（D_3z）主要由浅灰色中厚层泥晶灰岩组成，含层孔虫。下石炭统祥摆组（C_1x）岩性则为浅灰色中厚层含泥质细粒石英砂岩，偶夹泥岩，偶含植物化石碎片。矿区内未见岩浆岩出露。

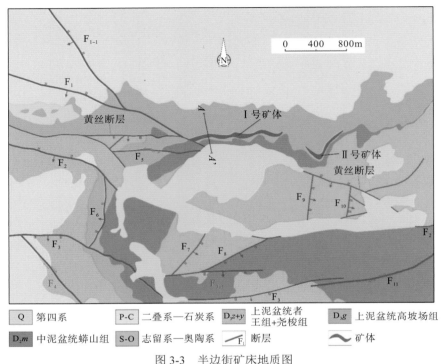

图 3-3　半边街矿床地质图

注：据 An 等（2022）。

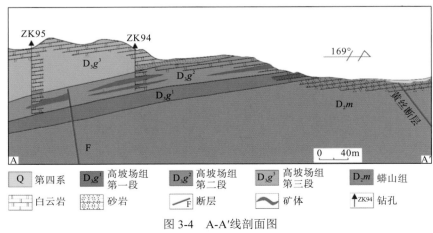

图 3-4　A-A'线剖面图

注：据 An 等（2022）。

2. 构造

黄丝断层是半边街矿区的主干断裂构造，来源于早古生代近 EW 向基底断裂（贵阳—贵定—镇远断裂）的继承和发展（陈国勇等，2005；张江江，2010）。该断层贯穿了整个半边街矿床，在区内呈中部凹陷两边凸起的弧形展布，断层西段分裂出 2 条次级断裂呈北西向延出矿区外围。断层倾向为 $180°$，倾角为 $40°\sim70°$。该断裂破碎带中常见泥化、硅化、方解石化、黄铁矿化以及炭化等蚀变现象，其中断层内部普遍见断层角砾岩，角砾呈棱角状—次棱角状，角砾被碳泥质胶结（左佳丽，2013；卢贸达等，2022）。

由于该断层及其分支断层的北部附近矿化蚀变明显，加之矿体顺层产出，所以黄丝断层为区内主要的控矿断层，且很可能是成矿流体的运移通道。

3. 矿体特征

半边街矿体主要赋存于泥盆系高坡场组（D_3g）第二段，走向总体近 EW 向（图 3-3 和图 3-4），矿体呈层状、似层状、透镜状产出，产状与围岩产状相近（图 3-5 和图 3-6）。矿体分布延伸范围较广、产出较为稳定，矿体出露展布方向为东西向，向西于含矿地层内部尖灭，向东延伸至黄丝断层结束。矿区 2 个主要矿体地表投影长度分别约为 750m 和 520m，探明锌矿石量约为 770 万 t，Zn 平均品位为 5.1%（An et al.，2022；卢贸达等，2022）。同时，共/伴生 Ge 的金属资源量大于 900t（贵州省自然资源厅备案资源量），平均品位可达 $110×10^{-6}$（杨德智等，2020；周家喜等，2020a，2021）。

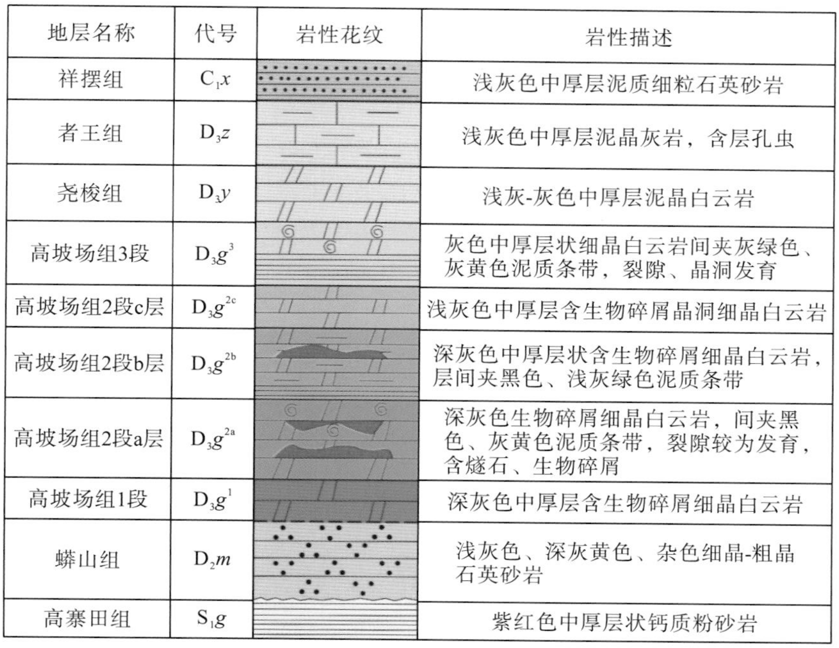

地层名称	代号	岩性花纹	岩性描述
祥摆组	C_1x		浅灰色中厚层泥质细粒石英砂岩
者王组	D_3z		浅灰色中厚层泥晶灰岩，含层孔虫
尧梭组	D_3y		浅灰-灰色中厚层泥晶白云岩
高坡场组3段	D_3g^3		灰色中厚层状细晶白云岩间夹灰绿色、灰黄色泥质条带，裂隙、晶洞发育
高坡场组2段c层	D_3g^{2c}		浅灰色中厚层含生物碎屑晶洞细晶白云岩
高坡场组2段b层	D_3g^{2b}		深灰色中厚层状含生物碎屑细晶白云岩，层间夹黑色、浅灰绿色泥质条带
高坡场组2段a层	D_3g^{2a}		深灰色生物碎屑细晶白云岩，间夹黑色、灰黄色泥质条带，裂隙较为发育，含燧石、生物碎屑
高坡场组1段	D_3g^1		深灰色中厚层含生物碎屑细晶白云岩
蟒山组	D_2m		浅灰色、深灰黄色、杂色细晶-粗晶石英砂岩
高寨田组	S_1g		紫红色中厚层状钙质粉砂岩

图 3-5　半边街矿床地层柱状图

注：据 An 等（2022）。

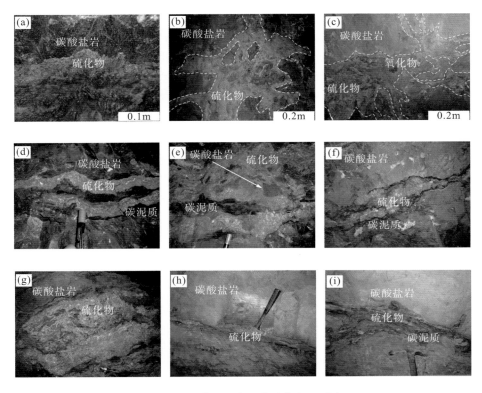

图 3-6　半边街矿床野外矿化宏观照片

(a)硫化物矿呈似层状与碳酸盐岩界线清晰；(b)硫化物呈不规则状产于碳酸盐岩中；(c)硫化物和氧化物呈不规则状产于碳酸
盐岩中；(d)硫化物呈脉状与碳泥质层共存产于碳酸盐岩中；(e)硫化物和碳泥质呈脉状胶结碳酸盐岩角砾；(f)硫化物和碳泥
质呈脉状产于碳酸盐岩中；(g)块状硫化物呈似层状与碳酸盐岩边界清晰；(h)硫化物呈脉状产于碳酸盐岩中；(i)硫化物呈脉
状与碳泥质层共存产于碳酸盐岩中

4. 结构构造

半边街矿床矿物组成简单，矿石矿物主要为闪锌矿、黄铁矿，另外见少量白铁矿等；
脉石矿物组成主要为白云石、方解石以及少量的石英等。宏观特征上来看，闪锌矿集合体
呈块状[图 3-6(a)～(c)]、脉状或带状[图 3-6(d)～(i)]、角砾状[图 3-6(b)、(c)]和浸染
状[图 3-6(a)、(g)]。块状矿石由细粒黄铁矿、白铁矿和闪锌矿集合体组成[图 3-7(a)]或
由闪锌矿、黄铁矿和白云石集合体组成[图 3-7(d)]；产于构造旁侧的脉状矿石，闪锌矿呈
浅棕色集合体沿围岩裂隙充填，脉宽 5～50cm[图 3-7(b)、(f)]；带状硫化物矿石表现为
黄铁矿沿闪锌矿脉呈细脉状发育，呈现明显的分带现象[图 3-7(c)、(e)]；角砾状矿石是
由围岩包裹的硫化物和白云石碎块组成[图 3-7(g)、(h)]；而浸染状矿石由细粒状硫化物
浸染进围岩内部，交代围岩蚀变[图 3-7(i)]。需要指出的是，矿体顶底部均存在一层碳泥
质薄层(图 3-5～图 3-7)。

图 3-7　半边街矿床手标本矿化宏观照片

(a)闪锌矿和黄铁矿、白铁矿共生组成块状矿石；(b)闪锌矿与黄铁矿共生沿碳酸盐岩裂隙充填；(c)(d)闪锌矿、黄铁矿和白云石共生胶结围岩角砾；(e)闪锌矿、黄铁矿和碳泥质共生形成脉状/带状矿石；(f)闪锌矿和黄铁矿共生呈脉状与白云石脉分布在碳酸盐岩中；(g)白云石胶结共生的闪锌矿、黄铁矿集合体角砾；(h)闪锌矿、黄铁矿集合体角砾与白云石共生；(i)闪锌矿和黄铁矿共生的浸染状硫化物矿石分布在围岩内。Mrc.白铁矿；Py.黄铁矿；Sp.闪锌矿；Dol.白云石

　　矿物结构通常表现为胶状环带结构[图 3-8(a)~(c)]、纤维放射束状结构[图 3-8(d)]、粒状结构[图 3-8(e)]、树枝状结构[交代结构,图 3-8(f)、(g)]和针状结构[图 3-8(h)、(i)]，并呈现为脉状聚合体[图 3-8(j)、(k)]。闪锌矿以纤维放射束状/针状集合体形式出现，呈红棕色、棕色，晶粒周边粗化[图 3-8(d)]，或与树枝状集合体黄铁矿和白云石共生[图 3-8(f)、(g)]。闪锌矿也经常呈胶状环带/粒状出现在碳质泥岩中[图 3-8(a)]，偶尔被黄铁矿交代[图 3-8(c)、(l)]。

　　黄铁矿呈半自形—他形细粒状，同闪锌矿、白云石共生[图 3-8(e)]，横切碳质泥岩层或局部被闪锌矿包围[图 3-8(a)、(c)]。白铁矿呈针状集合体与自形—半自形粒状闪锌矿集合体共生[图 3-8(h)、(i)]。方铅矿通常表现为自形—半自形细粒状(0.1~0.2mm)，与白云石共生，充填闪锌矿裂隙[图 3-8(j)、(k)]。白云石呈自形—半自形中粗粒状，同黄铁矿、闪锌矿共生[图 3-8(l)]。

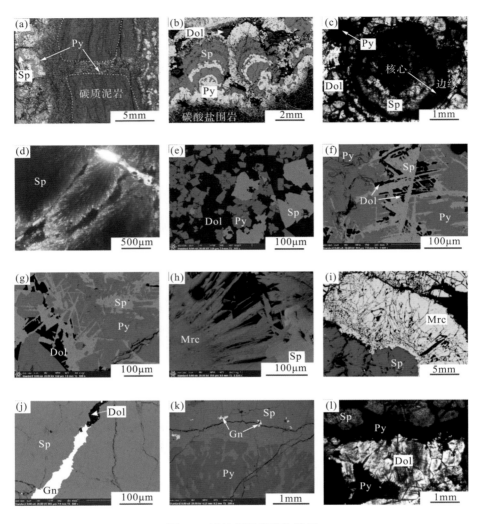

图 3-8　半边街矿床矿物特征

(a)胶状环带闪锌矿与黄铁矿共生,形成集合体,切穿碳质泥岩层;(b)胶状环带闪锌矿与黄铁矿共生,发育于围岩边缘;(c)他形黄铁矿被浅黄色至深棕色胶状闪锌矿包裹;(d)在正交偏光下闪锌矿呈纤维放射束状集合体;(e)自形—半自形闪锌矿与粒状黄铁矿共生,并被白云石胶结;(f)、(g)闪锌矿与黄铁矿共生,闪锌矿在黄铁矿内部的裂缝边缘形成放射束状;(h)针状白铁矿与闪锌矿共生;(i)白铁矿在闪锌矿边缘形成港湾结构;(j)方铅矿和白云石共生呈细小静脉填充于闪锌矿裂缝中;(k)闪锌矿交代黄铁矿,闪锌矿包裹半自形粒状方铅矿;(l)闪锌矿与自形黄铁矿共生,并被自形—半自形粒状白云石胶结。Sp.闪锌矿;

Py.黄铁矿;Gn.方铅矿;Mrc.白铁矿;Dol.白云石

5. 矿物生成顺序

野外地质、矿物手标本和微观结构特征表明,半边街矿床形成主要经历了三个阶段(图 3-9):①成岩期(白云石+方解石);②热液期(闪锌矿+黄铁矿+白铁矿+方铅矿+白云石+方解石);③表生期(褐铁矿)。

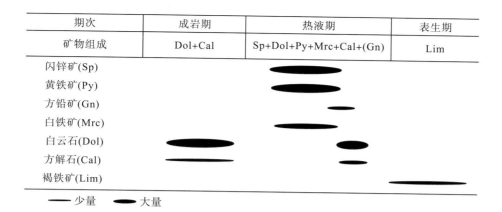

期次	成岩期	热液期	表生期
矿物组成	Dol+Cal	Sp+Dol+Py+Mrc+Cal+(Gn)	Lim

图 3-9　半边街矿床矿物生成顺序

6. 围岩蚀变

半边街锗锌矿床蚀变较发育，其中蚀变的主要类型为白云石化、黄铁矿化和硅化，局部见方解石化和重晶石化(陈国勇等，2005，2006；卢贸达等，2022)。其中白云石化和黄铁矿化与成矿关系最为密切。

白云石化作为主要的近矿围岩蚀变之一，在矿区内广泛发育，分布范围广，主要集中于断裂带和层间破碎带附近，白云石主要呈现白色的团块状、斑状和脉状，沿裂隙充填交代，白云石以细晶白云石化为主，最大粒径在 2mm 以上。白云石化与矿化有密切关系，越靠近矿体中心处，白云石化越强烈，向两侧围岩处蚀变依次减弱，白云石由矿体中的团块状白云石依次变为细脉状、团斑状和斑点状。黄铁矿主要呈浸染状、条带状和胶状与闪锌矿共存，并均匀分布在围岩及矿石中。

黄铁矿化主要以三种形式呈现：①成矿早期(或成岩期)草莓状、鲕状和胶状黄铁矿；②主成矿期的黄铁矿与闪锌矿、方铅矿共生组成条带状，浸染状矿石或为单独的黄铁矿条纹；③晚期黄铁矿产于碳酸盐脉中的自形较粗粒。

二、竹林沟锗锌矿床

1. 地层

矿区内出露地层(图 3-10)从老到新依次为中泥盆统蟒山组(D_2m)，上泥盆统望城坡组(D_3w)、尧梭组(D_3y)、者王组(D_3z)，下石炭统祥摆组(C_1x)、摆佐组(C_1b)，下二叠统梁山组(P_1l)及第四系(Q)，岩性描述详见图 3-11。其中望城坡组(D_3w)是含矿地层(杨智谋等，2021；余杰和周祖虎，2021；周祖虎，2021；杨德智等，2022；Luo et al.，2022)，该地层根据岩性差异可分为两段。

第一段上部 15～20m 为灰色、灰白色中厚层至厚层状细—中晶白云岩，夹 3～5m 灰白色硅质条带，局部夹灰白色、浅灰绿色薄层泥岩，砂质泥岩，局部可见水平层纹构造。

中部为厚 13～18m 的灰黑色中厚层块状细—中晶白云岩，局部夹中厚层状含砂质白云岩，偶夹黑色薄层状含砂质碳质泥岩，该层为矿区内闪锌矿的含矿层位。下部为厚 12～25m 的灰色、灰白色中厚层块状细—中晶白云岩，局部夹灰白色、灰绿色薄层状泥岩，顶部厚 3.5～8m，具轻微硅化，且岩石较致密。整个望城坡组（D_3w）一段范围内晶洞均较发育，大小一般为 2～30mm 不等，最大达 56mm，铁质浸染较为明显。

　　第二段岩性为灰、深灰色中厚层夹薄层泥晶生物碎屑灰岩、含生物碎屑泥晶灰岩，夹薄层泥晶灰岩及钙质黏土岩，偶夹白云岩，偶见水平层纹构造，厚 19.22～29.31m。

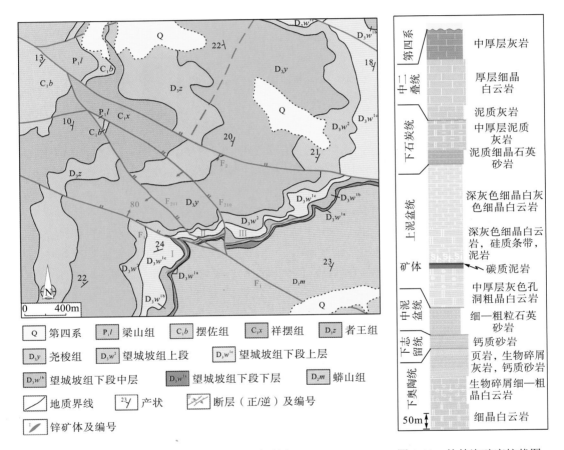

图 3-10　竹林沟矿床矿区地质图　　　　　　图 3-11　竹林沟矿床柱状图

注：据杨智谋等（2021）修改。

2. 构造

　　矿区褶皱构造不发育，总体为单斜构造，地层产状总体倾向北西305°～320°，倾角为16°～32°。区内发育的断层主要有 F_1、F_2 断层，分述如下（杨智谋等，2021；余杰和周祖虎，2021；杨德智等，2022；Luo et al.，2022）。

F_1 断层：该断层即区域性竹林沟断层，断层沿北东—南东贯穿整个矿区，矿区内出露 2.17km。矿区范围内表现为正断层，断层走向为 117°，倾向北东，倾角为 70°～85°；断距为 65～70m。矿区内切割地层有中泥盆统蟒山组（D_2m），上泥盆统望城坡组（D_3w）、尧梭组（D_3y）及者王组（D_3z）。构造破碎带宽 2～15m，主要由棱角状、次棱角状的角砾岩及断层泥构成。断层内不含矿。本矿区的锌矿即产于被该断层切割的望城坡组一段地层中，且上下两盘在同一层位均发现有矿体，整体上表现为近断层部位矿体厚度较大，远离断层矿层逐渐变薄，直至尖灭。因此，推断该断层对竹林沟锌矿成矿具有一定控制作用。

F_2 断层：F_2 断层出露于矿区北西部，在笋子坡附近与断层 F_1 相交，往北西在选矿厂附近延伸出矿区。矿区内长度为 830m，断层在近 F_1 断层一端表现为正断层，远离 F_1 一端变现为逆断层，具有枢纽断层的性质。在矿区断层走向内近 307°，倾向北东，倾角为 75°～85°，出矿区后，断层走向逐渐靠北，倾向逐渐向东。断层枢纽大致位于矿区北西部，远离枢纽位置，断距逐渐增大，往北北西向，断距为 0～65m；往南东向，断距为 0～33m。矿区内切割地层有中泥盆统蟒山组（D_2m），上泥盆统望城坡组（D_3w）、尧梭组（D_3y）及者王组（D_3z）。构造破碎带宽 1.5～3.5m，主要由棱角状、次棱角状的角砾岩及断层泥构成。断层内不含矿。

3. 矿体特征

竹林沟矿床矿体主要赋存于上泥盆统望城坡组下段（D_3w^1）中部含碳泥质细—中晶晶洞白云岩中，矿体呈似层状、透镜状、脉状等产出（图 3-12～图 3-14）。依据矿体产出特征及断层切割关系，划分三个矿体（Ⅰ、Ⅱ和Ⅲ），除Ⅲ号矿体外，其他矿体厚度变化相对稳定。

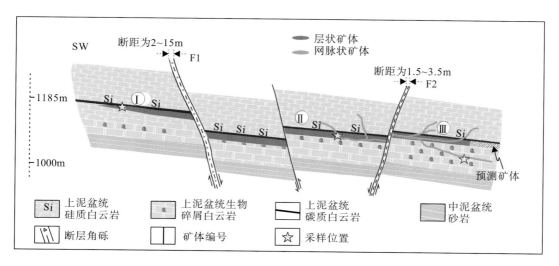

图 3-12　竹林沟矿床剖面示意图

注：据 Luo 等（2022）修改。

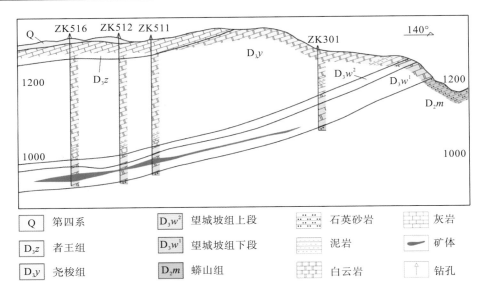

图 3-13　竹林沟锌矿床 5 号勘探线剖面图

注：据余杰和周祖虎(2021)改。

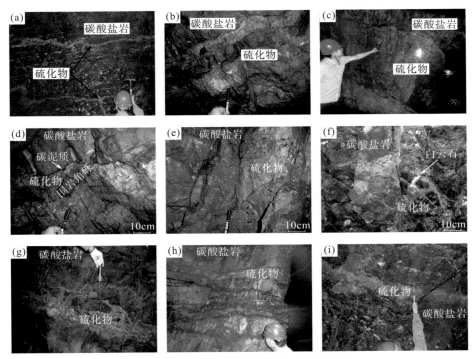

图 3-14　竹林沟锌矿床矿体宏观地质特征

(a)围岩中的脉状闪锌矿，局部见穿层矿脉；(b)硫化物呈脉状产于碳酸盐岩中；(c)硫化物呈似层状产于碳酸盐岩中；(d)硫化物和碳泥质共生胶结碳酸盐岩角砾充填碳酸盐岩裂隙；(e)硫化物呈似层状；(f)硫化物呈脉状充填围岩裂隙，白云石呈团块状；(g)碳酸盐岩中脉状/网脉状硫化物集合体；(h)硫化物呈脉状顺层产出；(i)硫化物呈纹层细脉充填围岩裂隙

Ⅰ号矿体位于矿区北西部，F_1断层南西侧（下盘），分布在 2 号勘探线与 8 号勘探线之间，主要由钻孔工程 ZK7-1，剥土工程 BT02、BT04、BT07，采空区内采样工程 CM20、CM21、CM22，探矿坑道中的 KD1-1、KD1-2 控制。矿体呈似层状、透镜状产出，产状与围岩基本一致，倾向为 320°～355°，倾角为 24°～27°。矿体沿走向长度约为 160m，沿南西向在 6 号勘探线和 8 号勘探线间逐渐尖灭，往北东向被 F_1 断层控制；沿倾向延伸约 220m。资源量估算标高+1140～+1225m。单工程矿体厚度为 0.71～6.71m，平均厚度为 3.44m，厚度变化系数为 54.63%，为较稳定型。单工程 Zn 品位为 1.61%～9.15%，Zn 平均品位为 4.04%，品位变化系数为 63.60%，为均匀型。

Ⅱ号矿体位于矿区北西部，F_1 断层北东侧（上盘），F_2 断层南西侧（下盘），分布在 1 号勘探线与 4 号勘探线之间，主要由钻探工程 ZK40-1、ZK8-1、ZK008 及 ZK116，剥土工程 BT08、BT11，采空区内的采样工程 CM01、CM02、CM03、CM04、CM05、CM06、CM07、CM09、CM010、CM18、CM19、CM25、CM26、CM32、CM211，坑道中的 KD006、KD008、KD011、KD210、KD08 控制。矿体呈似层状、大透镜状产出，产状与围岩基本一致，倾向为 296°～345°，倾角为 16°～27°。矿体沿走向长度约为 280m，往南西向被 F_1 断层截断，往北东向被 F_2 断层截断；沿倾向延伸大于 850m；资源量估算标高+840～+1176m。单工程矿体厚度为 0.97～11.40m，平均为 4.54m，厚度变化系数为 55.12%，为较稳定型。单工程 Zn 品位为 0.66%～21.24%，Zn 平均品位为 6.43%，矿石品位变化系数为 64.05%，为均匀型。

Ⅲ号矿体位于矿区北西部，F_2 断层北东侧（上盘），分布在 0 号勘探线与 9 号勘探线之间，浅部由剥土工程 BT13、BT14 及钻探工程 ZK1-2、ZK301 控制；中部及深部由采空区采样工程 CM24、CM17、CM15、CM12、CM14、CM10、CM13、CM11、CM23，坑道采样工程 KD16、KD504、KD32、KD506、KD708、KD508、KD709、KD710、KD711、KD712、KD13、KD510、KD310、KD110、KD111、KD101、KD311、KD31，钻探工程 ZK8-2、ZK516、ZK512、ZK511 控制；沿走向延伸的北西向由未见矿钻探工程 ZK8-3、ZK901、ZK904、ZK09 及坑道采样工程 KD908 控制。矿体呈似层状、透镜状产出，产状与围岩基本一致，倾向为 264°～323°，倾角为 15°～23°。矿体沿走向长度约为 350m，往南西向被 F_2 断层截断，往北东向在 9 号勘探线附近逐渐尖灭；沿倾向延伸大于 760m。资源量估算标高+910～+1185m。单工程矿体厚度为 0.51～17.30m，平均为 3.83m，厚度变化系数 98.46%，为较稳定型。单工程 Zn 品位为 1.06%～13.53%，Zn 平均品位为 6.82%，品位变化系数为 57.20%，为均匀型。

目前已探明的 Pb+Zn 金属量达 28 万 t，Zn 平均品位为 6.54%，矿床远景金属量超过 50 万 t，有望达到大型矿床规模（杨德智等，2020）。除此之外，矿床还伴有稀散金属 Ge 的超常富集，其中锌矿石中 Ge 的平均品位达到 97.7×10^{-6}，矿床 Ge 的金属资源量已超 400t（贵州省自然资源厅备案资源量），达到大型规模（周家喜等，2020b）。

4. 结构构造

竹林沟矿床矿物组成相对简单（图 3-15，图 3-16），矿石矿物主要为闪锌矿和黄铁矿，含少量白铁矿、方铅矿，另见部分氧化矿（如菱锌矿等）；脉石矿物主要为白云石，其次为石英，含有少量方解石等，多为粒状结构。硫化物发育角砾状、块状/浸染状、脉状/网脉状等构造(图3-15)。角砾状矿石表现为被围岩包裹的硫化物集合体角砾。块状矿石主要由细粒闪锌矿/黄铁矿组成；浸染状矿石主要由斑点状闪锌矿/黄铁矿组成，不规则分布于方解石/白云石脉和围岩中。脉状/网脉状矿石主要表现为闪锌矿和黄铁矿呈脉状/网脉状胶结围岩角砾。

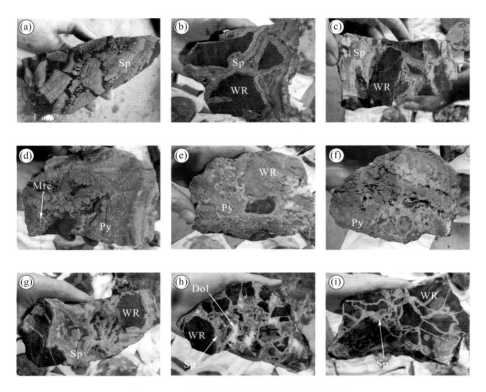

图3-15 竹林沟矿床手标本矿石宏观照片

(a)闪锌矿集合体呈角砾形成角砾状矿石；(b)碳酸盐岩角砾被脉状硫化物集合体胶结；(c)硫化物集合体胶结碳酸盐岩角砾；(d)白铁矿呈细粒集合体与黄铁矿粗粒集合体共生；(e)黄铁矿集合体胶结碳酸盐岩角砾；(f)黄铁矿充填胶结碳酸盐岩；(g)闪锌矿集合体呈脉状胶结碳酸盐岩角砾；(h)碳酸盐岩角砾被闪锌矿和白云石脉充填胶结；(i)闪锌矿呈细脉状胶结碳酸盐岩角砾。Sp.闪锌矿；Mrc.白铁矿；Py.黄铁矿；WR.碳酸盐岩围岩；Dol.白云石

竹林沟矿床中硫化物一般发育放射束状、胶状环带、粒状、交代等结构(图3-16)。其中，闪锌矿主要为棕色-浅棕色，广泛呈放射束状/针状(统称Sp1)和粒状(Sp3)以及二者混合状/胶状环带(Sp2)产出，或与黄铁矿/石英共生，或局部被黄铁矿取代。黄铁矿/白铁矿主要呈半自形—他形粒状和交代结构，或与闪锌矿/白云石共生，或交代闪锌矿。方铅矿则主要以半自形—他形粒状结构产出，充填闪锌矿的间隙。根据矿物共生组合和穿插关系等，竹林沟矿床成矿期硫化物大体可以划分为两个期次/阶段，但不同期次/阶段硫化物之间没有显著的矿物形态结构差异，仅矿石构造不同。

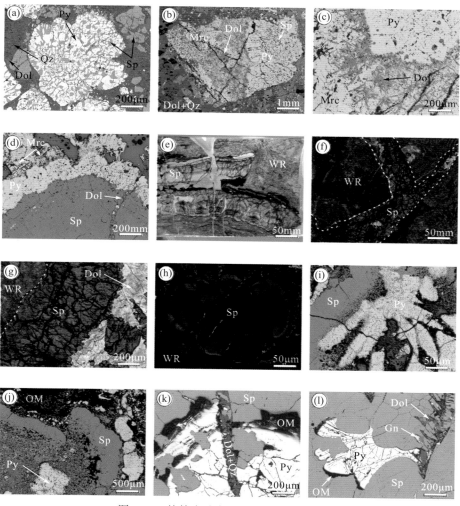

图 3-16　竹林沟矿床手标本矿石宏观照片

(a)黄铁矿呈碎裂结构，包裹闪锌矿或与闪锌矿、白云石、石英共生；(b)黄铁矿、白铁矿与白铁矿被白云石、石英脉包裹；
(c)白铁矿、白云石沿黄铁矿边缘生长；(d)白铁矿、黄铁矿与闪锌矿共生，闪锌矿裂隙中充填白云石；(e)闪锌矿集合体呈条
带状充填碳酸盐岩；(f)闪锌矿充填进入围岩裂隙，与围岩接触界线明显；(g)闪锌矿-白云石脉充填进入围岩裂隙，与围岩截
然接触，部分闪锌矿碎屑被白云石胶结；(h)颜色韵律胶状闪锌矿颗粒，镶嵌于白云岩围岩中；(i)针状结构白云石于晶簇状
黄铁矿之中，呈浸染状分布；(j)先前沉淀的与有机质伴生的闪锌矿条带和黄铁矿颗粒溶蚀再沉淀，呈浸染状交生集合体；
(k)与有机质伴生的胶状黄铁矿被晚期白云石-石英脉穿插；(l)与有机质伴生的胶状黄铁矿、闪锌矿与树枝状方铅矿、白云石
　共生。Sp.闪锌矿；Mrc.白铁矿；Py.黄铁矿；Gn.方铅矿；Dol.白云石；Qz.石英；WR.碳酸盐岩围岩；OM.碳泥质/有机质

　　白云石是竹林沟矿床最重要的脉石矿物，主要表现为粒状结构，总体呈团块状与硫化
物共生或者呈脉状包裹硫化物，晶洞构造局部发育。石英主要为粒状结构，包括成岩期和
热液期石英。前者主要具有粗粒结构，呈自形状，常被晚期热液闪锌矿交代，形成石英残
晶，热液期石英主要具有细粒结构，呈他形—半自形状，常胶结早期硫化物，可能是硅质
白云岩围岩溶解重结晶的产物。

5. 矿物生成顺序

结合野外地质工作和室内岩相学观察,竹林沟锌矿床的矿化可分为成岩期,热液期和表生氧化期三个阶段(图3-17),其中热液期可进一步被划分为两个阶段:①闪锌矿(Sp1)+黄铁矿+方铅矿+白铁矿+白云石;②闪锌矿(Sp2+Sp3)+黄铁矿+白云石+石英+白铁矿+方铅矿。

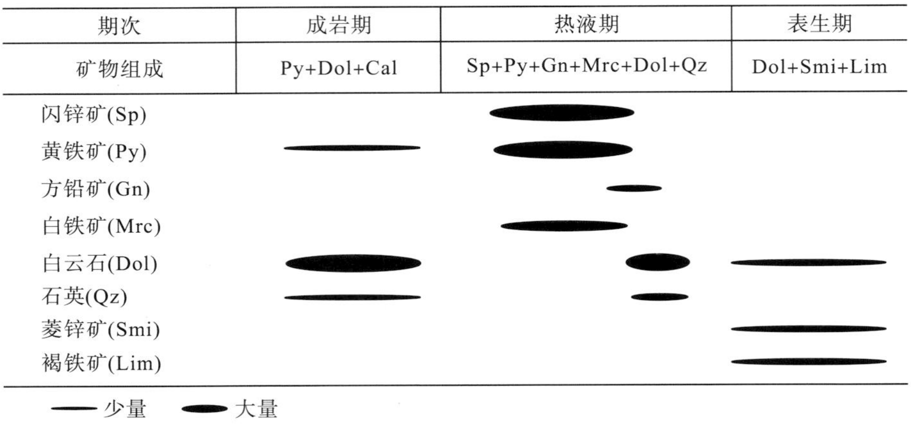

期次	成岩期	热液期	表生期
矿物组成	Py+Dol+Cal	Sp+Py+Gn+Mrc+Dol+Qz	Dol+Smi+Lim
闪锌矿(Sp)			
黄铁矿(Py)			
方铅矿(Gn)			
白铁矿(Mrc)			
白云石(Dol)			
石英(Qz)			
菱锌矿(Smi)			
褐铁矿(Lim)			

—— 少量　● 大量

图 3-17　竹林沟锌矿床矿物产出顺序

6. 围岩蚀变

竹林沟矿区广泛发育围岩蚀变,包括碳酸盐岩化、硅化、黄铁矿化和有机碳化。其中,碳酸盐岩化(白云石化/方解石化)是重要的找矿标志之一,部分热液碳酸盐矿物的形成常与铅锌矿化有关,在靠近矿体部分表现为强烈的碳酸盐岩化。黄铁矿化和硅化广泛存在于泥盆系望城坡组地层中,常发育草莓状黄铁矿和石英颗粒。碳质泥岩在矿区内产出较薄,且早期闪锌矿明显发育于碳质泥岩附近[图3-14(d)],其与早期硫化物的沉淀可能有密切的关系。

第二节　牛角塘富镉铅锌矿田

牛角塘富镉铅锌矿田主要由7个铅锌矿床组成,自西向东分别为东冲、马坡、大亮、768、菜园河、双龙泉和独牛铅锌矿床(图3-18)。由于矿田范围内各矿床地层、构造、岩性等相似(陈国勇等,1992,2005;张碧志等,1994;谷团和李朝阳,1998;李明道和袁先顺,1998;刘铁庚和叶霖,2000;叶霖等,2000,2005a,2005b;叶霖和刘铁庚,2001;刘铁庚等,2004a,2004b,2005;张江江,2010;刘劲松等,2012;谭华,2012;金灿海等,2014;谷团,2017;吴从文,2017,2022;李堃,2018;金少荣等,2018;赵征等,2018a,2018b;游家贵,2019;唐永永等,2020;程涌,2022;程涌等,2022;肖宪国等,2022;Zhou et al.,2022),且比较稳定,本节将各矿床地质特征合并概述,以免重复累赘。

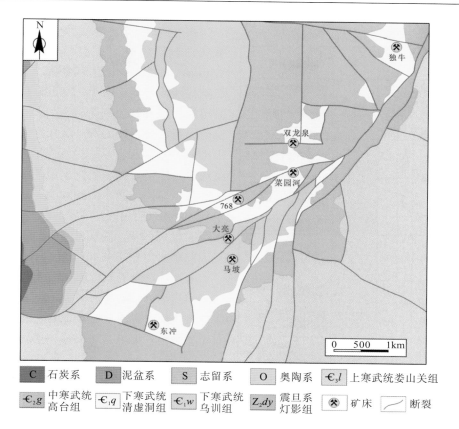

图 3-18　牛角塘矿区地质略图

注：据游家贵（2019）和 Zhou（2022）改。

一、地层

矿田范围内地层出露完整，主要为一套震旦系—石炭系海相和陆相沉积岩（图 3-19）。震旦系灯影组（Z_2dy）主要由杂砂岩和泥质灰岩组成。寒武系包括下寒武统乌训组（ϵ_1w）、下寒武统清虚洞组（ϵ_1q），中寒武统高台组（ϵ_2g）和上寒武统娄山关组（ϵ_3l）。其中，乌训组（ϵ_1w）主要为黑色页岩、薄层泥晶灰岩和碳质碎屑岩；清虚洞组（ϵ_1q）是矿田主要的含矿地层，由厚层细晶白云岩和泥质生物碎屑白云岩组成；高台组（ϵ_2g）主要为互层的白云质页岩与泥质白云岩；娄山关组（ϵ_3l）主要为厚层的白云岩。奥陶系主要为钙质粉砂岩。泥盆系以中厚层状细粒白云岩、生物碎屑细粒白云岩为主。石炭系主要由泥质细粒石英砂岩、中厚层状泥质灰岩和细粒—粗粒石英砂岩组成。

中寒武统高台组（ϵ_2g），分两段，矿田范围内出露第一段，分四个亚段。

ϵ_2g^{1-4}：灰、深灰色中厚层—厚层颗粒白云岩夹细—中晶白云岩。底部及中部夹厚 1～2m 中薄层粉砂质白云岩，具斜层理，层间常见 1～2mm 泥质夹层。鲕粒成分复杂，为砂屑、砾屑鲕粒、藻屑等，呈椭球状、球状，分布不均匀，常因重结晶而破坏。砾屑呈竹叶状，其中见大量的密集鲕粒。厚度超过 50m。

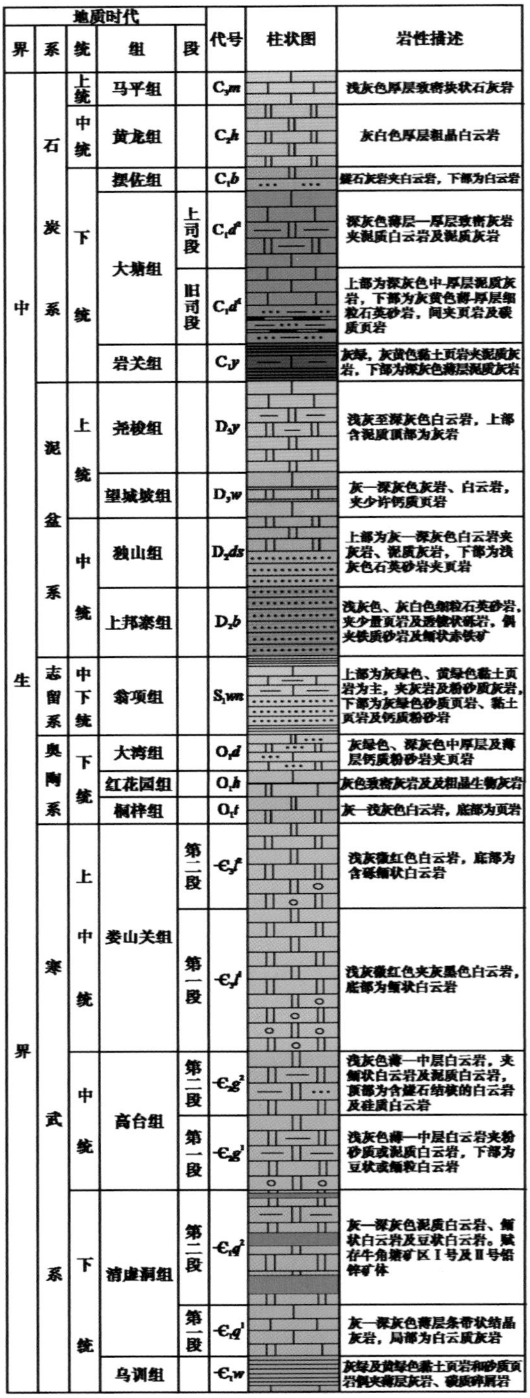

界	系	统	组	段	代号	柱状图	岩性描述
中生界	石炭系	上统	马平组		C_2m		浅灰色厚层致密块状石灰岩
		中统	黄龙组		C_2h		灰白色厚层粗晶白云岩
		下统	摆佐组		C_1b		镶石灰岩夹白云岩,下部为白云岩
			大塘组	上司段	C_1d^2		深灰色薄层—厚层致密灰岩夹泥质白云岩及泥质页岩
				旧司段	C_1d^1		上部为深灰色中—厚层泥质灰岩,下部为灰黄色薄层细粒石英砂岩,间夹页岩及泥质页岩
			岩关组		C_1y		灰绿、灰黄色黏土岩夹泥质灰岩,下部为深灰色薄层泥质灰岩
	泥盆系	上统	尧梭组		D_3y		浅灰至深灰色白云岩,上部含泥质顶部为灰岩
			望城坡组		D_3w		灰—深灰色白云岩、白云岩,夹少许钙质岩
		中统	独山组		D_2ds		上部为灰—浅灰色白云岩、泥质灰岩,下部为浅灰色石英砂岩夹白云岩
			上邦寨组		D_2b		浅灰色、灰白色细粒石英砂岩,夹少量页岩及透镜状砾岩,偶夹泥质岩及透镜赤铁矿
生界	志留系	中下统	翁项组		S_1wn		上部为灰绿色、黄绿色黏土岩为主,夹泥页岩及泥质灰岩;下部为灰绿色泥质岩、黏土岩及钙质岩
	奥陶系	下统	大湾组		O_1d		灰绿色、深灰色中厚层及薄层钙质粉砂岩夹岩
			红花园组		O_1h		灰色致密灰岩及粗晶生物灰岩
			桐梓组		O_1t		灰—浅灰色白云岩,底部为页岩
	寒武系	上中统	娄山关组	第二段	$Є_3f^2$		浅灰褐红色白云岩,底部为含砾细状白云岩
				第一段	$Є_3f^1$		浅灰褐红色夹灰墨色白云岩,底部为砾状白云岩
		中统	高台组	第二段	$Є_2g^2$		浅灰色薄—中层白云岩,夹鲕状白云岩及泥质岩,顶部为含鲕石结晶嵌的白云岩及硅质白云岩
				第一段	$Є_2g^1$		浅灰色薄—中层白云岩夹粉砂质或泥质白云岩,下部为豆状或鲕粒白云岩
		下统	清虚洞组	第二段	$Є_1q^2$		灰—深灰色泥质白云岩,鲕状白云岩及豆状白云岩。赋存牛角塘矿区I号及II号铅锌矿体
				第一段	$Є_1q^1$		灰—深灰色薄条带状结晶灰岩,局部为鲕状白云矿
			乌训组		$Є_1w$		灰绿及黄绿色黏土岩和砂质岩,偶夹薄层灰岩、碳质碎屑岩

图 3-19　牛角塘矿田柱状图

$Є_2g^{1-3}$:灰夹深灰色细—中晶白云岩夹鲕状白云岩,鲕粒大小不均匀,为 0.5~1.5mm,色浅,风化呈麻点状,重结晶后岩石结构疏松,间夹厚 1~1.5m 砂质白云岩,具层纹构造,纹理风化突起,多为石英等陆源碎屑组成。下部为灰、深灰色鲕状白云岩夹细—中晶白云岩,鲕粒色深,可剥离,常组成正粒序层,鲕粒排列呈层,组成鲕纹理或鲕条带,同一条带内鲕粒大小均匀,呈球粒状;间夹 0.5~1.0m 藻屑(核形石)白云岩,核形石呈椭球状,圈层构造发育。中上部偶见闪锌矿、方铅矿化。厚 80~100m。

$Є_2g^{1-2}$:为灰、青灰色薄层层纹状泥质白云岩页岩,夹泥质粉砂质夹层,具微细水平层理,泥—粉晶、粉砂结构;一般底部为黏土质页岩。岩石成分较杂,普遍含少量次棱角状石英、玉髓、锆石粉砂,常见细晶(0.01~1.5mm)黄铁矿(1%~10%),黏土矿物主要为水云母,常见碳泥质(1%~5%)。中部偶见厚 0.15m 透镜状重晶石,微量胶磷矿。岩石风化后颇似页岩。厚 10~25m。

$Є_2g^{1-1}$:浅灰、灰色厚层豆状粉—细晶白云岩,普遍含碳泥质(1%)、黄铁矿(1%~5%)、石英粉砂(1%),局部偶夹砂质纹层。顶部常见不稳定呈透镜状产出的鲕状灰岩、白云质灰岩,与下伏白云岩呈渐变过渡,鲕粒具正粒序变化,厚 1~2m。岩石中颗粒主要为豆粒或核形石,一般呈椭球状、球状,2~10mm,具同心圈层构造,豆心为泥晶白云石,壳圈为粉晶白云石,表面具氢氧化铁附着物,镜下常见复鲕结构,多为藻黏结鲕粒,亮晶胶结,鲕圈内常见暗色有机质。该层顶部可见两种角砾(白云岩、页岩)彼此相嵌的角砾状岩石,角砾大小不等,为 1~10cm,推测可能属暴露成因产物。III矿化带产于其中。厚 30~70m。

寒武系下统清虚洞组($Є_1q$),分二段,矿田范围内出露第二段,分七个亚段/层。

$\in_1q^{2\text{-}7}$：浅灰、灰色中厚层细粒白云岩，常见黄铁矿（1%），偶见残余鲕粒结构。在构造作用下岩石破碎，呈角砾状，裂隙构造发育。II 矿化带产于其中，是矿床主要的含矿层位。厚 40～65m。

$\in_1q^{2\text{-}6}$：灰深灰色中厚层残余鲕状粉晶白云岩，鲕粒细小均匀，约 1mm，结构疏松，岩石裂隙发育、破碎，镜下可见磨圆较好的中粒白云石砂屑及石英粉屑。局部见迁积核形石堆积体，层间断层发育。厚 10～25m。

$\in_1q^{2\text{-}5}$：深灰色中厚层层纹状含粉砂质、碳泥质泥—粉晶白云岩。粉砂质为石英、玉髓、白云母及少量锆石、电气石等，含量为 5%～25%，碳泥质为有机质和水云母，偶见高岭石和胶磷矿，含量为 1%～10%，向北东泥质增多。层纹由粉砂质和泥质组成。岩石中普遍含 1%～3%黄铁矿；局部见闪锌矿化，可富集成工业矿体，厚 10～25m。

$\in_1q^{2\text{-}4}$：灰色粉—细晶白云岩，镜下见残余藻鲕及藻叠层石。上部为灰色和深灰色互层，I 矿化带产于其中，顶部常见 2～3m 花斑状或晶洞白云岩，钻孔控制厚度大于 140m，牛角寨、王家山、左湾田厚度分别为 0.70～33.20m、50～70m 和 60～75m，下伏地层为薄层状或条带状亮晶藻屑（葛万藻）、砂屑灰岩夹泥质白云岩。故 $\in_1q^{2\text{-}4}$ 或 $\in_1q^2$ 厚度由西至东变厚。

$\in_1q^{2\text{-}3}$：深灰色薄层细粒泥质白云岩，厚 15～25m。

$\in_1q^{2\text{-}2}$：深灰色中—厚层状细粒白云岩，厚 15～25m。

$\in_1q^{2\text{-}1}$：灰、深灰色薄层灰岩。

二、构造

牛角塘矿田位于黔南坳陷南北构造变形区与华南早古生代褶皱带之间。在这两种构造单元的作用下，区域上褶皱和断层发育，构造变形强烈。北东向蔓洞断裂（图 3-18）及其北东向、东西向、近南北向的次级断裂，是区域主要控矿构造（图 3-18）。研究表明，该期构造运动主要发生在奥陶纪—志留纪加里东中晚期，多期的构造活化导致次级断裂间相互切割。王司背斜是区域内主要的褶皱，轴向整体近南北向，北部偏东，次级褶皱相对发育。褶皱两翼较为平缓，倾角一般为 10°～25°，局部为 30°～50°，呈相对对称的箱状背斜。

呈北东向的早楼断裂（F_2）与 F_3 为矿区内的主干断裂，F_2 为逆断层，由东冲、牛角塘、独牛向北东延伸，最终交会于蔓洞断裂，断裂总体走向为 40°～50°，倾角为 54°～74°，断距为 100～150m，断层旁侧破碎带宽 2～10m，该断裂下盘为下寒武统清虚洞组（$\in_1q$），岩石破碎强烈，多见断层角砾岩与构造透镜体，破碎带内围岩蚀变发育，Zn、Pb、Cd、Sb、Hg、As 等与铅锌成矿有关元素有异常显示，与成矿关系密切，是矿田主要的控矿断裂。

F_3 断层位于矿床中部，北东交 F_2 于狮子洞，南西依次跨越马坡、左湾田及王家山，进入矿田南西侧，全长约 8km，走向为 50°～60°，倾向为 320°～335°，倾角为 60°～77°，马坡矿床上盘为 $\in_2g$ 泥质白云岩，下盘为 $\in_1q^2$ 残余藻鲕白云岩。岩石破碎强烈，破碎带内断层岩块、构造透镜体及断层角砾发育，普遍见白云石化、方解石化、黄铁矿化等与成矿有关的围岩蚀变，沿断裂带 Zn、Pb、Cd 等元素有异常分布，与成矿关系密切。

近东西向组断裂是区域上北东向组断裂于燕山期右行走滑逆冲所形成的次生断裂，往往与北东向组断层组合控矿，矿体往往产在北东向组断层与东西向组断层所截断的夹块内。近南北向组多切割北东向组与近东西向组断层，为破矿构造。

三、矿体特征

牛角塘矿田矿体主要呈层状、透镜状产出（图3-20），产状与围岩基本一致，与围岩呈渐变、过渡关系。矿体整体具有中部厚、边缘薄的特点，且块状矿石主要发育于矿体中部，浸染状矿石产于矿体边缘。矿体一般长150～500m，宽50～200m，走向NW（310°～326°），倾角较小（15°～20°）。Zn的品位为5.85%～24.48%（平均为19.8%）、Cd的品位为400×10^{-6}～14300×10^{-6}（平均为4081×10^{-6}）（付绍洪，2004；付绍洪等，2004；Ye et al.，2012；张羽旭等，2012；朱传威等，2013；Zhou et al.，2022）。

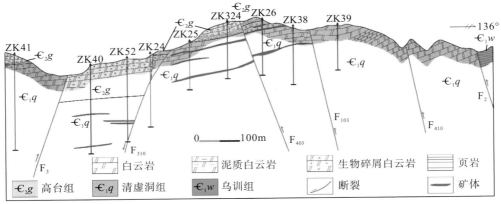

图3-20　牛角塘矿田310勘探线剖面图

注：据游家贵（2019）改。

矿田内分布有三个矿带，由下往上编号为Ⅰ、Ⅱ、Ⅲ矿带，含矿层位分别为$€_1q^{2-2}$、$€_1q^{2-4}$。每个矿化带由若干个矿体组成。Ⅱ矿带为矿区内最主要的工业矿带，矿化程度高，分布范围广，空间形态较为稳定，矿体呈层状、似层状赋存于下寒武统清虚洞组（$€_1q$）中。

Ⅰ矿带：在矿田范围内该矿带呈单斜产出，赋存于$€_1q^{2-2}$含鲕状细晶白云岩中，距离$€_1q^{2-2}$顶板6～32m，层控特征显著。矿带在区内分布稳定，矿带中矿体呈似层状、透镜状产出。该矿带在马坡矿床（如王家山矿段）中最为稳定，矿体延伸120～200m，平均厚度为1.2～2m，Zn品位多为3%～6%，最高为9.32%。

Ⅱ矿带：在矿床中呈单斜产出，赋存于$€_1q^{2-4}$底部鲕状细晶白云岩中，距离底板10～60m，受层位控制明显。Ⅱ矿带于马坡矿床（如马坡矿段、左湾田矿段）发育程度较高，呈似层状、透镜状产出，矿体延伸150～300m，平均厚度为2～4m，透镜状矿体于走向方向平均间隔100m，Zn品位多为4%～6%，最高为9.25%，另有伴生有益组分Cd、Ga、In等呈类质同象赋存于闪锌矿中。

Ⅲ矿带：由22个矿体组成，矿体小而分散，变化较大。倾向为305°，倾角为10°～20°，厚0.53m，Zn平均品位为9.49%，大部分矿体遭风化剥蚀。

四、结构构造

牛角塘矿田矿石以原生硫化物矿石为主，见少量氧化矿和混合矿。矿物组成相对简单，原生矿石硫化物以闪锌矿和黄铁矿为主，含少量方铅矿和氧化矿（如褐铁矿），脉石矿物以碳酸盐矿物（方解石/白云石）和石英为主（图 3-21）。硫化物结构主要包含粒状结构、交代结构、港湾结构、包裹结构、碎裂结构和脉状结构（图 3-22）。

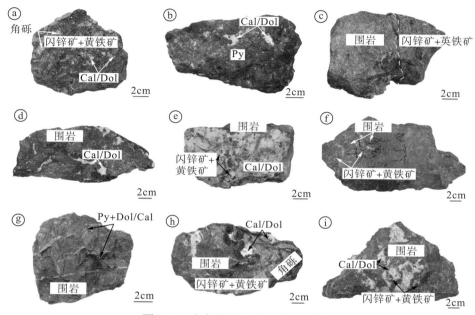

图 3-21　牛角塘矿田矿石手标本特征

(a)闪锌矿和黄铁矿与方解石/白云石共生，共同包裹围岩角砾；(b)块状黄铁矿包裹方解石/白云石团块；(c)与围岩界限清晰的块状硫化物矿石；(d)浸染状硫化物包裹方解石/白云石团块；(e)方解石/白云石团块中的斑点状硫化物；(f)浸染状硫化物矿石；(g)围岩中的共生脉状黄铁矿+方解石/白云石；(h)网脉状硫化物+方解石/白云石，包裹围岩角砾；(i)硫化物细脉与方解石/白云石共生。Sp.闪锌矿；Py.黄铁矿；Cal.方解石；Dol.白云石

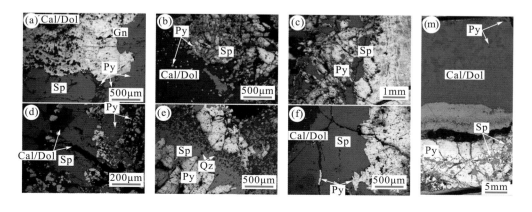

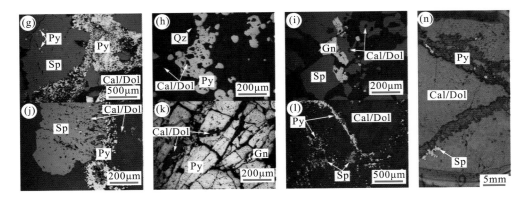

图 3-22   牛角塘矿田矿物结构微观特征

(a) 闪锌矿与黄铁矿共生，方铅矿充填于黄铁矿裂隙；(b) 自形—半自形粒状黄铁矿与他形闪锌矿共生，部分黄铁矿充填于方解石/白云石内；(c) 闪锌矿与黄铁矿共生；(d) 闪锌矿与自形—半自形黄铁矿共生，局部见闪锌矿取代早期黄铁矿；(e) 闪锌矿与自形—半自形黄铁矿共生，见闪锌矿取代石英形成交代残余；(f) 闪锌矿与黄铁矿共生，接触面呈锯齿状；(g) 白云石/方解石和黄铁矿充填于闪锌矿间隙；(h) 粒状黄铁矿包裹早期自形-半自形方解石/白云石；(i) 闪锌矿和方铅矿共生，包裹早期半自形方解石/白云石；(j) 细粒黄铁矿与闪锌矿共生；(k) 方铅矿充填于碎裂黄铁矿间隙；(l) 他形粒状闪锌矿和脉状黄铁矿共生；(m) 闪锌矿与黄铁矿共生，形成环状结构；(n) 闪锌矿与脉状黄铁矿共生。Sp.闪锌矿；Py.黄铁矿；Gn.方铅矿；Cal.方解石；Dol.白云石；Qz.石英

闪锌矿：呈浅黄、浅灰、黄绿、棕黄等色，具玻璃光泽，晶体呈他形—半自形不规则粒状，晶体大小不一，分布无规律，镜下多数受应力作用形成碎粒，被白云石、黄铁矿等矿物胶结充填形成嵌晶结构或被黄铁矿交代形成溶蚀结构。

方铅矿：呈铅灰色自形—半自形晶体，具金属光泽，在矿田内占比较低。

黄铁矿：呈暗黄色、黄色半自形—他形晶体，可分为两类，一类呈泥晶—粉晶充填于围岩孔隙中，另一类呈脉状或浸染状分布于闪锌矿旁侧。

矿石构造以块状构造为主，其次为浸染状和脉状构造。其中块状矿石主要为矿石矿物的集合体；脉状和网脉状矿石主要由毫米至厘米级硫化物脉组成，脉体穿插/包裹碳酸盐岩角砾；浸染矿石主要由不规则分布于方解石/白云石脉和围岩中的斑点状单晶硫化物组成。

五、矿物生成顺序

在野外地质观测、光学显微镜和扫描电镜分析的基础上，结合前人发表的资料(Ye et al.，2012；游家贵，2019)，可将牛角塘矿田的成矿过程划分为三个主要时期(图 3-23)：①成岩期(黄铁矿+白云石+方解石)；②热液期(闪锌矿+黄铁矿+白云石+方解石+石英+方铅矿)；③表生期(褐铁矿)。

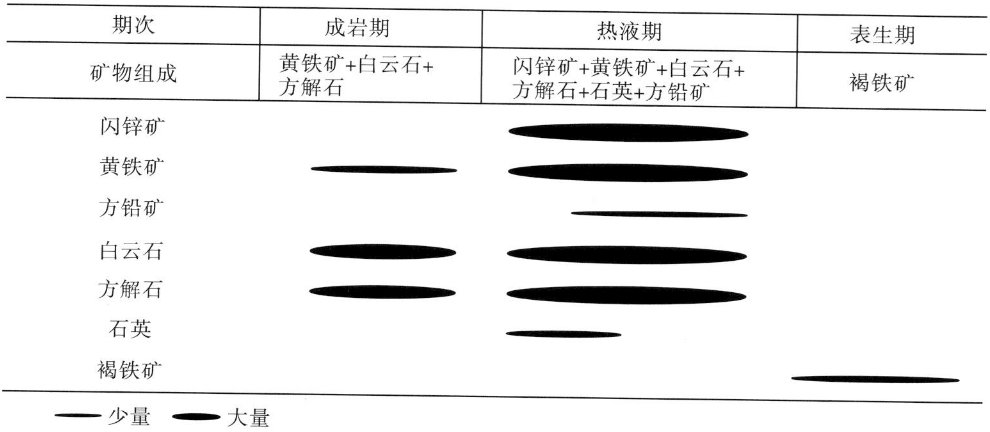

期次	成岩期	热液期	表生期
矿物组成	黄铁矿+白云石+方解石	闪锌矿+黄铁矿+白云石+方解石+石英+方铅矿	褐铁矿
闪锌矿		▬▬▬▬	
黄铁矿	▬▬	▬▬▬▬	
方铅矿		▬▬	
白云石	▬▬	▬▬▬▬	
方解石	▬▬	▬▬▬▬	
石英		▬	
褐铁矿			▬▬

—— 少量　▬▬ 大量

图 3-23　牛角塘矿田矿物生成顺序

六、围岩蚀变

牛角塘矿田围岩蚀变类型简单，主要包括硅化、黄铁矿化、重结晶化和碳酸盐岩化，其中以黄铁矿化和碳酸盐岩化最为常见。硅化作用主要发生在围岩中，赋矿白云岩受石英硅化作用。白云岩中黄铁矿、褐铁矿分布较分散，与铅锌矿化层位关系密切。碳酸盐岩化可分为矿前和矿后两个阶段：矿前阶段碳酸盐岩化作用主要形成重结晶粗粒白云岩，矿后阶段碳酸盐岩化作用主要为碳酸盐矿物(白云石和方解石)条带或细脉，胶结/充填硫化矿石或围岩中的裂隙。碳酸盐岩化是重要的找矿标志之一，部分热液碳酸盐矿物的形成常与铅锌矿化有关，在靠近矿体部分表现为强烈的碳酸盐岩化。

第四章　微量元素地球化学

第一节　矿石矿物样品采集与测试分析

一、矿石矿物样品采集

半边街—竹林沟锗锌矿床矿石矿物样品均采自坑道和钻孔,具有很好的代表性,其中竹林沟锗锌矿床为本书重点研究对象,样品沿矿体走向由浅入深采集,包含I、II和III号矿体,共计 100 件,采样标高分别为 1170m、1165m、1090m、1080m、1030m、1025m和 1010m。

二、分析方法

1. 电子探针微区分析

电子探针微区分析(electron probe micro analysis,EPMA)实验在武汉上谱分析科技有限责任公司完成,仪器型号为日本电子(JEOL) JXA8230,闪锌矿的测试条件:电流为 5×10^{-8}A;电压为 15kV;束斑为 spot(≈1μm);采样时间为 10s、back5s、peak30s 和back15s($<1000 \times 10^{-6}$),数据校正采用日本电子株式会社的 ZAF[即考虑原子序数(Z)、X 射线吸收(A)和荧光效应(F)]校正方法进行修正。由于半边街矿床闪锌矿与竹林沟矿床闪锌矿矿物结构特征相似,本书仅分析竹林沟矿床闪锌矿组分用于数据校正(表 4-1)。

2. LA-ICP-MS 分析

闪锌矿原位微区元素含量测试在广州市拓岩检测技术有限公司利用 LA-ICP-MS 完成。实验室采用 NWR193UC 激光剥蚀系统,该系统由 NWR193nm ArF 准分子激光器和光学系统组成,ICP-MS 型号为 iCAP RQ。激光剥蚀系统配置有信号平滑装置,激光剥蚀过程中采用 He 作载气,通过一个"Y"形接口,与 Ar 气混合,进入电感耦合等离子质谱仪中进行原始信号的采集。本次分析的激光束斑、能量和频率分别为 50μm、$5J/cm^2$ 和 8Hz,背景时间和激光剥蚀时间分别为 50s 和 40s。微量元素含量处理过程中采用多外标单内标校正方法,NIST610(Pearce et al.,1997)作为第一外标,MASS-1[$(57\pm1.75) \times 10^{-6}$Ge](Wilson et al.,2002)作为第二外标进行仪器漂移校正,内标 Zn 来自电子探针主量分析结果(表 4-1)。测试元素包括 ^{55}Mn、^{57}Fe、^{65}Cu、^{71}Ga、^{74}Ge、^{75}As、^{107}Ag、^{111}Cd、^{115}In、^{118}Sn、^{121}Sb、^{202}Hg和 ^{208}Pb。其中 ^{75}As、^{118}Sn、^{121}Sb 和 ^{202}Hg 含量均低于检测限。原始数据的离线处理(包括信号背景选择、样品有效区间选择、仪器灵敏度校正、元素含量的计算)利用 Iolite 3.6(Paton et al.，2010)完成。LA-ICP-MS 元素 Mapping 与点分析采用相同的激光剥蚀系统和载气设置等。竹林沟矿床闪锌矿选取 3 个代表性区域，半边街矿床选择 1 个代表性区域，开展元素含量面扫描。激光束斑为 8μm，频率为 20Hz，能量密度为 5J/cm^2，扫描速度为 40μm/s。每个栅格线开始时收集背景数据 20s。原始数据离线处理同样利用 Iolite3.6 完成。

表 4-1　竹林沟(ZLG)矿床闪锌矿电子探针点分析结果

样品号	类型	In/%	Ge/%	Ga/%	Zn/%	Cu/%	Fe/%	Mn/%	S/%	Pb/%	Ag/%	Cd/%	总计/%
	Sp1	0.019	0.038		64.8		0.290	0.007	33.1	0.561		0.074	98.9
	Sp1		0.093		64.6		0.623	0.019	33.5	0.592		0.069	99.5
	Sp1		0.062		64.4		0.499	0.003	33.7	0.517		0.069	99.3
	Sp1		0.046		65.1		0.086	0.010	33.1	0.291	0.001	0.086	98.7
	Sp1		0.094		64.9		0.050	0.010	34.2	0.328		0.089	99.7
	Sp1		0.020		65.3		0.075		33.3	0.268	0.009	0.074	99.0
ZLG-1-1 1170m	Sp1		0.054		65.0		0.371	0.006	33.3	0.507		0.064	99.3
	Sp1		0.075		64.6		0.782	0.006	33.6	0.422		0.049	99.5
	Sp1		0.094		64.1		0.568		33.6	0.825		0.060	99.2
	Sp1		0.071		64.3		0.280	0.019	33.2	0.843		0.061	98.8
	Sp1		0.046		64.2		0.565	0.009	33.5	0.818		0.070	99.2
	Sp1		0.085		65.0		0.554		33.3	0.247		0.056	99.2
	Sp1		0.080		64.5		0.709	0.009	33.6	0.393		0.054	99.3
	Sp1	0.035	0.056		64.4		0.867	0.013	32.8	0.404		0.049	98.6
	Sp1		0.110		64.6		0.614	0.012	33.4	0.329	0.008	0.050	99.1
	Sp1		0.075		65.3		0.143	0.019	33.3	0.224		0.075	99.1
	Sp1	0.024	0.028		65.7		0.065		33.5	0.225		0.081	99.6
	Sp1		0.099		65.5		0.127		33.6	0.202		0.074	99.6
	Sp1	0.026	0.066		65.4		0.139	0.008	33.3	0.235	0.008	0.075	99.3
	Sp1		0.075		65.1		0.169	0.007	33.3	0.349		0.080	99.1
	Sp1		0.141		64.2		0.575	0.018	33.3	0.861		0.040	99.1
ZLG-1-2 1165m	Sp1	0.037	0.082		64.0		0.731	0.017	33.1	0.871		0.028	98.9
	Sp1		0.046		64.7	0.039	0.230	0.009	33.5	0.882		0.051	99.5
	Sp1		0.062		65.5		0.080	0.006	33.7	0.464		0.066	99.9
	Sp1		0.031		64.8		0.096	0.025	33.4	0.583		0.086	99.0
	Sp1		0.053		64.8		0.070	0.018	33.3	0.510		0.078	98.8
	Sp1		0.087		64.8		0.074	0.014	33.0	0.401		0.061	98.4
	Sp1	0.032	0.054		64.8		0.182	0.019	33.0	0.585	0.006	0.083	98.8
	Sp1		0.028		63.6		1.279	0.010	33.2	0.568	0.014	0.061	98.8

样品号	类型	In/%	Ge/%	Ga/%	Zn/%	Cu/%	Fe/%	Mn/%	S/%	Pb/%	Ag/%	Cd/%	总计/%
	Sp2		0.001	0.001	65.9		0.090		33.8	0.014		0.388	100.2
	Sp2	0.018	0.097		64.2		0.352		33.3	0.245		0.086	98.3
	Sp2		0.047		64.9		1.080	0.012	33.7	0.193		0.160	100.1
	Sp2		0.008		65.0		0.831		33.7	0.146		0.176	99.9
	Sp2		0.095		64.4		0.791	0.012	33.3	0.438		0.112	99.1
	Sp2		0.037		66.0		0.273		34.0	0.279		0.002	100.6
ZLG-2-1 1090m	Sp2				65.7		0.352		33.6	0.056		0.222	99.9
	Sp2				65.1		0.792		33.4	0.039		0.382	99.7
	Sp2				64.9		0.997		33.7	0.062		0.187	99.8
	Sp2				65.3		0.638		33.6	0.090		0.449	100.1
	Sp2		0.066		65.5		0.559	0.016	33.8	0.208	0.004	0.051	100.2
	Sp2		0.017		65.8		0.343		33.7	0.113	0.009	0.124	100.1
	Sp2		0.042		65.6		0.277	0.007	34.2	0.155		0.099	100.4
	Sp2		0.070	0.007	64.7		0.516	0.006	33.3	0.433		0.047	99.1
	Sp2	0.023	0.047		65.4		0.328		33.4	0.088		0.116	99.4
	Sp2		0.045		65.7		0.148		33.2	0.460		0.107	99.7
	Sp2		0.003		64.9		0.689	0.007	33.4	0.040		0.368	99.4
	Sp2		0.044		65.8		0.130		33.4	0.336		0.114	99.8
	Sp2		0.019		64.8		0.861		33.3	0.054		0.185	99.2
	Sp2		0.042		65.7		0.182	0.008	33.2	0.035		0.222	99.4
ZLG-2-2 1080m	Sp2		0.038		65.2		0.393	0.012	33.2	0.247		0.089	99.2
	Sp2		0.090		65.5		0.231	0.005	33.2	0.150		0.091	99.3
	Sp2		0.046		65.1		0.453	0.019	33.2	0.118		0.097	99.0
	Sp2		0.038		65.4		0.504		33.5	0.072		0.104	99.6
	Sp2		0.074		65.2		0.505		33.4	0.103		0.016	99.3
	Sp2		0.041		64.8	0.016	0.638		33.4	0.079		0.119	99.1
	Sp2				63.9		1.560		33.4	0.054		0.040	99.0
	Sp2		0.112		65.0		0.739		33.5	0.184	0.010	0.013	99.6
	Sp3		0.005		64.6		1.063	0.006	33.1	0.050		0.077	98.9
	Sp3		0.037		65.5		0.536	0.016	33.4	0.173		0.075	99.7
	Sp3		0.079		64.7		0.771		33.3	0.141		0.066	99.1
	Sp3		0.067		65.4		0.235		33.2	0.544		0.039	99.5
ZLG-3-1 1030m	Sp3		0.033		64.2		1.236	0.004	33.5	0.059	0.009	0.117	99.2
	Sp3		0.086		65.3		0.329	0.004	33.3	0.306	0.010	0.059	99.4
	Sp3		0.007		63.9		1.563	0.015	33.4	0.090		0.055	99.0
	Sp3		0.087		65.6		0.230		33.2	0.361		0.046	99.5
	Sp3		0.036		64.8		0.854	0.017	33.4	0.061	0.007	0.052	99.2

续表

样品号	类型	In/%	Ge/%	Ga/%	Zn/%	Cu/%	Fe/%	Mn/%	S/%	Pb/%	Ag/%	Cd/%	总计/%
	Sp3		0.023		64.8		0.759	0.009	33.6	0.056		0.220	99.5
	Sp3		0.015		65.7		0.220		33.4	0.180		0.064	99.6
	Sp3				64.6		0.817	0.009	33.4	0.031		0.364	99.2
	Sp3		0.009		64.4		0.865	0.006	33.3	0.051		0.536	99.2
	Sp3				65.5		0.137		33.3	0.361		0.157	99.5
	Sp3	0.018	0.030		65.7		0.219	0.007	33.2	0.107		0.180	99.5
ZLG-3-2	Sp3	0.021			64.6		0.770		33.4	0.101		0.310	99.2
1025m	Sp3		0.023		65.0		0.680		33.3	0.058	0.005	0.267	99.3
	Sp3				64.8		0.740		33.1	0.043		0.265	98.9
	Sp3		0.010		64.5		0.908		33.4	0.065		0.284	99.2
	Sp3				64.9		0.662	0.011	33.3	0.034	0.001	0.307	99.2
	Sp3	0.031	0.014		64.0		1.273	0.006	33.3			0.047	98.7
	Sp3				64.4		0.735		33.2	0.060		0.237	98.6
	Sp3		0.046		65.4		0.361		33.5	0.074		0.100	99.5
	Sp3		0.025		64.9		0.687		33.6	0.029		0.366	99.6
	Sp3				65.4		0.250		33.4	0.047		0.320	99.4
	Sp3				64.3		0.845		33.3	0.057		0.355	98.9
	Sp3				64.5		0.993	0.009	33.5	0.085		0.230	99.3
	Sp3		0.090		65.5		0.167	0.008	33.3	0.388		0.176	99.6
	Sp3				64.4		1.068		33.4	0.085		0.315	99.3
ZLG-3-3	Sp3		0.021		64.1		0.963		33.2	0.090		0.370	98.7
1025m	Sp3	0.023			64.4		0.734		33.3	0.066		0.396	98.9
	Sp3		0.065		65.6		0.135	0.014	33.3	0.318	0.014	0.130	99.6
	Sp3				64.0		1.478	0.006	33.5	0.050		0.056	99.1
	Sp3				63.9		1.257	0.007	33.2	0.031		0.081	98.5
	Sp3		0.034		64.5		0.969		33.4	0.060		0.320	99.3
	Sp3		0.014		64.4		0.869		33.4	0.079		0.382	99.1
	Sp3		0.046		65.2		0.775		33.6	0.171		0.111	99.9
	Sp3		0.033		66.3		0.128	0.015	33.2	0.304		0.194	100.2
	Sp3		0.064		65.6		0.484		33.1	0.103		0.222	99.6
ZLG-3-4	Sp3		0.065		66.0		0.146		33.2	0.488		0.150	100.0
1010m	Sp3		0.010		64.4		1.188	0.007	33.2	0.078		0.275	99.2
	Sp3				64.6		1.038	0.008	33.3	0.106		0.193	99.2
	Sp3		0.006		64.5		1.158		33.5	0.036		0.157	99.4
检测限		0.017	0.008	0.013	0.012	0.011	0.007	0.006	0.004	0.016	0.007	0.007	

3. 闪锌矿形成温度和硫逸度计算

根据闪锌矿微量元素含量，本书使用 GGIMFis 温度计对闪锌矿形成温度进行估算（Frenzel et al.，2016）。闪锌矿成分与形成温度之间的经验关系可由下列方程式表达：

$$T = (54.4 \pm 7.3) \times \text{PC1*} + (208 \pm 10) \qquad (4\text{-}1)$$

$$\text{PC1*} = \ln\left(\frac{c_{\text{Ga}}^{0.22} \times c_{\text{Ge}}^{0.22}}{c_{\text{Fe}}^{0.37} \times c_{\text{Mn}}^{0.20} \times c_{\text{In}}^{0.10}}\right) \qquad (4\text{-}2)$$

式中，$\ln()$ 表示自然对数（以 e 为底）；c_i 为闪锌矿中微量元素 i 的含量，Ga、Ge、Mn 和 In 含量的计量为 10^{-6}，Fe 含量的计量为%。在计算过程中，所估算的绝对温度误差一般在 50℃左右。

硫逸度 f_{S_2} 的计算是基于闪锌矿中 Fe 含量被黄铁矿缓冲的假设。竹林沟矿床三种类型闪锌矿皆与黄铁矿共生，意味着形成 Sp1、Sp2 和 Sp3 的成矿流体会与黄铁矿接触，支持黄铁矿缓冲的假设。首先使用 LA-ICP-MS 点分析获得的 Fe 与 Zn 含量的比值，计算闪锌矿中的 Fe 含量与 FeS 的摩尔分数，然后计算闪锌矿的 FeS 活性[FeS(sp)]：

$$\log_{10}[\text{FeS(sp)}] = (0.80 \pm 0.02) \times \log_{10}\left(53.1 \times \frac{\text{FeS}}{\text{FeS}_{\max}}\right) - (1.38 \pm 0.03) \qquad (4\text{-}3)$$

式中，FeS 代表闪锌矿的 Fe 的摩尔分数（%），$\text{FeS}_{\max}$ 是与 Fe 离子和硫铁矿共生条件下，闪锌矿中 FeS 的最大溶解度，与温度和压力相关：

$$\text{FeS}_{\max} = 44.09 + 0.0125 \times T - \frac{3600}{T} \times p \qquad (4\text{-}4)$$

式中，T 是温度（K）；p 是压力（kbar，1kbar=10^8Pa）（Barton and Toulmin，1966）。本书假设竹林沟矿床成矿压力为 0.1kbar，并采用 GGIMFis 温度计计算结果。最后计算 f_{S_2} 值：

$$\log_{10} f_{\text{S}_2} = -2\log_{10}[\text{FeS(sp)}] - \frac{(1.50 \pm 0.02) \times 10^4}{T} + (14.5 \pm 0.3) \qquad (4\text{-}5)$$

式（4-3）～式（4-5）中的数据引自 Frenzel 等（2021）。

4. Mapping 图像结构相似度计算

结构相似度（structural similarity，SSIM）是从图像组成及视觉特征方面来表达结构信息（图 4-1），包括亮度、对比度和结构度对比三个要素（Wang et al.，2004）。本次分析的 LA-ICP-MS 元素 Mapping 原始图像的像素为 4006×3933，因其尺寸较大，在进行图像结构相似度求解之前，将其缩放为原始尺寸的 1/20。在给定两幅待计算图像后，从图像的左上角到右下角，分别以每个像素为中心，取 3×3 矩阵的局部区域，与另一幅图像对应的区域求结构相似度值，遍历所有像素后，即得到两幅输入图像的结构相似度图。结构相似度图中每个像素点值表示两幅输入图像以对应像素点为中心的 3×3 区域内的视觉相似度情况。利用 MATLAB 7.0 软件计算 SSIM 值，最后取平均值。SSIM 值越高，说明 2 个 3×3 像元矩阵之间的结构差异越小，即元素含量相关程度越大。反之则表示元素含量相关程度越小（罗开等，2021）。参与计算的面扫描图像元素对包括 Ge-Mn、Ge-Fe、Ge-Cu、Ge-Ga、Ge-Ag、Ge-Cd 和 Ge-Pb。

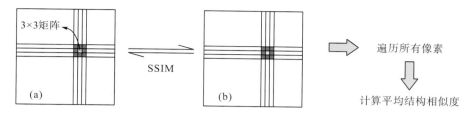

图 4-1 LA-ICP-MS 元素面扫描图像结构相似度计算方法示意图

第二节 闪锌矿微量元素组成与锗超常富集讨论

一、闪锌矿微量元素组成

竹林沟和半边街矿床闪锌矿 LA-ICP-MS 原位微量元素分析分别获得 100 个和 20 个测点数据(表 4-2),其结果统计见图 4-2。竹林沟矿床包括放射束状/针状 Sp1(n=29)、混合状/胶状环带 Sp2(n=28)和粒状 Sp3(n=43)的浅黄色至深棕色的各种不同颜色/矿物结构闪锌矿,或由闪锌矿同心环带核心至边缘。所有 LA-ICP-MS 时间分辨率剖面图中均未观察到 Ge、Fe 或 Pb 包体,说明所测元素可能赋存于闪锌矿晶格内。时间分辨率剖面图显示出元素之间的变化趋势,如 Sp2 中,Ge 与 Fe、Pb 和/或 Mn 成正相关,而 Ga 与 Cd 成负相关。

表 4-2 竹林沟(ZLG)和半边街(BBJ)矿床闪锌矿 LA-ICP-MS 微量元素组成

样号/位置	类型	Mn	Fe	Cu	Ga	Ge	Ag	Cd	In	Pb	PC1*	T_{mean}
	Sp1	163.6	1127	0.48	139.3	774	2.10	625	0.256	2899	2.49	72.70
	Sp1	108.1	12028	0.29	35.8	1347	1.65	359	0.056	5326	1.68	116.39
	Sp1	85.6	9184	0.29	63.8	1108	1.63	457	0.088	3923	1.87	106.53
	Sp1	143.9	1228	0.79	121.9	778	2.13	626	0.231	2358	2.46	73.94
	Sp1	137.1	1072	0.41	125.5	804	2.23	649	0.233	2374	2.54	69.97
	Sp1	134.6	1082	0.30	122.9	820	2.20	650	0.203	2418	2.55	69.17
ZLG-1-1 1170m	Sp1	92.5	9307	0.32	44.3	1058	1.67	438	0.073	4796	1.78	111.40
	Sp1	107.9	10312	0.26	51.5	1381	1.56	401	0.070	4757	1.80	109.91
	Sp1	105.0	8512	0.30	40.9	1164	1.68	437	0.078	6135	1.78	111.26
	Sp1	114.9	5552	0.45	56.7	999	1.68	479	0.100	7529	1.93	103.03
	Sp1	103.3	9461	0.42	45.8	1180	1.58	440	0.068	5220	1.79	110.82
	Sp1	98.9	12335	0.24	46.7	1277	1.66	394	0.064	4724	1.72	114.19
	Sp1	91.2	10101	0.30	61.0	1182	1.74	444	0.085	4178	1.83	108.70
	Sp1	101.5	9031	0.27	40.1	1235	1.64	421	0.069	5688	1.79	110.85
	Sp1	80.7	9226	0.28	61.5	1173	1.86	424	0.095	3285	1.87	106.18
	Sp1	135.0	2126	0.40	109.7	824	2.38	614	0.204	2259	2.28	84.11
	Sp1	117.2	2317	0.31	92.6	853	2.27	614	0.171	2400	2.26	84.85
ZLG-1-2 1165m	Sp1	108.8	3471	0.28	77.4	849	2.23	581	0.150	2543	2.10	93.61
	Sp1	119.3	3380	0.31	80.4	837	2.22	608	0.163	2439	2.09	94.29
	Sp1	114.5	4120	0.21	78.2	833	2.12	611	0.138	2387	2.04	97.22
	Sp1	145.5	7323	0.27	31.2	1252	1.74	303	0.064	9860	1.75	112.91

样号/位置	类型	Mn	Fe	Cu	Ga	Ge	Ag	Cd	In	Pb	PC1*	T_{mean}
ZLG-1-2 1165m	Sp1	131.3	9842	0.38	23.4	1141	1.68	301	0.058	8049	1.59	121.70
	Sp1	119.7	4476	0.23	54.4	1010	1.91	423	0.098	8406	2.00	99.39
	Sp1	121.0	2443	0.24	97.8	851	2.23	546	0.157	5861	2.26	85.14
	Sp1	131.9	2263	0.39	93.3	780	2.08	588	0.166	4930	2.23	86.49
	Sp1	147.4	1141	0.33	131.9	770	2.48	623	0.241	3572	2.50	72.14
	Sp1	138.0	1436	0.19	112.3	806	2.27	637	0.203	3143	2.42	76.40
	Sp1	103.1	4184	0.27	63.7	964	1.98	525	0.122	5746	2.05	96.37
	Sp1	88.2	13366	0.33	79.2	1198	1.90	448	0.116	3977	1.76	112.50
ZLG-2-1 1090m	Sp2	11.7	7333	1.04	37.0	367	1.31	1950	-	283		
	Sp2	42.7	12704	2.48	14.7	591	1.30	1073	-	1082		
	Sp2	61.5	11366	4.66	18.4	634	1.28	985	0.021	1293	1.62	120.12
	Sp2	71.5	9289	4.43	22.5	761	1.22	982	-	1745		
	Sp2	83.0	13403	5.45	13.3	932	1.30	560	0.013	2775	1.56	123.32
	Sp2	27.8	8371	2.99	2.7	557	1.26	351	-	889		
	Sp2	12.2	5360	2.01	35.6	463	1.30	1813	-	311		
	Sp2	16.2	7116	0.55	18.2	508	1.30	1354	-	536		
	Sp2	25.1	7130	1.12	14.2	619	1.30	1241	-	1255		
	Sp2	24.4	8903	0.99	26.6	455	1.24	1699	-	563		
	Sp2	61.8	14441	1.75	13.6	1098	1.25	339	0.016	1413	1.61	120.38
	Sp2	21.0	6579	5.91	8.4	582	1.40	903	0.016	706	1.87	106.39
	Sp2	25.1	12171	5.18	2.0	777	1.27	293	0.008	632	1.43	130.48
ZLG-2-2 1080m	Sp2	103.2	14004	3.33	13.4	1174	1.15	395	0.017	4863	1.52	125.30
	Sp2	16.0	4330	0.59	32.1	442	1.10	2512	-	330		
	Sp2	16.8	8020	0.47	31.7	486	1.11	1557	-	694		
	Sp2	12.6	7737	2.37	79.7	418	1.12	2206	-	273		
	Sp2	25.0	2766	1.02	14.7	640	1.14	1489	-	1776		
	Sp2	13.8	10819	0.40	12.9	421	1.18	1128	-	327		
	Sp2	28.4	6521	1.26	39.2	446	1.21	961	-	401		
	Sp2	89.3	8068	4.73	20.1	709	1.25	683	0.047	2361	1.62	119.72
	Sp2	77.7	7198	4.12	17.2	781	1.18	863	0.021	1683	1.77	111.82
	Sp2	46.5	15386	1.96	11.6	623	1.19	1088	-	1500		
	Sp2	28.4	13690	1.70	11.5	504	1.21	980	-	775		
	Sp2	13.0	2841	4.32	37.7	372	1.23	2345	-	210		
	Sp2	27.4	11388	2.80	1.9	576	1.23	368	0.012	605	1.32	136.06
	Sp2	23.4	5421	3.18	11.9	476	1.19	919	0.012	958	1.98	100.20
	Sp2	53.9	25493	1.05	7.2	687	1.14	243	0.012	1221	1.21	142.22
ZLG-3-1 1030m	Sp3	35.1	11656	0.33	2.8	525	1.32	536	-	1721		
	Sp3	22.2	17644	0.34	9.8	324	1.30	969	-	639		
	Sp3	27.9	18700	0.52	9.0	373	1.37	1148	-	794		
	Sp3	51.2	3071	0.31	1.5	819	1.36	616	-	3092		
	Sp3	35.4	8987	0.51	12.6	596	1.30	1127	-	1940		
	Sp3	39.2	8295	0.41	6.4	630	1.46	734	-	1657		
	Sp3	36.4	13178	0.36	11.6	586	1.29	796	0.009	1380	1.64	118.87
	Sp3	41.1	11607	0.47	14.3	711	1.48	1173	0.013	2797	1.71	114.93
	Sp3	44.6	8938	0.36	5.8	705	1.31	725	-	2358		

续表

样号/位置	类型	Mn	Fe	Cu	Ga	Ge	Ag	Cd	In	Pb	PC1*	T_{mean}
	Sp3	16.0	10858	0.37	21.2	333	1.26	1494	-	308		
	Sp3	28.6	9617	1.06	11.2	624	1.38	964	0.016	961	1.75	112.90
	Sp3	15.9	7596	0.37	59.4	395	1.38	2383	-	542		
	Sp3	10.0	4290	8.42	110.3	316	1.92	3243	-	530		
	Sp3	15.1	10330	0.38	63.9	316	1.33	2078	-	1194		
	Sp3	14.7	10784	0.29	33.6	323	1.36	2155	-	488		
ZLG-3-2	Sp3	33.5	2916	0.30	13.1	654	1.38	1178	-	2664		
1025m	Sp3	20.1	8226	0.29	36.6	429	1.24	1657	-	1009		
	Sp3	19.0	10238	0.41	55.3	334	1.34	2165	-	871		
	Sp3	36.6	1806	0.24	3.2	694	1.31	997	-	3506		
	Sp3	22.2	16692	0.61	8.4	363	1.26	882	-	654		
	Sp3	16.9	8735	0.50	48.8	376	1.40	1986	-	698		
	Sp3	27.2	5046	0.46	26.9	562	1.27	1415	-	2496		
	Sp3	19.8	14306	0.39	15.2	356	1.29	1269	-	465		
	Sp3	14.0	9319	0.41	75.2	347	1.44	2689	-	335		
	Sp3	12.9	8634	0.83	99.4	361	1.52	2669	-	515		
	Sp3	15.4	12917	0.28	88.1	276	1.38	2471	-	336		
	Sp3	18.7	16648	0.25	19.6	342	1.25	1310	-	539		
	Sp3	18.6	10058	0.26	78.2	401	1.40	2343	-	980		
ZLG-3-3	Sp3	19.4	9888	-	49.6	397	1.39	1996	-	969		
1025m	Sp3	18.8	5308	0.38	39.5	462	1.35	1777	-	1536		
	Sp3	13.8	9735	0.57	113.2	284	1.52	3089	-	271		
	Sp3	30.6	1715	0.62	5.6	610	1.54	1454	-	3175		
	Sp3	25.2	14511	0.25	6.4	550	1.23	586	-	702		
	Sp3	27.5	7701	0.48	3.9	581	1.28	476	-	1012		
	Sp3	20.4	9272	0.42	54.9	448	1.41	1931	-	1134		
	Sp3	15.2	11024	0.27	85.9	296	1.40	2624	-	303		
	Sp3	40.8	9864	0.61	24.4	664	1.51	779	0.031	1687	1.78	111.32
	Sp3	25.5	3000	0.37	33.7	518	1.75	1843	-	2858		
ZLG-3-4	Sp3	26.9	8483	0.28	43.9	529	1.38	2043	-	1598		
1010m	Sp3	37.0	4636	0.38	23.9	717	1.33	1605	-	3575		
	Sp3	41.9	7265	0.67	31.5	629	1.80	1774	0.061	1129	1.86	107.08
	Sp3	44.4	6651	0.78	27.0	743	1.73	1290	0.083	1500	1.85	107.58
	Sp3	30.0	9555	0.30	20.5	569	1.35	1506	-	1415		
	Sp1	30.1	12104	0.57	19.6	765	2.05	437	0.137	927	1.58	121.90
	Sp1	38.9	6099	0.50	11.6	1087	2.13	899	0.045	1866	1.87	106.28
BBJ-9-1	Sp1	48.3	14188	-	13.4	1252	1.67	312	0.053	2116	1.56	123.20
	Sp1	56.9	11610	0.19	20.5	1422	2.00	405	0.033	2711	1.77	111.57
	Sp1	43.7	9836	0.20	23.7	897	2.54	789	0.045	1784	1.79	110.86
	Sp1	92.0	12883	0.29	30.2	1837	2.18	577	0.152	5534	1.61	120.29
	Sp1	35.1	4915	-	27.2	861	1.88	816	-	1186		
BBJ-9-3	Sp1	42.9	7365	0.25	52.6	1183	2.63	485	0.429	1599	1.88	105.56
	Sp1	93.4	12258	0.28	27.8	1938	2.26	629	0.119	5897	1.65	118.34
	Sp1	51.0	14895	0.19	22.1	1207	1.65	353	0.142	2046	1.52	125.19

续表

样号/位置	类型	Mn	Fe	Cu	Ga	Ge	Ag	Cd	In	Pb	PC1*	T_{mean}
	Sp1	42.0	7546	3.48	28.8	957	1.93	898	0.235	1795	1.76	112.00
	Sp1	15.5	1572	0.78	101.5	457	1.52	1855	0.090	896	2.77	57.53
BBJ-15	Sp1	50.9	5482	3.75	17.9	831	1.80	1155	-	1834		
	Sp1	48.5	8751	0.31	29.8	669	1.87	1154	-	1743		
	Sp1	62.4	12256	2.15	23.3	1168	1.45	411	0.180	2626	1.53	124.59
	Sp1	81.1	4084	1.05	26.5	1311	3.09	515	0.890	8748	1.77	111.97
	Sp1	58.0	8775	0.22	27.0	1327	2.91	384	0.401	3757	1.64	118.58
BBJ-14	Sp1	69.9	1508	1.67	109.7	1231	4.41	675	5.488	12785	2.26	84.94
	Sp1	14.3	12467	0.09	11.9	274	0.98	943	-	384		
	Sp1	11.1	4376	0.06	19.1	333	1.07	792	0.022	351	2.17	89.94

注："-"指低于检测限。T_{mean} 的单位为℃，其余数值计量为 10^{-6}。

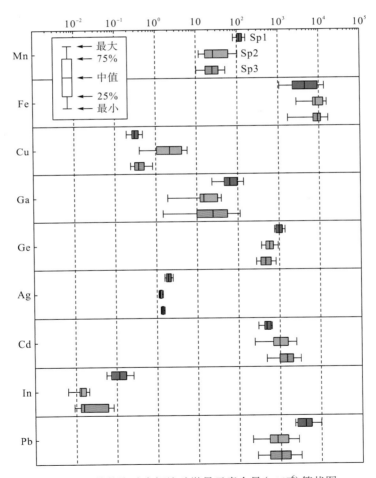

图 4-2　竹林沟矿床闪锌矿微量元素含量($\times 10^{-6}$)箱状图

　　竹林沟矿床不同矿物结构闪锌矿中 Ge 含量明显不同，Sp1 中 Ge 含量整体高于 Sp3。Ge 含量从 Sp1（$770\times10^{-6}\sim1381\times10^{-6}$，平均值为 1013×10^{-6}）、Sp2（$367\times10^{-6}\sim1174\times10^{-6}$，

平均值为 621×10^{-6}）降低到 Sp3（$276\times10^{-6}\sim819\times10^{-6}$，平均值为 492×10^{-6}）。Sp1、Sp2 和 Sp3 的 Fe 含量相对较低，分别为 $1072\times10^{-6}\sim13366\times10^{-6}$（平均值为 5996×10^{-6}）、$2766\times10^{-6}\sim25493\times10^{-6}$（平均值为 9870×10^{-6}）和 $1715\times10^{-6}\sim18700\times10^{-6}$（平均值为 9336×10^{-6}）。此外，3 类闪锌矿中的 Cu 和 Ag 含量均非常低，分别为 $0.19\times10^{-6}\sim8.42\times10^{-6}$ 和 $1.10\times10^{-6}\sim2.48\times10^{-6}$；Mn、Ga 和 Cd 含量范围分别为 $10.0\times10^{-6}\sim163.6\times10^{-6}$、$1.5\times10^{-6}\sim139.3\times10^{-6}$ 和 $243\times10^{-6}\sim3243\times10^{-6}$。Pb 含量为 $210\times10^{-6}\sim9860\times10^{-6}$，而 In 含量则可忽略不计（$<0.3\times10^{-6}$）。总体上，Ge 含量与 Pb、Cd 含量相似，比 Mn、Cu、Ga、Ag 和 In 含量高一个数量级以上，比 Fe 含量约低一个数量级。

半边街矿床放射束状/针状闪锌矿的微量元素组成与竹林沟矿床放射束状/针状闪锌矿相似。其中，Ge 含量为 $274\times10^{-6}\sim1938\times10^{-6}$，平均值为 1055×10^{-6}，显示超常富集特征。Mn 含量为 $11.1\times10^{-6}\sim93.4\times10^{-6}$，平均值为 49.6×10^{-6}，Fe 含量为 $1508\times10^{-6}\sim14895\times10^{-6}$，平均值为 8608×10^{-6}，Ga 含量为 $11.6\times10^{-6}\sim109.7\times10^{-6}$，平均值为 34.8×10^{-6}，Ag 含量为 $0.98\times10^{-6}\sim4.41\times10^{-6}$，平均值为 2.20×10^{-6}，Cd 含量为 $312\times10^{-6}\sim1855\times10^{-6}$，平均值为 757×10^{-6}，Pb 含量为 $351\times10^{-6}\sim12785\times10^{-6}$，平均值为 3351×10^{-6}，而 In 含量接近检测限，小于 5.5×10^{-6}。

使用 GGIMFis 温度计，对竹林沟—半边街矿床闪锌矿的形成温度进行估算，结果显示，竹林沟矿床不同矿物结构闪锌矿（Sp1、Sp2 和 Sp3）具有相似的平均温度。Sp1 的平均温度为 $76\sim116{}^{\circ}\mathrm{C}$，Sp2 的平均温度为 $100\sim122{}^{\circ}\mathrm{C}$，Sp3 的平均温度（$T_{\mathrm{mean}}$）为 $65\sim119{}^{\circ}\mathrm{C}$。半边街矿床闪锌矿的平均温度为 $58\sim125{}^{\circ}\mathrm{C}$。硫逸度计算结果显示竹林沟矿床 Sp1、Sp2 和 Sp3 基本一致，与半边街矿床闪锌矿硫逸度也相似。

二、竹林沟矿床闪锌矿中 Ge 等元素的分布

竹林沟矿床 Sp1、Sp2 和 Sp3 的面扫描图像分别如图 4-3～图 4-5 所示。

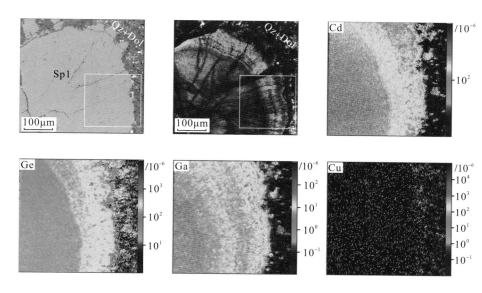

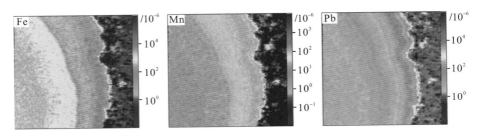

图 4-3　竹林沟矿床 Sp1 LA-ICP-MS 元素含量 Mapping 图

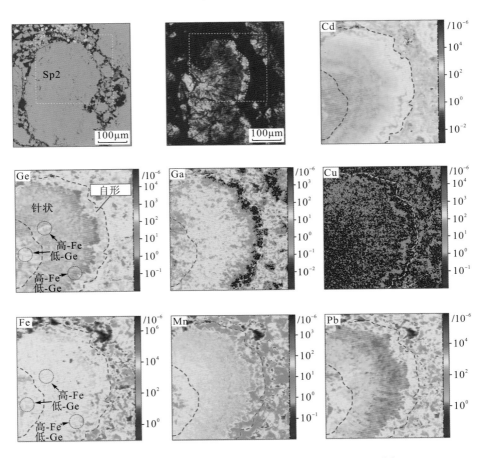

图 4-4　竹林沟矿床 Sp2 LA-ICP-MS 元素含量 Mapping 图

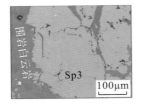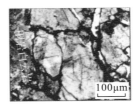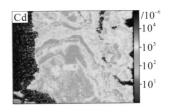

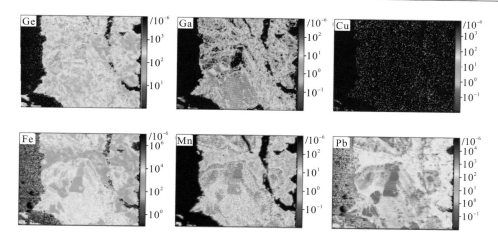

图 4-5 竹林沟矿床 Sp3 LA-ICP-MS 元素含量 Mapping

竹林沟矿床 Sp1 中深棕色区域显示较高的 Mn 含量、Ga 含量和 Cd 含量和较低的 Fe 含量、Ge 含量和 Pb 含量(图 4-3)。在 Sp1 图中,Ge 含量与 Fe 含量和 Pb 含量大致呈正相关,与 Mn 含量呈负相关(图 4-3),而 Ge 含量、Fe 含量、Pb 含量均与 Cd 含量大致呈负相关。与其他元素不同,Ga 分布较为分散且与 Cd、Mn 等元素不存在明显相关性(图 4-3)。因 Cu 含量极低,Cu 含量与其他元素也并无相关关系。

竹林沟矿床 Sp2 中混合结构颗粒之间的元素含量存在很大差异。浅棕色区域(主要为粒状闪锌矿)相对亏损 Cd、Ge、Ga、Mn 和 Pb,而深棕色区域(主要为针状闪锌矿)相对富集 Cd、Ge、Mn 和 Pb(图 4-4)。此外,靠近深棕色和浅棕色闪锌矿的边界位置,Ge 含量和 Mn 含量较高。Sp2 中 Ge 含量明显与 Mn、Pb 含量呈正相关,而与 Cd 含量呈负相关(图 4-4)。

竹林沟矿床 Sp3 中深棕色扇形分区和浅黄色区域的化学成分不同。扇形分区具有较高的 Ge 含量、Mn 含量和 Pb 含量和较低的 Cd 含量、Ga 含量和 Fe 含量(图 4-5)。与 Ge 含量相比,Cd 含量具有更明显的振荡环带(图 4-5)。Ge 含量与 Mn 含量、Pb 含量基本呈正相关关系。Ge 含量、Mn 含量、Pb 含量与 Cd 含量、Fe 含量呈负相关。Ga 含量与 Cd 含量呈正相关,尤其是在图 4-5 底部。

半边街矿床闪锌矿的面扫描图像显示在图 4-6。半边街矿床 Sp1 中发育振荡的化学成分环带,其元素之间的相关性与竹林沟矿床 Sp1 相似,Ge 含量与 Pb 含量、Mn 含量大致呈正相关,与 Cd 含量呈负相关。

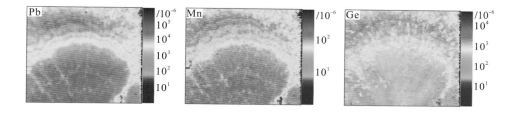

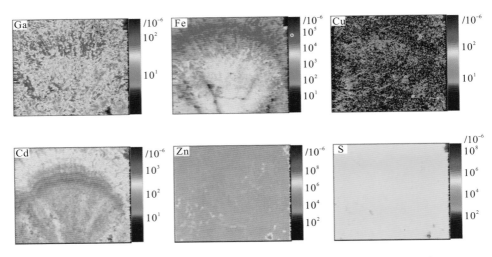

图 4-6　半边街放射束状/针状闪锌矿 LA-ICP-MS 元素含量 Mapping 图

三、竹林沟矿床闪锌矿中 Ge 与其他元素相关程度

竹林沟矿床元素 LA-ICP-MS 面扫描图像结构相似度结果与点分析结果基本一致。Sp1 中 Cd-Ge、Ge-Mn 和 Ge-Pb 具有较高的结构相似度值（SSIM，表 4-3），分别为 0.54、0.52 和 0.53，Fe-Ge 相似度较低，为 0.49（图 4-7）。Sp2 中，Cd-Ge、Ge-Mn 和 Ge-Pb 具有较高的 SSIM 值，分别为 0.53、0.66 和 0.78。Fe-Ge 的 SSIM 值较低，为 0.44。Sp3 中 Cd-Ge、Ge-Mn、Fe-Ge 和 Ge-Pb 的 SSIM 值分别为 0.47、0.62、0.61 和 0.62。

表 4-3　竹林沟矿床闪锌矿元素 SSIM 值与相关系数(r)对比

元素对	SSIM			相关系数(r)，$n=100$		
	Sp1	Sp2	Sp3	Sp1($n=29$)	Sp2($n=28$)	Sp3($n=43$)
Cd-Fe	0.48	0.71	0.42	−0.86	−0.62	−0.08
Cd-Ga	0.45	0.52	0.45	0.91	0.73	0.93
Cd-Ge	0.54	0.53	0.47	−0.91	−0.65	−0.64
Cd-Mn	0.40	0.65	0.50	0.48	−0.56	−0.70
Cd-Pb	0.41	0.56	0.48	−0.76	−0.47	−0.41
Fe-Ga	0.43	0.53	0.41	−0.81	−0.39	0.01
Fe-Ge	0.49	0.44	0.61	0.94	0.46	−0.49
Fe-Mn	0.39	0.59	0.53	−0.73	0.44	−0.33
Fe-Pb	0.42	0.50	0.60	0.40	0.31	−0.68
Ga-Ge	0.41	0.54	0.46	−0.84	−0.40	−0.63
Ga-Mn	0.40	0.55	0.62	0.61	−0.27	−0.66

续表

元素对	SSIM			相关系数(r)，$n=100$		
	Sp1	Sp2	Sp3	Sp1 ($n=29$)	Sp2 ($n=28$)	Sp3 ($n=43$)
Ga-Pb	0.38	0.52	0.37	−0.69	−0.29	−0.49
Ge-Mn	0.52	0.66	0.62	−0.61	0.82	0.93
Ge-Pb	0.53	0.78	0.62	0.53	0.82	0.80
Mn-Pb	0.63	0.66	0.75	−0.87	0.71	0.06

注：LA-ICP-MS 面扫描图像的结构相似度（SSIM）值反映元素之间亲和力，即耦合和竞争程度。SSIM 值从 0 到 1，元素之间的亲和力逐渐增大。相关系数 r 来自 LA-ICP-MS 点分析数据（$n=100$），±代表正负相关。由于 Sp2 中同时存在正负相关，SSIM 与 r 值显示出一定差异。

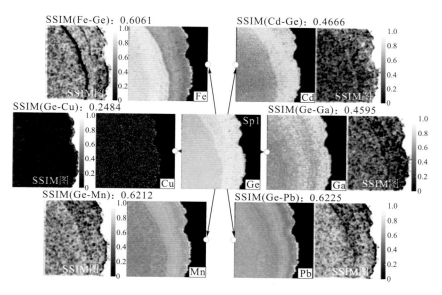

图 4-7　竹林沟矿床闪锌矿元素 LA-ICP-MS 元素面扫描图像结构相似度对比

注：SSIM 值从 0 到 1，值越高，相似度越高，元素（正/负）相关程度越高。

四、竹林沟矿床闪锌矿中 Ge 的类质同象及替代方式

本次点分析结果显示，竹林沟矿床闪锌矿中 Mn、Fe、Ga、Ge、Cd 和 Pb 等元素在 LA-ICP-MS 时间分辨图（图 4-8）中呈近水平平滑直线，变化幅度与 Zn 基本平行。因此，这些元素很可能以类质同象形式赋存于闪锌矿中（Ye et al.，2011）。此外，大量的 LA-ICP-MS 微区 Mapping 分析和聚焦离子束-透射电镜（FIB-TEM）亦未发现竹林沟矿床存在亚微米至纳米级 Ge 的独立矿物。综上，本书认为竹林沟矿床中 Ge 的赋存状态主要是类质同象。

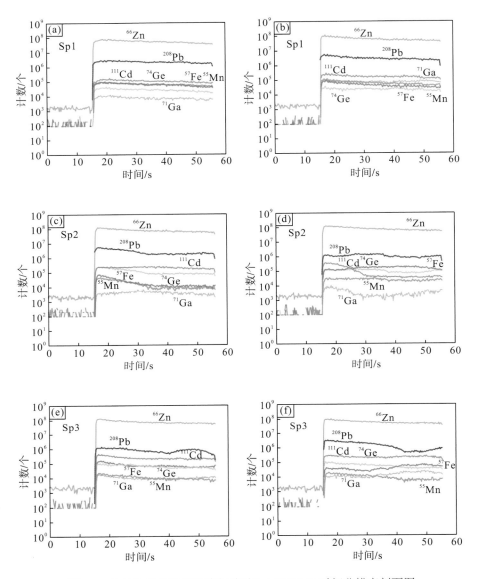

图 4-8   竹林沟和半边街矿床闪锌矿 LA-ICP-MS 时间分辨率剖面图

注：闪锌矿中微量元素信号曲线较为平直，暗示可能以类质同象形式进入闪锌矿晶格。Sp3（自形闪锌矿）中 Ge 含量与 Pb 含量、Mn 含量呈正相关，与 Cd 含量、Ga 含量、Fe 含量呈负相关关系，暗示 LA-ICP-MS 元素信号时间分辨率剖面图可能蕴藏元素替代方式的相关信息。

尽管闪锌矿中 Ge 以类质同象形式存在已成为普遍共识，但不同矿床 Ge 的替代方式存在差异，即使同一矿床也可能存在多种 Ge 的替代方式。例如，法国圣萨尔维（Saint-Salvy）矿床存在 $2Cu^+ + Cu^{2+} + Ge^{4+} \longleftrightarrow 4Zn^{2+}$（Johan，1988）和 $2Ag^+/Cu^+ + Ge^{4+} \longleftrightarrow 3Zn^{2+}$（Belissont et al.，2014）两种可能。

在我国扬子地块周缘铅锌矿床闪锌矿中，Ge 的替代方式主要有 $2Cu^{+}+Ge^{4+}\longleftrightarrow 3Zn^{2+}$（Wei et al.，2019；吴越等，2019；胡宇思等，2019）、$2Fe^{2+}+Ge^{4+}+\square\longleftrightarrow 4Zn^{2+}$（Yuan et al.，2018；$\square$表示空位）、$nCu^{2+}+Ge^{2+}\longleftrightarrow (n+1)Zn^{2+}$（叶霖等，2016）和 $Mn^{2+}+Ge^{2+}\longleftrightarrow 2(Zn，Cd)^{2+}$（Hu et al.，2021）等可能。另外，由于 Ge^{2+}（0.073nm）与 Zn^{2+}（0.074nm）离子半径接近（刘英俊等，1984），Ge 直接替代 Zn 也是可能的（Cook et al.，2009；Bonnet et al.，2017）。近年来，全球一些重要 MVT 铅锌矿床积累了大量的闪锌矿 LA-ICP-MS 原位微量元素分析数据，为深入理解 Ge 的替代方式提供了可能。这些矿床包括美国田纳西（Tennessee）、墨西哥三玛丽亚（Tres Marias）和我国的马元、牛角塘、金顶、李子坪、会泽、富乐、火德红等（Ye et al.，2011，2012；Yuan et al.，2018；Zhuang et al.，2019；Wei et al.，2021）。本次统计 18 个 MVT 铅锌矿床共计 1079 个闪锌矿微量数据发现（图 4-9 和表 4-4），Ge 与 Fe、Cu、Ag、Cd、Pb 等元素相关关系不明显，更不存在某种特定的比例关系（图 4-9），暗示闪锌矿中 Ge 很可能与这些元素之间没有替代关系，或者是 Ge 与这些元素之间可能同时存在正和负相关关系，导致整体相关性不明显。

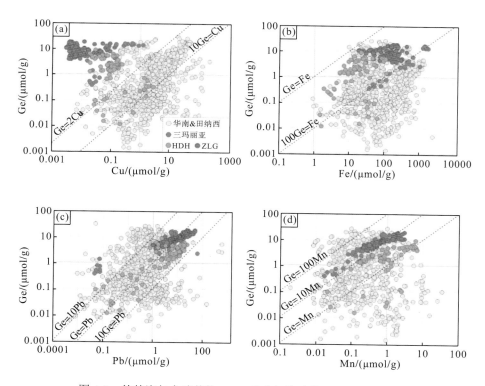

图 4-9　竹林沟与全球其他 MVT 矿床闪锌矿微量元素含量对比

注: 其他矿床数据引自 Ye 等（2011，2012）、胡鹏等（2014）、Bonnet（2014）、Yuan 等（2018）、胡宇思等（2019）、Zhuang 等（2019）、任涛等（2019）、Hu 等（2021）、Liu 等（2021）、Wei 等（2021）。HDH.火德红，ZLG.竹林沟。竹林沟、火德红和三玛丽亚矿床贫一价离子元素 Cu 闪锌矿与二价离子元素含量具有良好的相关性。

表 4-4　全球典型 MVT 矿床闪锌矿 Ge 替代方式和有关微量元素含量统计

替代方式	矿床名称	国家/地区	编号	描述	T_{min}/℃	T_{max}/℃	测点数/个	含量/10^{-6}					参考文献
								Fe_{mean}	Cu_{mean}	Ge_{min}	Ge_{max}	Ge_{mean}	
$M^+ + M^{2+} + Ge^{4+} \longleftrightarrow 4Zn^{2+}$ (M^+=Cu, Ag; M^{2+}=Cu,Fe,Cd,Hg)	圣萨尔维	法国											Johan (1988)
$2Cu^+ + Ge^{4+} \longleftrightarrow 2Zn^{2+}$, $2Ag^+ + Ge^{4+} \longleftrightarrow 3Zn^{2+}$	圣萨尔维	法国		扇形环带			71	336	4003	59	2576	1102	
$2Cu^+ + Ge^{4+} \longleftrightarrow 2Zn^{2+}$, $2Ag^+ + Ge^{4+} \longleftrightarrow 3Zn^{2+}$	圣萨尔维	法国		深棕色			23	323	2447	46	340	142	Belissont 等 (2014)
$2Cu^+ + Ge^{4+} \longleftrightarrow 2Zn^{2+}$, $2Ag^+ + Ge^{4+} \longleftrightarrow 3Zn^{2+}$	圣萨尔维	法国		浅棕色			41	382	545		1801	273	
$2Cu^+ + Ge^{4+} \longleftrightarrow 3Zn^{2+}$	大梁子	中国	DLZ-2		117.5	320.3	20	181	200	1	108	23	
$2Cu^+ + Ge^{4+} \longleftrightarrow 3Zn^{2+}$	大梁子	中国	DLZ-5		117.5	320.3	45	173	672	5	98	24	
$2Cu^+ + Ge^{4+} \longleftrightarrow 3Zn^{2+}$	大梁子	中国	DLZ-8		117.5	320.3	40	215	285	6	105	54	吴越等 (2019)
$2Cu^+ + Ge^{4+} \longleftrightarrow 3Zn^{2+}$	大梁子	中国	DLZ-10		117.5	320.3	24	227	173	1	225	34	
$2Cu^+ + Ge^{4+} \longleftrightarrow 3Zn^{2+}$	大梁子	中国	DLZ-13		117.5	320.3	30	196	113	1	154	32	
$2Cu^+ + Ge^{4+} \longleftrightarrow 3Zn^{2+}$	会泽	中国			131	280	20	263	245	1	349	102	吴越等 (2019)
$2Cu^+ + Ge^{4+} \longleftrightarrow 3Zn^{2+}$	会泽	中国			131	280	8	602	602	80	354	165	
$2Cu^+ + Ge^{4+} \longleftrightarrow 3Zn^{2+}$	会泽	中国			131	280	8	241	157	3	199	52	Ye 等 (2011)
$2Cu^+ + Ge^{4+} \longleftrightarrow 3Zn^{2+}$	会泽	中国			131	280	8	273	102	3	154	30	
$2Cu^+ + Ge^{4+} \longleftrightarrow 3Zn^{2+}$	马元	中国			150	250	34	58	1394	251	1231	620	吴越等 (2019)
$2Cu^+ + Ge^{4+} \longleftrightarrow 3Zn^{2+}$	金沙厂	中国	JS-1	浸染状矿石	114	290	40	1	324	1	63	17	
$2Cu^+ + Ge^{4+} \longleftrightarrow 3Zn^{2+}$	金沙厂	中国	JS-13	条带状矿石	114	290	30	1	1651	10	86	47	吴越等 (2019)
$2Cu^+ + Ge^{4+} \longleftrightarrow 3Zn^{2+}$	金沙厂	中国	JS-14	条带状矿石	114	290	30	1	2099	10	179	93	

续表

替代方式	矿床名称	国家/地区	编号	描述	$T_{min}/°C$	$T_{max}/°C$	测点数/个	含量/10^{-6}					参考文献
								Fe_{mean}	Cu_{mean}	Ge_{min}	Ge_{max}	Ge_{mean}	
$2Cu^+ + Ge^{4+} \longleftrightarrow 3Zn^{2+}$	麻栗坪	中国			185	282	15	23	355	0.36	80	15	Luo 等 (2019)
$2Cu^+ + Ge^{4+} \longleftrightarrow 3Zn^{2+}$	麻栗坪	中国			185	282	22	56	2826	1	231	35	
$nCu^{2+} + Ge^{2+} \longleftrightarrow (n+1)Zn^{2+}$	天宝山	中国			97.8	273	8	250	273	4	33	14	叶霖等 (2016)
$nCu^{2+} + Ge^{2+} \longleftrightarrow (n+1)Zn^{2+}$	天宝山	中国			97.8	273	8	291	475	4	275	67	
$nCu^{2+} + Ge^{2+} \longleftrightarrow (n+1)Zn^{2+}$	天宝山	中国			97.8	273	8	295	285	3	166	56	
$2Cu^+ + Ge^{4+} \longleftrightarrow 3Zn^{2+}$	乐红	中国		红棕色			31	147	454	23	536	454	Wei 等 (2019)
$2Cu^+ + Ge^{4+} \longleftrightarrow 3Zn^{2+}$	乐红	中国		黄色—棕色			16	25	51	0.42	46	22	
$2Fe^{2+} + Ge^{4+} + \square \longleftrightarrow 4Zn^{2+}$	大梁子	中国		XANES	117.5	320.3	85	241	1485	0.10	328	67	Yuan 等 (2018)
$Ge^{4+} \longleftrightarrow 2Zn^{2+}/Fe^{2+} + \square$	三玛丽亚	墨西哥											Cook 等 (2015)
$Ge^{4+} \longleftrightarrow 2Zn^{2+}/Fe^{2+} + \square$	茶田	中国	CT-1		110	180	30	70	61	85	530	250	
$Ge^{4+} \longleftrightarrow 2Zn^{2+}/Fe^{2+} + \square$	茶田	中国	CT-3		110	180	19	67	56	75	499	197	吴越等 (2019)
$Ge^{4+} \longleftrightarrow 2Zn^{2+}/Fe^{2+} + \square$	茶田	中国	CT-9		110	180	19	97	77	106	440	209	
$Ge^{4+} \longleftrightarrow 2Zn^{2+}/Fe^{2+} + \square$	田纳西东部	美国		黄色	96	180	91	13	79	9	48	11	Bonnet (2014)
$Ge^{2+} \longleftrightarrow Zn^{2+}$	三玛丽亚	墨西哥											Cook 等 (2009)
$Ge^{4+}/2Ge^{2+} \longleftrightarrow 2Zn^{2+}$	田纳西中部	美国		浅棕色	96	133	35	33	470	9	612	182	
$Ge^{4+}/2Ge^{2+} \longleftrightarrow 2Zn^{2+}$	田纳西中部	美国		深棕色	96	133	55	22	586	7	790	381	Bonnet (2014)
$Ge^{4+}/2Ge^{2+} \longleftrightarrow 2Zn^{2+}$	田纳西东部	美国		棕色	96	180	27	169	188	7	357	131	

注：□表示空缺。

　　已有研究显示，受元素自身物理性质(如离子半径、晶体场稳定能等)、流体成分(Cu等含量)和流体性质影响(Belissont et al.，2014)，元素在不同矿床或同一矿床不同矿物结构闪锌矿中的相关性是多样的。例如，乐红铅锌矿床闪锌矿中 Ge 与 Fe 呈正相关关系(Wei et al.，2019)，而在墨西哥三玛丽亚铅锌矿床闪锌矿中 Ge 与 Fe 则呈负相关关系(Cook et al.，2015)；在大梁子、竹林沟等铅锌矿床闪锌矿中，Ge 与 Fe 同时存在正、负两种相关趋势(Yuan et al.，2018；吴越等，2019；Luo et al.，2022；杨德智等，2022)。

　　以往研究认为 Ge 与 Cu 耦合替代闪锌矿晶格中的 Zn，并提出 Cu 含量是控制 Ge 超常富集的关键因素(叶霖等，2016)。对会泽、乌斯河、马元等铅锌矿床进行研究时发现，闪锌矿中 Ge 含量与一价阳离子(如 Cu^+ 或 Ag^+)含量普遍存在正相关关系，二者含量比大致为 1：2。通过同步辐射 X 射线吸收近边结构(X-ray absorption near edge structure，XANES)分析，揭示闪锌矿中 Ge 主要以+4 价形式存在，$2Cu^+ + Ge^{4+} \longleftrightarrow 3Zn^{2+}$ 被认为是重要替代方式(Johan，1988；Cook et al.，2009；Bellisont et al.，2014，2016；Cugerone et al.，2021)。

　　然而，目前关于 Cu 含量制约 Ge 超常富集的观点一直存疑。首先，闪锌矿中 Ge 除以+4价出现以外，也可能呈+2 价(Bonnet et al.，2017)，因此，Ge 与 Cu 的含量比例并非 1：2。其次，Ge 与 Cu 含量的相关性并不明显[图 4-9(a)]，Ge 在贫 Cu 或贫 Ag 的闪锌矿中也可以显示超常富集(Cook et al.，2015；Hu et al.，2021)，说明 Ge 还可能存在其他替代方式，如 Ge 直接替代 Zn(Cook et al.，2015)或 Ge 与二价阳离子耦合替代 Zn(Yuan et al.，2018)。一些研究表明，在贫 Cu/Ag 闪锌矿中，Ge 含量与二价离子(Fe、Pb、Mn 等)含量显示更

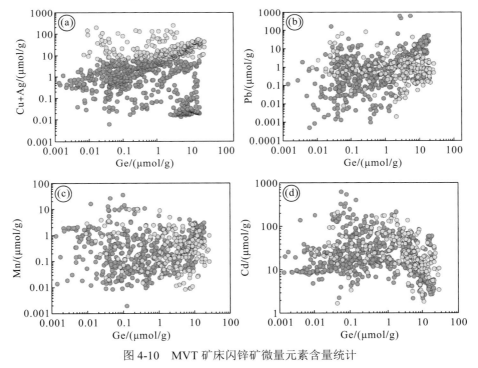

图 4-10　MVT 矿床闪锌矿微量元素含量统计

注：蓝色圆点代表 LA-ICP-MS 闪锌矿 Cu 和 Ag 的摩尔质量小于 6mol/g(换量单位，余同)，粉色圆点代表 Cu 和 Ag 的摩尔质量小于 6mol/g。数据来源同表 4-4 注释中的文献。

强的相关性[图4-9(b)～(d)]，例如，墨西哥三玛丽亚矿床中Ge含量与Fe含量显示良好的相关性，以及我国火德红铅锌矿床中Ge与Mn耦合替代(Cook et al.，2015；Hu et al.，2021)。据统计，当闪锌矿中Cu+Ag元素摩尔质量小于6mol/g时，Ge与其他二价离子(Pb、Mn、Cd等)的相关程度并未显著升高(图4-10)。这说明闪锌矿中Cu含量可能不是制约Ge超常富集的唯一关键因素，贫Cu或者贫Ag意味着Ge会更倾向于与二价阳离子耦合，甚至可能以直接替代Zn的方式进入闪锌矿。

　　竹林沟和半边街矿床闪锌矿中一价离子(Cu^+或Ag^+)含量低，接近检测限，且与Ge的相关关系较弱。相反，Ge与二价阳离子(Mn^{2+}、Pb^{2+}和Cd^{2+})之间存在明显的正相关或负相关。这与Ge、Mn、Cd和Pb面扫描图像之间较高的结构相似度一致，意味着Ge与Mn、Cd、Pb之间具有相似的类质同象行为。如图4-11所示，Ge摩尔浓度与Pb+Mn摩尔浓度之和呈正相关关系，Ge+Pb+Mn摩尔浓度之和与Cd摩尔浓度之间呈负相关关系。而Fe和Ge之间的相关程度较低，基本排除Ge与Fe耦合(Cook et al.，2015)。考虑到Ge可能存在两种的价态(Ge^{2+}和Ge^{4+})，本书认为竹林沟矿床闪锌矿中Ge可能存在两种替代方式：

$$Ge^{4+} + M^{2+} + \square \longleftrightarrow 3(Zn, Cd)^{2+} \tag{4-6}$$

$$Ge^{2+} + M^{2+} \longleftrightarrow 2(Zn，Cd)^{2+} \tag{4-7}$$

式中，M = Pb，(Mn)。从图4-11可以看出，Ga与Cd始终呈正相关，在Sp1中，Ga/Cd(0.12～0.34)高于Sp2-Sp3(<0.06)。Ga/Cd的这种变化可能反映流体本身成分或闪锌矿形成条件(如pH、矿物生长速率)的差异，详见后文。

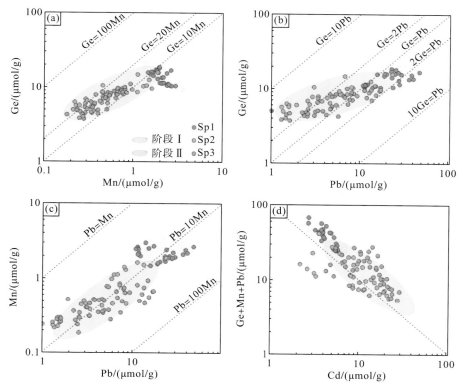

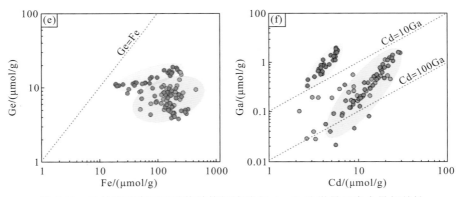

图 4-11   竹林沟矿床不同矿物结构闪锌矿(Sp1～Sp3)微量元素含量相关性

关于闪锌矿中 Ge 与 Pb 之间的耦合/竞争替代关系鲜有报道。由于 Ge 与 Pb 地球化学行为在某种特定条件下似乎非常接近，有 Ge 与 Pb 替代可能，如硫酸铅矿和白铅矿(楚梅布矿床；Frondel and Ito，1957)或方铅矿(巴西 Ambrosia-Fagundes 矿床；Monteiro et al.，2006)。同步辐射 XANES 查明 Ge 元素的价态(Ge^{2+}或Ge^{4+})，有助于进一步揭示 Ge 的替代方式及其受氧化还原条件的制约。

五、半边街矿床富 Ge 纳米颗粒

对半边街矿床富 Ge 闪锌矿进行的高角度环形暗场扫描透射电子显微镜分析图像显示，存在 10～70nm 的他形金属颗粒[图 4-12(a)～(f)]。通过能量色散 X 射线谱(EDS)分析发现这些金属颗粒主要包含硫(S)、锌(Zn)、锗(Ge)和铅(Pb)，其中 S、Zn、Ge 和 Pb 的含量分别为 24.3%～33.2%、32.3%～58.9%、3.34%～11.2%和 12.4%～28.6%(Sun et al.，2023)。

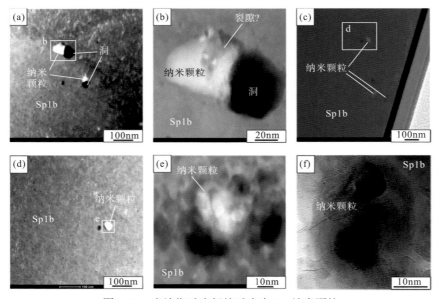

图 4-12   半边街矿床闪锌矿中富 Ge 纳米颗粒

在贫 Cu-Ag 的富 Ge 闪锌矿（Cu＜19.2×10^{-6}，Ag＜5.6×10^{-6}）中，Ge 含量与 Fe 含量、Mn 含量和 Pb 含量呈正相关关系［图 4-13（a）、（c）、（e）］。这与以前报道的 Ge 含量与 Cu 含量或 Ag 含量之间的正相关关系不同（Ye et al.，2011；Belissont et al.，2014；Bauer et al.，2019）。LA-ICP-MS 分析结果显示，Ge 与 Fe 之间的相关性较弱（$R^2 = 0.14$）［图 4-13（a）］，可能排除了 Ge^{4+} + Fe^{2+} + □ ⟷ 3Zn^{2+}耦合替代形式（Cook et al.，2009；Luo et al.，2022）。然而，Ge 含量与 Mn 含量和 Pb 含量呈正相关关系（$R^2=0.75$ 和 $R^2=0.56$）［图 4-13（c）、（e）；Mn 的比例为 1：10］，这可能意味着如果 Ge 赋存在闪锌矿晶格中，则存在复杂的替代机制。因此，需要进行纳米尺度研究，以确定 Ge 的赋存状态。

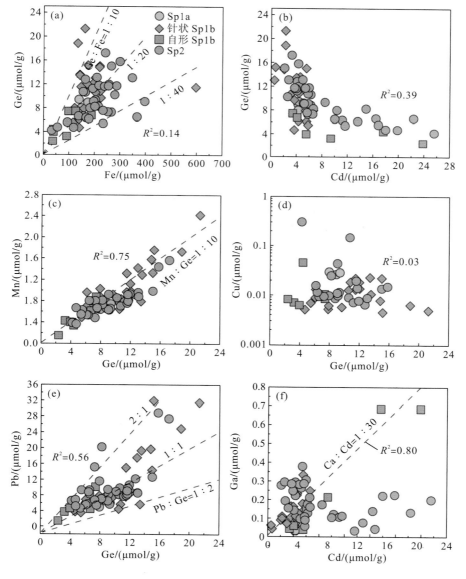

图 4-13　半边街矿床闪锌矿微量元素相关图

透射电镜分析显示，富 Ge 闪锌矿中存在富 Zn、Ge、Pb 和 S 的纳米颗粒。但是由于 EDS 的检测限较高(Ge 含量或 Pb 含量为 1%～2%)，未能测得闪锌矿中的 Ge 含量和 Pb 含量。采用一种间接方法，比较 LA-ICP-MS 和 EDS 测得的 Ge/Pb，以确定这些纳米颗粒是否是 Ge 的主要寄主。闪锌矿的 Ge/Pb 可以反映纳米颗粒的含量。在不同期次闪锌矿中，LA-ICP-MS 测得的 Ge 含量和 Pb 含量与透射电子显微镜(TEM-EDS)中的纳米颗粒呈正相关关系(R^2=0.85)，Ge/Pb 约为 1[图 4-14(a)]。此外，不同期次闪锌矿中的 LA-ICP-MS 点分析的 Ge/Pb 与 TEM-EDS 分析的纳米颗粒相似[0.48～1.96，平均值为 1.09；图 4-14(b)]。由于 Pb 几乎不会并入闪锌矿中(Cook et al.，2009)，这个结果表明，Ge 和 Pb 主要以 Zn-Ge-Pb-S 纳米颗粒的形式存在。

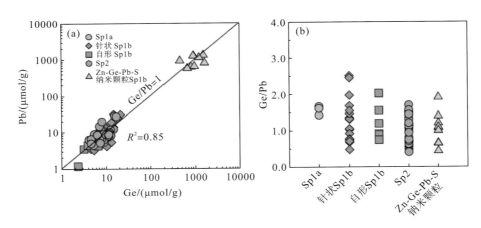

图 4-14   半边街矿床闪锌矿及富 Ge 纳米颗粒的 Ge-Pb 图解

六、Ge 超常富集制约因素

1. 不同矿物结构闪锌矿中 Ge 的差异性富集

上已述及不同矿物结构闪锌矿中 Ge 含量存在显著差异，早期放射束状/针状闪锌矿(Sp1)比晚期胶状环带/粒状闪锌矿(Sp3)更富 Ge(图 4-2)，其中 Sp1、Sp2 和 Sp3 中 Ge 含量分别为 770×10^{-6}～1381×10^{-6}、367×10^{-6}～1174×10^{-6} 和 276×10^{-6}～819×10^{-6}。同一样品不同部位 Ge 含量也出现一定程度的变化，Sp2 中心至边缘呈振荡式变化，针状与粒状闪锌矿呈同心环状交互生长，环带中针状晶粒层的 Ge 含量显著高于粒状晶粒层，进一步说明针状闪锌矿更富锗。

2. Ge 超常富集制约因素

不同矿物结构闪锌矿中 Ge 的差异性富集，可能受流体自身成分和有关流体物理化学条件影响，包括成矿温度(Bernstein，1985；Frenzel et al.，2016；Bauer et al.，2019；Liu et al.，2020)、硫逸度(f_{s_2})(Kelley et al.，2004；Bonnet et al.，2017)、pH(Pattrick et al.，1993)和矿物生长速率。

1) 成矿温度

已有研究表明,成矿温度可能是控制闪锌矿中 Ge 富集的重要因素之一(Frenzel et al., 2016; Bauer et al., 2019)。Ge 在中低温盆地卤水成因铅锌矿床(MVT 和 SEDEX 矿床)和岩浆—火山热液成矿系统(浅成脉状铅锌矿床和 VMS 矿床)的闪锌矿中均较为富集,但中低温浅成脉状矿床中 Ge 的富集程度要明显高于高温脉状矿床(Bauer et al., 2019)。此外,Belissont 等(2014)和 Frenzel 等(2016)的研究也认为,闪锌矿中稀散金属的组成虽然和成矿地质背景关系密切,但通常与岩浆热液有关的铅锌矿床中闪锌矿稀散金属 In 含量高,MVT 铅锌矿床则倾向于富集 Ge,贫 In。扬子板块周缘铅锌矿床的闪锌矿样品 Ge 平均含量为 $17 \times 10^{-6} \sim 620 \times 10^{-6}$,而绝大部分测点 In 含量小于 3×10^{-6},与 MVT 铅锌矿床类似。扬子地块东南缘湘西—黔东地区茶田锌汞矿床与扬子板块北缘马元铅锌矿床闪锌矿的 Ge 平均含量达到了伴生工业品位的 $n \sim 10n$ 倍,并高于川滇黔地区的铅锌矿床,Ge 元素的超常富集现象可能与它们的成矿温度相对较低有关(吴越等,2019)。尽管如此,也有学者认为不同结构闪锌矿中 Ge 的富集更可能受流体成分(包括耦合/竞争元素含量)及其相关的成矿物理化学条件等综合因素影响,温度并不是唯一的影响因素(罗开等,2021)。

利用 GGIMFis 矿物温度计(Frenzel et al., 2016),笔者对竹林沟和半边街闪锌矿形成温度进行估算,结果显示闪锌矿形成温度的总体范围为 $58 \sim 142℃$,指示低温热液成因。其中,Sp1 的形成温度为 $58 \sim 122℃$,略低于 Sp2 和 Sp3 的形成温度 $100 \sim 142℃$,可见第一世代的针状闪锌矿的形成温度低于第二世代的自形闪锌矿。虽然成矿温度与 Ge 含量之间有一定的负相关趋势,但是竹林沟两种矿物结构不同的闪锌矿间,成矿温度差别不大。因此,温度对不同矿物结构 Ge 差异性富集的影响可能较弱。

2) 硫逸度

少数实验表明,中等硫逸度的环境下,Ge 直接替代闪锌矿中的 Zn 进入其晶格,当硫逸度足够高时,Ge 一般不进入闪锌矿晶格中而形成 Ge 的独立矿物(如刚果的楚梅布和基普希矿床),而 Ge 含量较低时,Ge 可直接替代硫酸盐中的 As 和 Sb 进入其晶格(Malevskiy, 1966);在低硫逸度和低氧逸度条件下,易于形成 Ge 单质;在较低的氧逸度、相对较高的硫逸度条件下,则形成 Ge 的硫化物,而氧逸度升高时,则形成 Ge 的氧化物,暗示氧逸度和硫逸度控制了稳定 Ge 化合物的形成。Bernstein(1985)认为高硫逸度(f_{S_2})有利于成矿流体挟带更多的 Ge。然而,根据 GGIMFis 温度和闪锌矿中 Fe 活动性估算(Frenzel et al., 2021)获得不同类型闪锌矿(Sp1~Sp3)的平均硫逸度(f_{S_2})基本相似,Sp1 和 Sp2-Sp3 中 f_{S_2}分别为$-0.31 \sim +0.33$ 和$-0.15 \sim +0.36$。所以,硫逸度对不同矿物结构锗差异性富集的影响较弱。

3) pH

已有研究显示,酸性条件(低 pH)有利于 Ge 离子溶解在成矿流体中。通过水解实验,Pattrick 等(1993)发现 Cd、Fe、Cu、In 等元素对流体中 pH 变化十分敏感。低于第一水解常数(2 或 3 个对数单位)的 pH 可能会增强闪锌矿晶格中对 Cd 的吸附(Jean and Bancroft,

1986)。Sp1 与 Sp2-Sp3 的 Ga/Cd 变化，则可能与流体酸碱度变化有关。此外，竹林沟矿床中针状闪锌矿与白铁矿，指示成矿流体为酸性条件(pH<4~5)(Murowchick and Barnes，1986；Kittchaev and Ceder，2016)。所以，本书认为酸性流体可能是 Ge 进入针状闪锌矿的有利条件，pH 可能是重要的影响因素之一。

4)矿物生长速率

较快的矿物生长速率通常与成矿流体过冷或过饱和有关，可能是影响不同结构闪锌矿 Ge 的差异性富集的关键因素。竹林沟矿床闪锌矿由中心至边缘未发现系统性的成分升高或降低，一些颗粒出现微量元素含量(闪锌矿颜色)的周期性振荡变化。Sp1 中心的 Ge 含量超过 1000×10^{-6}，明显高于边缘 Ge 含量(约 800×10^{-6})。电子背散射衍射(EBSD)分析结果显示(图 4-15)，Sp2 集合体的针状闪锌矿颗粒较小，双晶和低角度变形十分发育，说明中心的成核速率大，生长时间短，成矿流体的过冷/过饱和度高。反之，自形闪锌矿环带层中的晶粒更大，暗示沉淀速率相对较慢，成矿流体的过冷/过饱和度较针状晶粒环带层更低。同时，Ge 含量与闪锌矿晶粒尺寸具有良好对应关系，闪锌矿晶粒越小，Ge 含量越高。

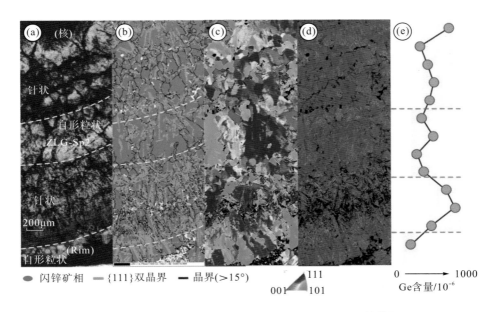

图 4-15　竹林沟矿床不同矿物结构闪锌矿 EBSD 组构特征

(a)透射光；(b)相图和{111}双晶界；(c)晶体取向图(IPF Z)，含晶粒边界；(d)局部位错图(0°~5°)；(e)Ge 含量变化(LA-ICP-MS)

MVT 矿床中，放射束状/针状闪锌矿过去被认为是以上述硫化物凝胶的形式沉淀，甚至以胶体形式迁移。在内生或外生条件下形成的某些金属化合物的胶体溶液，当它沿围岩或原生矿体的裂隙下渗过程中，因物理化学条件改变而不断地凝聚沉淀，形成具有同心环状或者多层互相平行弯曲外形的非晶质致密状集合体，其形态有肾状、葡萄状、钟乳状、结核状、同心圆状及皮壳状等。为降低其表面能和内能，使其处于最稳定的状态，随时间的增长，它们脱水或者发生再结晶(胶体老化)后，会保留胶体形态，并由边缘向中心结晶形成放射状、针状结构，结晶质也可再结晶成较粗的晶粒，如胶状孔雀石、钟乳石。

然而，也有学者认为放射束状/针状闪锌矿无法由凝胶形成，而是由连续的微小晶簇直接生长而成，其中流体包裹体可代表初始成矿流体（真溶液），而不是来自凝胶结晶的残余流体（Roedder，1968）。放射束状/针状闪锌矿通常具有一定的颜色环带或分区，与封闭体系下自组织现象有关的"内部"过程有关。实验模拟表明，当"外部"流体成分恒定时，一些矿物的成分环带或分区可通过自组织方式形成，并受结晶过程中液-固界面动力学控制（徐德义等，2009）。

除 Sp1 的针状结构以外，与之共生的方铅矿枝晶是发生快速沉淀的又一重要证据。低温热液铅锌硫化物矿床往往发育骨架状、树枝状方铅矿晶体，如德国亚琛（Aachen）、比利时莫雷斯内（Moresnet）、波兰 Silesian-Cracow 地区、加拿大的派恩波因特（Pine point）以及美国的一些 MVT 矿床。Atanassova 和 Bonev（2006）借助显微镜和扫描电镜对骨架状、树枝状方铅矿的真实晶体形态及其与胶状闪锌矿的关系已进行表征。结果显示，这种闪锌矿具有隐晶质至纤维状结构、环带和低铁含量等特征，认为骨架状方铅矿晶体是在低温（100～200℃）流体扩散控制和限制成核条件下在开放空间快速生长形成。在方铅矿形成后不久，高度过饱和和快速成核作用形成大量微晶构成胶状环带贫铁闪锌矿。树枝状方铅矿因闪锌矿包裹而得以完整保存。

二次电子图像显示，竹林沟矿床 Sp1 由纳米级（<1μm）、亚微米级未结晶球粒和微米级针状放射状晶粒构成。EBSD 分析结果发现，一些 Sp1 的胶状集合体中心至边缘几乎完全结晶。集合体中心的晶粒呈不规则、近圆形，边缘的晶粒呈针状、放射状。中心的晶粒尺寸相对较小（<20μm），边缘的晶粒尺寸相对较大，长度一般为 100～200μm，宽度小于 50μm。结合与之共生的针状黄铁矿和方铅矿枝晶等特征，本书认为竹林沟矿床 Sp1 形成可能与温度、压力等因素变化导致较高的过冷/过饱和度有关（Roedder，1968；Beaudoin，2000）。当二次成核速率超过晶体生长速率，闪锌矿连续成核，沿着一维方向分布形成针状形态。Sp1 可能由成矿地点的还原硫与外来的金属流体快速混合沉淀而成，与之伴生的大量富有机质的黑色碳质泥岩支持这一还原环境。此外，当成矿流体脉冲或周期性加入时，矿物的快速生长可形成放射束状/针状晶粒，而残余流体生长缓慢则沉淀形成自形晶粒（Lorens，1981；Barker and Cox，2011）。

相似地，Sp2 集合体内部晶粒大小与闪锌矿颜色、Ge 含量有良好的对应关系。晶粒边界、低角度边界和双晶界相对发育的环带中，闪锌矿的颜色更深，对应 Ge 含量更高（近 1000×10^{-6}）。在环带局部，存在闪锌矿颜色与晶粒大小解耦现象，说明自组织过程也是影响该类型闪锌矿内部 Ge 分布的重要因素之一。因此，与 Sp1 相似，Sp2 的微量元素分布主要受矿物生长速率的影响，其次是自组织过程。

前人研究认为，硫化物单颗粒内部微量元素分布可能受结晶学过程控制，即晶体生长过程中，微量元素会优先富集在特定的晶面，或者以类质同象/独立矿物形式富集在晶粒或晶内（亚颗粒、低角度变形）边界上。例如，Johan（1988）在研究法国圣马丁（Saint Martin）矿区闪锌矿晶体时发现 Cu、In 优先富集在（111）晶面，Chouinard 等（2005）发现智利帕斯夸（Pascua）浅成低温热液 Au-Ag-Cu 矿中，黄铁矿（111）晶面对大多数微量元素的亲和力较低，微量元素优先富集在(110)晶面。最近新发现一种新的不可见金，赋存在黄铁矿变形作用形成的低角度晶界上(Fougerouse et al.，2021)。中心和边缘皆不具有一定的结晶学优选方位，暗示 Ge 分布不受晶面方向制约。Sp3 由颗粒较大的晶体构成，选取分析面的晶体取向基本一致。单晶裂隙中发育较多细小双晶(图4-15)。闪锌矿颜色变化与晶界、晶体取向的相关关系较差，中心至边缘晶粒取向具有随机分布的特征，即没有一定的结晶学优选方位(crystallographic preferred orientation，CPO)，说明结晶学过程对微量元素分布的控制较弱。

综合研究认为，研究区闪锌矿微区 Ge 的分布主要受沉淀速率和自组织过程影响，其中 Sp1 以沉淀速率为主，Sp3 以自组织过程为主。除竹林沟矿床以外，在我国乐红、会泽和乌斯河等铅锌矿床中，不排除存在放射束状/针状结构闪锌矿的可能。例如，Wei 等(2019)在乐红铅锌矿床报道的与方铅矿共生的薄片状闪锌矿，也显示出 Ge 与二价阳离子(Fe^{2+}等)之间的正相关关系。火德红矿床也发现了非常相似的闪锌矿化学成分(Ge 与二价阳离子 Mn^{2+} 和 Cd^{2+} 等相关)，有待进一步鉴定(Hu et al.，2021)。

七、Ge 超常富集机制

目前对 MVT 矿床 Ge 的超常富集机制认识，归纳起来主要有：①地质-地球化学背景控制论，即 Ge 的超常富集是受特定的地质-地球化学背景控制，这是对"源"方面的认识(涂光炽等，2003；杜胜江等，2019)；②成矿流体性质控制论，即成矿流体性质制约 Ge 的超常富集，这是对"运"方面的理解(叶霖等，2019；吴越等，2019；Luo et al.，2022)；③Ge 的替代方式或共生分异控制论，这是对"聚"方面的思考(涂光炽等，2003；温汉捷等，2019；叶霖等，2019)。

竹林沟 Ge-Zn 矿床是湘西—黔东铅锌成矿带的重要组成部分之一。黔东—湘西铅锌成矿带区内除竹林沟 Ge-Zn 矿床发现 Ge 的超常富集现象外(杨德智等，2020；周家喜等，2020a，2020b，2021)，牛角塘矿床 Cd 的超常富集已广为人知(叶霖和刘铁庚，2001；Ye et al.，2011)，近来还发现了唐家寨矿床 Ga 的超常富集现象(吴涛等，2021)，而毗邻湘西—黔东铅锌成矿带的川滇黔矿集区更是普遍富集 Cd、Ge、Ga 等稀散元素。初步研究发现，扬子地块前寒武纪基底岩石中稀散元素(除 Ge)背景总体不高，但是早寒武世黑色岩系成矿系统和广泛分布的峨眉山玄武岩一般有较高的稀散金属背景，可能是重要的矿源；同时，Se、Cd、Ga 等稀散金属的赋矿层位与其高地球化学背景层位对应关系较好，其他稀散金属虽然对应关系不明显，但是其赋矿层位下部一般为高背景层，反映了稀散金属浅源或就近的特点(杜胜江等，2019)。因此，在区域尺度上，Ge 的普遍超常富集受其高背景控制是比较好理解的。

研究显示，本区矿床成矿流体属于低温、高盐度盆地流体，与 MVT 铅锌矿床颇为相似，虽然研究区普遍富集稀散金属，但是并非所有矿床以及全球 MVT 铅锌矿床都超常富集稀散金属，尤其是 Ge。不可否认成矿流体性质制约稀散金属的搬运作用，如有机流体可能更有利于 Ge 的迁移(戚华文等，2005)，但是成矿流体性质制约 Ge 超常富集的精细定量描述，仍需要更多的工作(包括热力学计算模拟、实验地球化学等)约束。

前文已经证明，闪锌矿中 Cu、Ag、Mn、Fe 等微量元素对 Ge 的替代方式和超常富集没有显著影响，也就是说 Ge 的替代方式与其超常富集之间没有对应关系，即不管何种 Ge 的替代方式，闪锌矿都可以超常富集或者一般富集甚至不富集 Ge。另一方面，稀散金属共生分异普遍存在(涂光炽等，2003)，与区域尺度上不同铅锌矿床超常富集不同种类稀散金属的现象比较吻合。然而，元素共生分异很难解释矿床尺度上不同矿物结构闪锌矿中 Ge 的富集特征。因此，本书认为在区域尺度上，元素共生分异很可能是一种重要的 Ge 超常富集机制，而在矿床尺度上 Ge 的最终超常富集很可能受闪锌矿矿物结构的控制。

综上，在 Ge 的"源、运、聚"富集成矿过程中，地质—地球化学背景、成矿流体性质和元素共生分异等很可能是制约区域尺度上 Ge 超常富集的重要因素，而矿床尺度上闪锌矿矿物结构很可能对 Ge 的最终超常富集有显著的制约作用。由此，本书提出一种新的假说，即在成矿流体本身超常富集 Ge(高 Ge 背景、流体强活化—迁移—搬运 Ge 能力，并可能经历稀散金属共生分异过程等)情况下，闪锌矿矿物结构可能是 Ge 最终超常富集的关键控制因素。

综合分析已有研究发现，不同矿物结构闪锌矿在爱尔兰中部铅锌矿集区、波兰 Silesian-Cracow 矿区、阿尔卑斯成矿带(包括奥地利布莱贝格、斯洛文尼亚 Mežica，及意大利 Cave de Predil 和 Salafossa 矿床等)和我国三江成矿带(火烧云、乌拉根、金顶等)与川滇黔矿集区(会泽、乐红、火德红等)普遍发育(Roedder，1968；Atanassova and Bonev，2006；田世洪等，2011；刘英超等，2013；代志杰，2016；陈兴和薛春纪，2016)。这些矿床中 Ge 的最终超常富集是否也同样受闪锌矿矿物结构制约，有待进一步揭示。

第三节　脉石矿物微量元素组成与讨论

一、脉石矿物样品来源与分析方法

半边街锗锌矿床脉石矿物样品主要采自其坑道、钻孔和代表性剖面，竹林沟锗锌矿床脉石矿物样品主要采自其坑道和钻孔。其中，竹林沟矿床白云石包括：成矿期前白云石(Dol1)，成矿早期白云石(Dol2)、主成矿期白云石(Dol3)、成矿晚期白云石(Dol4)，以及成矿期后白云石(Dol5)。Dol1 主要为他形—半自形粒状白云石(粒径为 0.3～0.7mm)，呈细脉状穿插围岩，Dol1 常被后期白云石脉、硫化物脉穿切或包裹[图 4-16(a)、(b)、(d)、(e)]；Dol2 主要为自形—半自形粒状白云石(粒径为 0.38～0.8mm)，其与少量细粒闪锌矿(黄铁矿)共生[图 4-16(a)、(b)]。Dol3 主要为他形—半自形粒状白云石(粒径为 0.15～0.74mm)，呈脉状、团块状[图 4-16(c)、(e)]产出，与大量脉状、角砾状硫化物共生，部分包裹白云岩围岩角砾；Do14 常为半自形—自形粒状白云石(粒径为 0.49～1.7mm)，呈团块状生长于矿石或围岩间隙[图 4-16(g)、(h)]。Dol5 主要为他形—半自形粒状(粒径为 0.1～0.42mm)，呈脉状穿插、包裹早期白云石或硫化物条带[图 4-16(i)]。

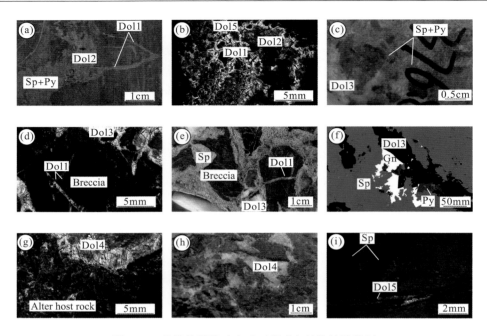

图 4-16　竹林沟锗锌矿床矿石组成和结构构造特征

(a)Dol2 截切 Dol1 细脉，并与浸染状硫化物共生；(b)细粒 Dol1 和粗粒 Dol2 被脉状 Dol5 包裹；(c)脉状闪锌矿与团块状 Dol3 共生，包裹围岩角砾；(d)Dol1 穿过白云岩围岩角砾，被 Dol3 穿插；(e)脉状闪锌矿石与团块状 Dol3 共生，包裹白云岩围岩角砾；(f)方铅矿、闪锌矿、黄铁矿和 Dol3 共生；(g)(h)白云岩围岩中的 Dol4 团块；(i)闪锌矿脉被 Dol5 穿插。Sp.闪锌矿；Py.黄铁矿；Gn.方铅矿；alter host rock.蚀变后望城坡组白云岩；Breccia.角砾；Dol.白云石

　　不同阶段白云石在阴极发光下具有不同的特征。成矿期前白云石(Dol1)呈暗—暗红色[图 4-16(b)、(d)、(g)]；成矿早期白云石(Dol2)表现为暗红色—亮红色[图 4-16(b)、(c)、(i)]；主成矿期白云石(Dol3)显亮红色[图 4-16(c)、(d)]；成矿晚期白云石(Dol4)呈暗红—亮红色[图 4-16(e)、(f)；成矿期后白云石(Dol5)主要为棕红色[图 4-17(h)]。

　　重晶石微量元素分析是在中国科学院地球化学研究所矿床地球化学国家重点实验室完成的。首先将新鲜样品破碎并过筛，选取粒径为 60～80 目的样品洗净、烘干后在双目显微镜下挑选重晶石单矿物，其纯度大于 99%，然后再用 75%的酒精清洗后，低温烘干，最后将烘干后的单矿物样品在玛瑙研钵中磨成 200 目以下的粉末，进行酸溶，采用四级杆型电感耦合等离子体质谱仪测试，其中稀土元素分析精度优于 5%，其他微量元素分析精度优于 10%，详细分析流程请参考 Qi 和 Gregoire(2000)。

　　蚀变白云岩、白云石、方解石微量元素原位分析在中国科学院地球化学研究所矿床地球化学国家重点实验室激光剥蚀电感耦合等离子体质谱仪(LA-ICP-MS)上完成，所使用的仪器为 ArF excimer laser 193nm 激光系统和 Agilent 7700X 等离子体质谱，采用多外标单内标方式校正，外标采用 NIST610、NIST612 和 MACS-3，内标 Ca=21.7%。由于 Ca 与稀土元素含量差距悬殊，计算 Yb/Ca 时采用 Ca 理论值。激光频率为 5Hz，剥蚀束斑为 44μm。单次测量时间为 50s，背景测量时间为 12s 左右，每完成 15 个点分析就加测一次标样。考虑到标样推荐值存在的误差，本次测试的分析误差小于 10%，数据用 ICP-MSDataCal 软件处理。详细分析方法见 Chen 等(2011)。

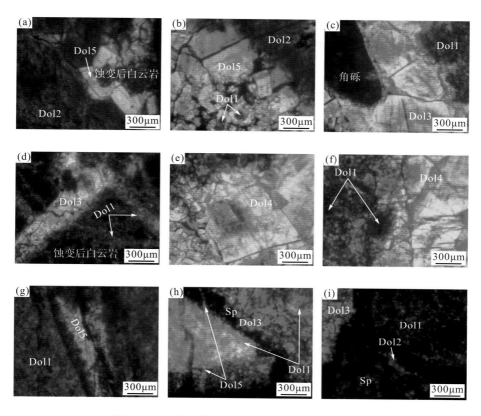

图 4-17　竹林沟锗锌矿床碳酸盐岩阴极发光图像

注：图中字母含义同图 4-16。

二、半边街矿床蚀变白云岩和脉石矿物微量元素组成特征

半边街锗锌矿床分析结果列入表 4-5～表 4-7 中。由表 4-5 可见，蚀变白云岩中 Mn、Fe、Sr、Ba 等元素含量大于 $5×10^{-6}$，Pb、Th、U 等元素含量小于 $1×10^{-6}$。热液方解石中 Sr 含量普遍高于蚀变白云岩，但热液白云石中 Sr 含量普遍低于蚀变白云岩（表 4-5）。重晶石中除 Zn 和 Sr 含量普遍高于其地壳丰度外，其他微量元素含量均低于其地壳丰度（图 4-18 和表 4-6）。

蚀变白云岩总稀土（$\sum REE$）为 $10.1×10^{-6}$～$16.8×10^{-6}$，均值为 $12.9×10^{-6}$（$n=3$），低于热液方解石、白云石和重晶石（表 4-7）。在配分图上［图 4-19（a）］，蚀变白云岩轻稀土富集（LREE/HREE=7.45～9.44，均值为 8.10，$n=3$；La/Yb$_N$=12.54～18.61），具有 Eu 负异常（δEu=0.43～0.74）和 Ce 负异常（δCe=0.72～0.80）特点（An et al., 2022）。

热液方解石也具有轻稀土富集特征（LREE/HREE=3.95～24.63，均值为 14.43，$n=5$；La/Yb$_N$=3.20～24.76）［图 4-19（b）］，Eu 异常（δEu=0.29～1.13）和 Ce 异常（δCe=0.99～1.08）有变化（表 4-7）。

表 4-5　半边街锗锌矿床蚀变白云岩、方解石和白云石微量元素含量及参数

样品号	岩性	Mn	Fe	Sr	Ba	Pb	Th	U
BBJ13-2-8	蚀变白云岩	123	192	73.0	12.4	0.440	0.330	0.377
BBJ13-2-9	蚀变白云岩	110	253	76.3	9.22	0.996	0.327	0.609
BBJ13-2-10	蚀变白云岩	81.4	227	99.7	5.82	0.375	0.141	0.483
BBJ9-3-2	方解石	93.1	14.4	92.5	1.70	0.037	0.096	0.007
BBJ9-3-3	方解石	69.4	17.5	130	0.608	0.114	0.047	0.094
BBJ9-3-8	方解石	107	75.6	98.3	0.155	0.058	0.077	0.131
BBJ9-3-10	方解石	95.2	-	113	0.644	4.26	0.049	0.011
BBJ9-3-11	方解石	93.8	77.4	131	0.704	0.168	0.073	0.276
BBJ9-3-1	白云石	107	-	28.8	0.583	-	0.118	-
BBJ9-3-4	白云石	115	15.3	25.6	0.721	0.005	0.085	-
BBJ9-3-5	白云石	107	49.8	26.3	0.898	0.744	0.101	0.006
BBJ9-3-12	白云石	121	-	28.0	1.53	0.070	0.079	-
BBJ9-3-14	白云石	121	-	22.7	1.12	0.035	0.118	0.001
BBJ9-3-15	白云石	127	-	25.5	-	0.055	0.143	0.002
BBJ2-3-1	白云石	134	-	28.5	1.05	0.195	0.098	0.006
BBJ2-3-2	白云石	110	6.15	29.1	-	0.015	0.109	0.005
BBJ2-3-3	白云石	122	1.67	29.8	1.34	0.131	0.100	0.002
BBJ2-3-4	白云石	109	1.75	36.9	4.54	0.088	0.171	0.003
BBJ2-3-5	白云石	115	11.5	23.6	1.61	0.024	0.141	-
BBJ2-3-6	白云石	104	10.0	46.5	-	1.08	0.055	0.004
BBJ2-3-7	白云石	143	9.44	23.9	1.19	0.051	0.128	0.002
BBJ2-3-8	白云石	148	35.1	32.8	0.303	0.039	0.124	0.002
BBJ2-3-9	白云石	146	-	29.3	2.01	0.028	0.187	-
BBJ2-3-10	白云石	151	22.8	25.0	1.66	0.016	0.256	0.005
BBJ-15-1	白云石	86.6	-	118	1.75	1.88	0.335	0.003
BBJ-15-2	白云石	95.8	76.4	114	4.60	7.70	0.602	0.024
BBJ-15-3	白云石	89.2	34.7	103	2.26	0.806	0.329	0.008
BBJ-15-4	白云石	87.9	11.0	104	3.51	0.150	0.241	0.001
BBJ-15-5	白云石	140	77.7	35.8	0.235	10.9	0.340	0.013
BBJ-15-2-1	白云石	119	39.8	78.9	3.74	0.042	0.204	0.007
BBJ-15-2-2	白云石	159	18.8	37.7	1.62	0.005	0.230	U
BBJ-15-2-3	白云石	112	-	26.1	0.668	0.048	0.139	-
BBJ-15-2-4	白云石	135	22.6	24.4	0.166	0.005	0.187	-
BBJ-15-2-5	白云石	112	-	24.3	1.37	0.003	0.101	0.003
BBJ-15-2-6	白云石	116	-	26.9	1.17	0.019	0.122	-
BBJ-15-2-7	白云石	134	29.8	62.3	1.30	0.019	0.136	0.001
BBJ-15-2-8	白云石	136	90.2	26.2	1.44	2.76	0.254	0.009
BBJ-15-2-9	白云石	122	11.3	26.6	1.72	0.010	0.104	0.001

注：“-”代表测试样品元素含量低于检测限；数值计量为 10^{-6}。

表 4-6 半边街锗锌矿床重晶石微量元素含量及参数

样品号	Li	Be	Sc	V	Cr	Co	Ni	Cu	Zn	Ga	Ge	As	Rb	Sr	Zr	Nb
BBJ-16	0.613	0.014	0.820	0.451	1.22	6.71	38.8	5.27	869	0.497	1.12	0.632	0.153	356	0.105	0.071
DY29-1	0.827	0.019	1.53	1.40	0.947	4.07	11.6	8.31	193	0.541	0.495	0.505	0.139	774	0.078	0.024
BBJ-13	0.693	0.022	0.934	1.10	1.22	5.71	22.1	5.68	66.7	0.546	0.235	0.594	0.138	378	0.094	0.046
BBJ-14	0.672	0.023	0.906	1.54	1.81	5.87	23.6	5.53	1048	0.397	1.58	0.539	0.135	180	0.108	0.040
BBJ-1	0.628	0.015	1.07	1.72	1.33	4.82	10.4	7.99	615	0.346	0.714	0.442	0.145	1073	0.117	0.018
BBJ-4	0.554	0.011	1.45	2.13	1.32	3.94	12.4	7.57	348	0.272	0.507	0.445	0.138	896	0.094	0.028
DY26-3	2.19	0.033	6.51	4.76	2.72	5.85	20.8	14.1	1607	0.901	3.21	1.09	0.210	577	0.153	0.042
DY2-1	1.01	0.025	1.02	1.82	2.25	4.77	11.9	8.87	115	0.379	0.372	0.690	0.217	1047	0.476	0.072
DY13	0.450	0.015	0.674	1.10	1.11	4.05	18.0	7.28	34.7	0.444	0.177	0.545	0.115	919	0.111	0.031

样品号	Mo	Ag	Cd	In	Sn	Sb	Cs	Ba	Hf	Ta	W	Tl	Pb	Bi	Th	U
BBJ-16	0.272	0.039	1.15	0.005	0.230	0.173	0.010	22426	0.011	0.048	0.215	0.074	110	0.009	0.074	0.036
DY29-1	0.150	0.016	0.202	0.009	0.124	0.105	0.020	67975	0.021	0.013	0.110	0.019	3.93	0.005	0.054	0.008
BBJ-13	0.198	0.062	0.089	0.006	0.144	0.140	0.015	19052	0.059	0.036	0.197	0.036	8.16	0.004	0.113	0.014
BBJ-14	0.215	0.022	1.21	0.007	0.335	0.175	0.009	20889	0.015	0.029	0.191	0.13	28.2	0.004	0.107	0.014
BBJ-1	0.190	0.019	0.982	0.006	0.130	0.158	0.009	59948	0.020	0.013	0.117	0.037	4.81	0.002	0.104	0.016
BBJ-4	0.187	0.020	0.412	0.005	0.119	0.245	0.010	54232	0.018	0.011	0.105	0.068	4.95	0.004	0.071	0.011
DY26-3	0.206	0.142	3.53	0.040	0.312	0.378	0.016	128938	0.040	0.025	0.149	0.126	29.6	0.011	0.155	0.012
DY2-1	0.203	0.049	0.209	0.015	0.154	0.137	0.032	87013	0.044	0.016	0.106	0.015	32.6	0.009	0.094	0.025
DY13	0.173	0.021	0.033	0.005	0.107	0.077	0.014	63624	0.091	0.028	0.163	0.002	0.544	0.005	0.084	0.035

注：数值计量为 10^{-6}。

表 4-7　半边街锗锌矿床蚀变白云岩、方解石、白云石和重晶石稀土元素含量及参数

样品	蚀变白云岩				热液方解石						热液白云石		
	BBJ13-2-8	BBJ13-2-9	BBJ13-2-10	平均值	BBJ9-3-2	BBJ9-3-3	BBJ9-3-8	BBJ9-3-10	BBJ9-3-11	平均值	BBJ9-3-1	BBJ9-3-4	BBJ9-3-5
La/10^{-6}	2.86	3.25	5.00	3.70	0.692	1.71	10.2	2.41	8.50	4.71	4.46	4.07	4.90
Ce/10^{-6}	3.81	4.50	6.21	4.84	2.02	4.12	21.9	6.30	17.8	10.4	17.5	15.2	19.4
Pr/10^{-6}	0.398	0.441	0.666	0.502	0.347	0.571	2.29	0.833	1.81	1.17	2.81	2.39	3.13
Nd/10^{-6}	1.53	1.63	2.61	1.92	1.67	2.54	7.18	3.25	6.39	4.21	13.7	11.3	15.2
Sm/10^{-6}	0.284	0.399	0.619	0.434	0.460	0.515	0.985	0.629	1.01	0.721	3.11	2.69	3.50
Eu/10^{-6}	0.066	0.088	0.089	0.081	0.050	0.122	0.178	0.169	0.131	0.130	0.463	0.275	0.467
Gd/10^{-6}	0.251	0.474	0.644	0.457	0.609	0.438	0.705	0.221	0.551	0.505	2.60	2.38	2.91
Tb/10^{-6}	0.046	0.080	0.067	0.064	0.040	0.048	0.054	0.065	0.082	0.058	0.408	0.363	0.458
Dy/10^{-6}	0.410	0.339	0.374	0.374	0.339	0.259	0.353	0.248	0.454	0.331	2.74	2.38	3.38
Ho/10^{-6}	0.062	0.058	0.080	0.067	0.053	0.079	0.060	0.065	0.082	0.068	0.535	0.461	0.619
Er/10^{-6}	0.234	0.242	0.212	0.229	0.082	0.183	0.204	0.182	0.249	0.180	1.52	1.32	1.67
Tm/10^{-6}	0.021	0.032	0.032	0.028	0.042	0.020	0.053	0.021	0.027	0.033	0.195	0.142	0.276
Yb/10^{-6}	0.154	0.153	0.181	0.163	0.146	0.099	0.281	0.124	0.231	0.176	1.42	1.25	1.63
Lu/10^{-6}	0.021	0.016	0.020	0.019	0.015	0.027	0.026	0.026	0.018	0.022	0.192	0.158	0.227
Y/10^{-6}	2.54	2.92	3.16	2.87	1.30	2.08	1.77	1.97	2.56	1.94	14.4	12.4	17.4
ΣREE/10^{-6}	10.1	11.7	16.8	12.9	6.56	10.7	44.5	14.6	37.3	22.7	51.7	44.4	57.8
LREE/10^{-6}	8.94	10.3	15.2	11.5	5.24	9.58	42.7	13.6	35.6	21.4	42.1	36.0	46.6
HREE/10^{-6}	1.20	1.39	1.61	1.40	1.33	1.15	1.73	0.95	1.70	1.37	9.62	8.45	11.2
LREE/HREE	7.45	7.40	9.44	8.10	3.95	8.30	24.63	14.28	21.02	14.43	4.38	4.25	4.17
La/Yb$_N$	12.54	14.33	18.61	15.16	3.20	11.57	24.60	13.15	24.76	15.46	2.12	2.19	2.02
La/Sm$_N$	6.34	5.12	5.08	5.51	0.95	2.08	6.55	2.41	5.27	3.45	0.90	0.95	0.88
δEu	0.74	0.61	0.43	0.59	0.29	0.77	0.62	1.13	0.48	0.66	0.48	0.33	0.44
δCe	0.76	0.80	0.72	0.76	0.99	1.01	1.06	1.08	1.05	1.04	1.17	1.16	1.17

注：蚀变白云岩数据引用自 An 等(2022)；球粒陨石标准化 REE 数据引自 Boynton(1984)：δCe=Ce$_N$/(La$_N$×Pr$_N$)$^{1/2}$，δEu=Eu$_N$/(Sm$_N$×Gd$_N$)$^{1/2}$。

续表

热液白云石

样品	BBJ9-3-12	BBJ9-3-14	BBJ9-3-15	BBJ2-3-1	BBJ2-3-2	BBJ2-3-3	BBJ2-3-4	BBJ2-3-5	BBJ2-3-6	BBJ2-3-7	BBJ2-3-8	BBJ2-3-9	BBJ2-3-10
La/10^{-6}	4.02	6.38	6.87	4.52	4.40	4.59	5.31	6.14	2.23	5.81	4.51	7.06	7.93
Ce/10^{-6}	14.3	24.5	27.3	17.7	17.3	17.9	21.7	23.0	9.70	23.6	18.1	24.0	27.2
Pr/10^{-6}	2.16	3.87	4.34	2.68	2.78	2.67	3.49	3.59	1.73	3.69	2.85	3.29	3.74
Nd/10^{-6}	9.76	17.4	20.1	13.1	12.6	12.3	16.5	15.7	8.08	16.8	13.4	13.3	15.6
Sm/10^{-6}	2.36	4.02	4.56	3.04	3.08	3.06	4.41	3.82	2.20	4.00	3.36	3.10	2.86
Eu/10^{-6}	0.254	0.475	0.562	0.480	0.307	0.371	0.656	0.431	0.255	0.507	0.411	0.387	0.495
Gd/10^{-6}	1.93	2.41	3.56	2.55	2.43	1.98	3.34	2.97	1.74	2.82	2.90	2.21	2.00
Tb/10^{-6}	0.326	0.482	0.570	0.385	0.367	0.481	0.518	0.448	0.324	0.457	0.456	0.267	0.300
Dy/10^{-6}	2.09	3.12	3.35	2.82	2.32	3.30	3.71	2.80	2.39	3.10	3.05	1.69	1.90
Ho/10^{-6}	0.400	0.669	0.611	0.541	0.525	0.620	0.685	0.604	0.509	0.631	0.628	0.310	0.321
Er/10^{-6}	1.16	1.70	1.66	1.71	1.44	1.84	1.78	1.64	1.44	1.77	1.61	0.791	0.906
Tm/10^{-6}	0.183	0.273	0.272	0.216	0.222	0.225	0.295	0.203	0.195	0.261	0.262	0.117	0.115
Yb/10^{-6}	1.02	2.00	1.59	1.59	1.72	1.43	1.71	1.51	1.35	1.52	1.61	0.651	0.535
Lu/10^{-6}	0.161	0.260	0.222	0.204	0.170	0.237	0.289	0.220	0.172	0.211	0.217	0.084	0.085
Y/10^{-6}	11.4	17.9	17.8	14.5	13.4	16.4	19.2	16.6	13.3	16.8	18.2	10.2	11.0
ΣREE/10^{-6}	40.2	67.6	75.5	51.5	49.6	51.0	64.4	63.1	32.3	65.2	53.4	57.3	64.0
LREE/10^{-6}	32.9	56.7	63.7	41.5	40.4	40.9	52.1	52.7	24.2	54.4	42.7	51.2	57.9
HREE/10^{-6}	7.28	10.9	11.8	10.0	9.19	10.1	12.3	10.4	8.12	10.8	10.7	6.11	6.16
LREE/HREE	4.52	5.20	5.39	4.14	4.39	4.04	4.22	5.07	2.98	5.06	3.98	8.37	9.39
La/Yb$_N$	2.66	2.15	2.92	1.91	1.73	2.16	2.09	2.73	1.11	2.58	1.89	7.31	10.0
La/Sm$_N$	1.07	1.00	0.95	0.94	0.90	0.94	0.76	1.01	0.64	0.91	0.84	1.43	1.74
δEu	0.35	0.43	0.41	0.51	0.33	0.43	0.50	0.38	0.39	0.44	0.39	0.43	0.60
δCe	1.17	1.17	1.18	1.21	1.17	1.22	1.18	1.17	1.14	1.20	1.20	1.21	1.21

续表

热液白云石

样品	BBJ15-1	BBJ15-2	BBJ15-3	BBJ15-4	BBJ15-5	BBJ15-2-1	BBJ15-2-2	BBJ15-2-3	BBJ15-2-4	BBJ15-2-5	BBJ15-2-6	BBJ15-2-7	BBJ15-2-8
La/10^{-6}	9.29	8.36	7.87	9.35	8.02	6.70	7.51	7.62	5.99	6.11	4.91	4.64	10.7
Ce/10^{-6}	23.2	20.8	20.3	25.6	26.0	20.6	25.8	27.0	23.8	24.6	19.0	13.5	38.7
Pr/10^{-6}	2.63	2.43	2.44	3.00	3.71	2.51	3.56	3.93	3.41	3.91	3.17	1.75	5.54
Nd/10^{-6}	11.1	9.84	9.46	11.5	15.7	9.52	15.0	18.6	14.9	17.5	14.2	6.52	22.0
Sm/10^{-6}	2.14	1.85	1.59	2.40	3.20	1.76	3.13	3.66	2.89	4.36	3.05	1.25	4.89
Eu/10^{-6}	0.326	0.366	0.306	0.424	0.467	0.345	0.455	0.462	0.441	0.543	0.392	0.164	0.600
Gd/10^{-6}	1.94	1.74	1.78	2.03	2.23	1.37	2.48	3.10	2.76	3.57	2.76	0.748	3.47
Tb/10^{-6}	0.243	0.250	0.226	0.273	0.328	0.189	0.368	0.483	0.397	0.597	0.438	0.117	0.463
Dy/10^{-6}	1.81	1.48	1.47	1.78	2.07	1.18	1.96	3.17	2.66	4.13	3.05	0.774	2.78
Ho/10^{-6}	0.350	0.315	0.300	0.372	0.403	0.235	0.369	0.608	0.512	0.868	0.638	0.160	0.515
Er/10^{-6}	0.953	0.936	0.939	1.09	1.02	0.712	0.95	1.63	1.42	2.41	1.80	0.407	1.31
Tm/10^{-6}	0.153	0.124	0.125	0.148	0.154	0.106	0.153	0.224	0.210	0.329	0.266	0.060	0.185
Yb/10^{-6}	0.992	0.836	0.908	0.898	0.858	0.688	0.929	1.47	1.31	2.12	1.70	0.386	1.11
Lu/10^{-6}	0.125	0.120	0.113	0.136	0.114	0.080	0.107	0.197	0.162	0.262	0.215	0.045	0.127
Y/10^{-6}	10.0	8.93	8.66	9.94	12.3	6.37	12.1	15.7	13.8	21.8	16.2	3.98	15.3
ΣREE/10^{-6}	55.2	49.5	47.9	59.0	64.2	46.0	62.7	72.1	60.9	71.4	55.6	30.5	92.3
LREE/10^{-6}	48.7	43.7	42.0	52.3	57.0	41.4	55.4	61.2	51.5	57.1	44.7	27.8	82.4
HREE/10^{-6}	6.57	5.80	5.86	6.73	7.17	4.56	7.31	10.9	9.42	14.3	10.9	2.70	9.95
LREE/HREE	7.41	7.53	7.17	7.77	7.95	9.09	7.58	5.62	5.46	4.00	4.11	10.32	8.28
La/Yb$_N$	6.31	6.74	5.84	7.02	6.30	6.56	5.45	3.48	3.09	1.94	1.94	8.10	6.51
La/Sm$_N$	2.73	2.85	3.11	2.45	1.57	2.40	1.51	1.31	1.31	0.88	1.01	2.32	1.37
δEu	0.48	0.62	0.55	0.57	0.51	0.66	0.48	0.41	0.47	0.41	0.41	0.48	0.42
δCe	1.12	1.11	1.12	1.17	1.16	1.22	1.21	1.19	1.26	1.19	1.14	1.15	1.21

续表

样品	热液白云石 BBJ-15-2-9	热液白云石 平均	热液重晶石 BBJ-16	DY29-1	BBJ-13	BBJ-14	BBJ-1	BBJ-4	DY26-3	DY2-1	DY13	平均
La/10^{-6}	6.28	6.22	15.4	7.90	8.33	7.47	4.70	4.85	12.1	4.59	5.57	7.88
Ce/10^{-6}	25.8	21.8	27.9	23.0	28.3	16.5	10.9	11.4	33.3	10.7	20.4	20.3
Pr/10^{-6}	4.31	3.18	3.25	3.83	4.72	2.08	1.70	1.82	5.69	1.90	4.35	3.26
Nd/10^{-6}	19.6	14.01	12.3	18.4	21.3	8.19	8.27	8.92	29.3	10.8	24.3	15.8
Sm/10^{-6}	4.70	3.13	2.05	3.74	4.69	1.44	1.89	2.06	6.47	2.74	6.55	3.51
Eu/10^{-6}	0.692	0.426	2.22	7.00	2.63	2.59	6.28	6.78	12.6	8.35	6.65	6.12
Gd/10^{-6}	3.65	2.48	2.46	4.70	5.07	2.60	3.53	3.46	7.47	4.06	6.88	4.47
Tb/10^{-6}	0.628	0.387	0.169	0.281	0.618	0.153	0.181	0.206	0.451	0.289	0.884	0.359
Dy/10^{-6}	4.07	2.55	0.705	1.23	3.76	0.794	1.01	1.20	2.19	1.86	5.96	2.08
Ho/10^{-6}	0.820	0.504	0.124	0.215	0.752	0.153	0.197	0.233	0.375	0.362	1.19	0.400
Er/10^{-6}	2.29	1.39	0.333	0.546	1.98	0.397	0.530	0.612	0.914	0.836	2.71	0.984
Tm/10^{-6}	0.344	0.201	0.042	0.068	0.257	0.048	0.074	0.087	0.121	0.112	0.341	0.128
Yb/10^{-6}	2.12	1.30	0.228	0.390	1.49	0.274	0.431	0.503	0.667	0.610	1.87	0.718
Lu/10^{-6}	0.253	0.172	0.033	0.058	0.194	0.038	0.064	0.073	0.103	0.084	0.248	0.099
Y/10^{-6}	21.4	13.9	5.12	8.94	22.0	5.86	7.51	8.01	15.0	13.3	35.1	13.4
ΣREE/10^{-6}	75.5	57.7	67.2	71.4	84.1	42.7	39.8	42.2	112.0	47.3	87.9	66.0
LREE/10^{-6}	61.3	48.7	63.1	63.9	70.0	38.3	33.7	35.8	99.4	39.1	67.8	56.8
HREE/10^{-6}	14.2	8.98	4.09	7.49	14.1	4.46	6.02	6.37	12.3	8.21	20.1	9.24
LREE/HREE	4.33	5.87	15.40	8.53	4.96	8.59	5.61	5.62	8.09	4.76	3.38	7.22
La/Yb$_N$	2.00	3.96	45.50	13.70	3.77	18.38	7.35	6.50	12.20	5.07	2.01	12.70
La/Sm$_N$	0.84	1.38	4.73	1.33	1.12	3.26	1.56	1.48	1.17	1.05	0.54	1.80
δEu	0.49	0.46	3.02	5.10	1.64	4.04	7.33	7.71	5.53	7.65	3.01	5.00
δCe	1.16	1.18	0.91	1.01	1.08	1.00	0.94	0.93	0.97	0.88	0.95	0.96

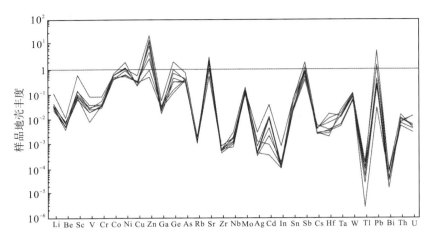

图 4-18   半边街矿床重晶石微量元素相对地壳丰度富集程度图

注：据 Taylor and McLennan（1995）。

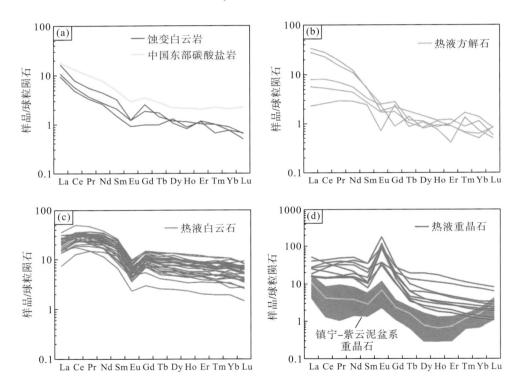

图 4-19   半边街锗锌矿床蚀变白云岩和热液方解石、白云石和重晶石稀土元素球粒陨石标准化配分模式图

球粒陨石标准化值据 Boynton（1984）；蚀变白云岩数据引自 An 等（2022）；中国东部碳酸盐岩数据引自鄢明才和迟清华（1997）；

镇宁-紫云泥盆系重晶石数据引自高军波等（2015）。

热液白云石 REE 配分模式与蚀变白云岩相似［图 4-19（c）］（LREE/HREE=2.98～10.32，均值为 5.87，n=30；La/Yb$_N$=1.11～10.0），具有 Eu 负异常（δEu=0.33～0.66）和 Ce 正异常（δCe=1.11～1.26）特点（表 4-7）。

热液重晶石$\sum$REE 为 $42.2\times10^{-6}\sim112.0\times10^{-6}$，均值为 66.0×10^{-6}（$n=9$）（表 4-7）。在稀土配分模式图上［图 4-19（d）］，具有右倾特征，其 LREE/HREE=$3.38\sim15.40$（均值为 7.22，$n=9$），La/Yb$_N$=$2.01\sim45.50$（均值为 12.70，$n=9$），具有显著的 Eu 正异常（δEu=$1.64\sim7.71$，均值为 5.00，$n=9$）和不显著的 Ce 异常（δCe=$0.88\sim1.08$，均值为 0.976，$n=9$）特点（表 4-7）。

三、竹林沟矿床白云石微量元素组成特征

白云石的代表性测点位置见图 4-20，微量元素分析结果见表 4-8。微量元素变化特征见图 4-21 和图 4-22。

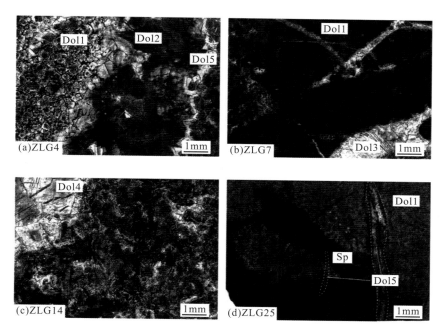

图 4-20　竹林沟锗锌矿床 5 个阶段白云石原位测试位置（红色圆点代表测点）

表 4-8　竹林沟锗锌矿床白云石 LA-ICP-MS 微量元素含量

类型	统计	含量/10^{-6}											
		Mn	Fe	Sr	Ba	La	Ce	Pr	Nd	Sm	Eu	Gd	Tb
围岩/白云岩 （$n=5$）	最大值	78.7	444	113	6.43	20.6	25.7	2.06	7.62	1.27	0.228	1.36	0.159
	最小值	44.4	39.0	73.6	2.58	7.06	10.2	0.976	3.65	0.728	0.102	0.520	0.094
	平均值	53.8	154	104	3.78	12.9	15.6	1.33	4.94	0.879	0.166	0.893	0.127
Dol1 （$n=11$）	最大值	195	662	177	10.7	10.2	12.3	1.11	4.39	0.919	0.182	1.15	0.106
	最小值	74.0	60.4	64.3	1.29	3.50	5.17	0.545	1.96	0.342	0.079	0.320	0.047
	平均值	124	329	89.0	3.85	6.23	8.80	0.817	3.16	0.571	0.126	0.591	0.067

类型	统计	含量/10⁻⁶											
		Mn	Fe	Sr	Ba	La	Ce	Pr	Nd	Sm	Eu	Gd	Tb
Dol2 (n=4)	最大值	148	36.1	158	2.30	6.13	29.4	5.56	30.3	6.39	1.24	5.64	0.758
	最小值	138	12.3	97.6	0.216	3.14	14.9	2.70	13.8	2.77	0.734	3.60	0.466
	平均值	143	19.1	122	1.34	4.11	19.7	3.69	19.4	4.10	0.910	4.22	0.547
Dol3 (n=3)	最大值	128	22.9	70.5	1.08	15.9	52.0	7.07	28.7	5.60	0.672	3.77	0.418
	最小值	121	1.64	54.9	0.236	11.9	44.2	5.88	22.9	4.21	0.569	2.54	0.207
	平均值	125	12.7	63.1	0.773	14.0	47.5	6.41	25.7	5.00	0.618	3.28	0.320
Dol4 (n=5)	最大值	128	182	62.1	1.14	5.22	17.6	2.68	11.7	2.60	0.453	2.43	0.311
	最小值	95.4	0.221	22.5	0.058	3.47	15.6	2.31	10.0	1.77	0.297	1.58	0.173
	平均值	111	47.8	36.9	0.540	4.09	16.4	2.46	11.0	2.28	0.384	2.04	0.248
Dol5 (n=7)	最大值	160	902	76.5	1.55	3.95	6.45	0.546	2.71	0.713	0.094	0.680	0.071
	最小值	60.9	15.5	17.7	0.099	0.646	1.33	0.153	0.784	0.192	0.047	0.193	0.039
	平均值	104	245	44.6	0.649	1.84	3.58	0.387	1.62	0.378	0.066	0.370	0.050

类型	统计	含量/×10⁻⁶								LREE/HREE	La/Yb$_N$	δEu	δCe
		Dy	Ho	Er	Tm	Yb	Lu	Y	∑REE				
围岩/白云岩 (n=5)	最大值	1.01	0.215	0.523	0.070	0.492	0.070	7.55	61.3	18.40	42.0	0.76	0.82
	最小值	0.519	0.109	0.280	0.027	0.220	0.030	4.06	25.2	9.91	12.7	0.45	0.68
	平均值	0.706	0.153	0.404	0.055	0.353	0.044	5.50	38.6	13.40	26.2	0.58	0.74
Dol1 (n=11)	最大值	0.742	0.133	0.229	0.075	0.420	0.059	4.54	29.7	16.10	36.5	0.84	0.88
	最小值	0.332	0.066	0.170	0.013	0.131	0.018	2.63	13.6	6.48	6.53	0.54	0.73
	平均值	0.470	0.094	0.235	0.042	0.251	0.032	3.32	21.5	11.50	18.8	0.67	0.82
Dol2 (n=4)	最大值	4.37	0.710	1.42	0.152	0.820	0.087	26.9	92.9	5.66	6.03	0.72	1.15
	最小值	2.49	0.441	1.07	0.098	0.443	0.025	17.0	48.2	3.77	2.85	0.62	1.10
	平均值	3.23	0.567	1.24	0.129	0.655	0.059	21.1	62.6	4.81	4.37	0.67	1.12
Dol3 (n=3)	最大值	2.19	0.377	0.968	0.107	0.575	0.076	11.5	117	20.00	42.9	0.58	1.28
	最小值	1.06	0.159	0.346	0.036	0.222	0.035	5.25	96.6	11.30	14.0	0.38	1.16
	平均值	1.72	0.280	0.661	0.072	0.444	0.053	8.71	106	15.40	25.6	0.45	1.21
Dol4 (n=5)	最大值	1.74	0.325	0.747	0.076	0.423	0.048	10.7	44.4	9.83	13.5	0.60	1.26
	最小值	1.09	0.137	0.452	0.041	0.262	0.027	6.55	39.2	6.32	6.33	0.48	1.17
	平均值	1.41	0.238	0.614	0.064	0.345	0.039	8.47	41.6	7.58	8.36	0.54	1.22
Dol5 (n=7)	最大值	0.503	0.095	0.280	0.046	0.332	0.031	2.88	15.0	13.30	6.45	1.06	1.06
	最小值	0.145	0.032	0.087	0.009	0.104	0.009	1.24	3.97	2.90	0.40	0.47	0.88
	平均值	0.301	0.064	0.196	0.032	0.210	0.022	1.90	8.00	6.46	3.04	0.74	0.98

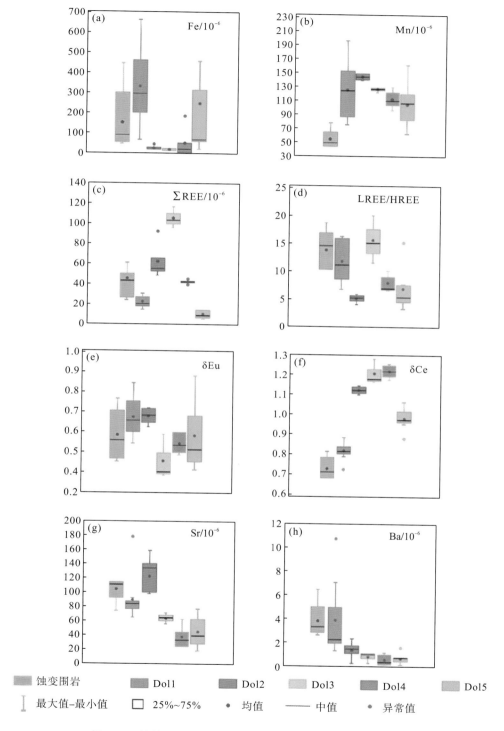

图 4-21　竹林沟锗锌矿床白云石 LA-ICP-MS 元素含量箱状图

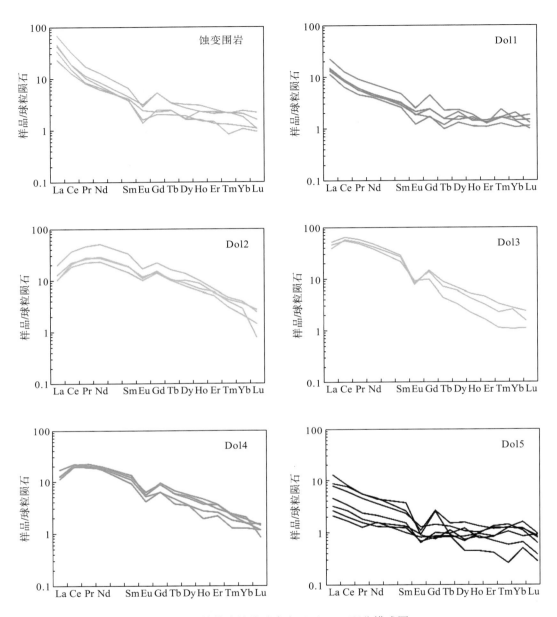

图 4-22　竹林沟锗锌矿床白云石 REE 配分模式图

注：球粒陨石标准化值据 Boynton（1984）。

望城坡组白云岩围岩（$n=5$）的 Fe 含量为 $39.0×10^{-6}\sim444×10^{-6}$（均值为 $154×10^{-6}$）；Mn 含量为 $44.4×10^{-6}\sim78.7×10^{-6}$（均值为 $53.8×10^{-6}$）；ΣREE 为 $25.2×10^{-6}\sim61.3×10^{-6}$（均值为 $38.6×10^{-6}$）；轻重稀土比值（LREE/HREE）为 $9.91\sim18.4$（均值为 13.4）；具有较强的 Eu 负异常（δEu=$0.45\sim0.76$，均值为 0.58）和一定的 Ce 负异常（δCe=$0.68\sim0.82$，均值为 0.74）。

成矿期前白云石（Dol1，n=11）的 Fe 含量变化较大，为 $60.4 \times 10^{-6} \sim 662 \times 10^{-6}$（均值为 329×10^{-6}）；Mn 含量为 $74.0 \times 10^{-6} \sim 195 \times 10^{-6}$（均值为 124×10^{-6}）；ΣREE 为 $13.6 \times 10^{-6} \sim 29.7 \times 10^{-6}$（均值为 21.5×10^{-6}）；轻重稀土比值（LREE/HREE）为 $6.48 \sim 16.10$（均值为 11.50）；具有一定的 Eu 负异常（δEu=$0.54 \sim 0.84$，均值为 0.67）和微弱的 Ce 负异常（δCe=$0.73 \sim 0.88$，均值为 0.82）。

成矿早期白云石（Dol2，n=4）的 Fe 含量为 $12.3 \times 10^{-6} \sim 36.1 \times 10^{-6}$（均值为 19.1×10^{-6}）；Mn 含量为 $138 \times 10^{-6} \sim 148 \times 10^{-6}$（均值为 143×10^{-6}）；ΣREE 为 $48.2 \times 10^{-6} \sim 92.9 \times 10^{-6}$（均值为 62.6×10^{-6}）；轻重稀土比值（LREE/HREE）为 $3.77 \sim 5.66$（均值为 4.81）；具有一定的 Eu 负异常（δEu=$0.62 \sim 0.72$，均值为 0.67）和微弱的 Ce 正异常（δCe=$1.10 \sim 1.15$，均值为 1.12）。

主成矿期白云石（Dol3，n=3）的 Fe 含量为 $1.64 \times 10^{-6} \sim 22.9 \times 10^{-6}$（均值为 12.7×10^{-6}）；Mn 含量为 $121 \times 10^{-6} \sim 128 \times 10^{-6}$（均值为 125×10^{-6}）；ΣREE 为 $96.6 \times 10^{-6} \sim 117 \times 10^{-6}$（均值为 106×10^{-6}）；轻重稀土比值（LREE/HREE）为 $11.30 \sim 20.00$（均值为 15.40）；具有强烈的 Eu 负异常（δEu=$0.38 \sim 0.58$，均值为 0.45）和微弱的 Ce 正异常（δCe=$1.16 \sim 1.28$，均值为 1.21）。

成矿晚期白云石（Dol4，n=5）的 Fe 含量变化较大，为 $0.221 \times 10^{-6} \sim 182 \times 10^{-6}$（均值为 47.8×10^{-6}）；Mn 含量为 $95.4 \times 10^{-6} \sim 128 \times 10^{-6}$（均值为 111×10^{-6}）；ΣREE 为 $39.2 \times 10^{-6} \sim 44.4 \times 10^{-6}$（均值为 41.6×10^{-6}）；轻重稀土比值（LREE/HREE）为 $6.32 \sim 9.83$（均值为 7.58）；具有强烈的 Eu 负异常（δEu=$0.48 \sim 0.60$，均值为 0.54）和微弱的 Ce 正异常（δCe=$1.17 \sim 1.26$，均值为 1.22）。

成矿期后白云石（Dol5，n=7）的 Fe 含量变化较大，为 $15.5 \times 10^{-6} \sim 902 \times 10^{-6}$（均值为 245×10^{-6}）；Mn 含量为 $60.9 \times 10^{-6} \sim 160 \times 10^{-6}$（均值为 104×10^{-6}）；ΣREE 为 $3.97 \times 10^{-6} \sim 15.0 \times 10^{-6}$（均值为 8.00×10^{-6}）；轻重稀土比值（LREE/HREE）为 $2.90 \sim 13.30$（均值为 6.46）；Eu 负异常变化范围较大（δEu=$0.47 \sim 1.06$，均值为 0.54）和不明显的 Ce 异常（δCe=$0.88 \sim 1.06$，均值为 0.98）。

四、半边街矿床成矿流体性质与成矿物质来源

Co、Ni、Mo、Bi、Th 等微量元素的离子态与 Ca^{2+}、Ba^{2+} 其地球化学性质和行为相差较大，难以类质同象形式进入到碳酸盐矿物和重晶石中（Shannon，1976；刘英俊等，1984；唐永永等，2011）。因此，方解石、白云石和重晶石中的微量元素特征可以很好地指示成矿流体性质与成矿物质来源。半边街矿床脉石矿物富集大离子亲石元素、亏损高场强元素，与 MVT 矿床盆地卤水特征具有一致性（表 4-6 和表 4-7）（Leach et al.，2005）。此外 Co、Ni、Mo、Bi 等属于高温成矿元素，而半边街矿床重晶石中它们表现出明显亏损特征（图 4-18），表明该矿床与高温岩浆作用无关。

脉石矿物中的 Th/U 可协助指示成矿流体性质与成矿物质来源（杨庆坤等，2014）。半边街矿床蚀变白云岩 Th/U 为 $0.29 \sim 0.88$（均值为 0.57，n=3），低于方解石、白云石和重晶石的 Th/U（分别为 Th/U=$0.26 \sim 13.6$，均值为 3.91，n=5；Th/U=$13.4 \sim 179$，均值为 58.9，n=21 和 Th/U=$2.06 \sim 13$，均值为 6.29，n=9）。因此，半边街矿床成矿流体或成矿物质很可能不是由围岩直接提供的。

　　稀土元素的地球化学性质相似，在地质作用过程中往往作为一个整体进行迁移，记录了成矿流体性质与成矿物质来源等方面的重要信息（Michard，1989；Lottermoser，1992；Bau and Dulski，1999；王国芝等，2003；彭建堂等，2004；张瑜等，2010；Zhou et al.，2011）。例如，Tb/Ca-Tb/La 图解可以有效判定方解石的成因（Möller et al.，1976）。半边街矿床方解石在 Tb/Ca（原子比）-Tb/La（原子比）图解（图 4-23）中均落在热液成因区内（由于 Ca 含量与稀土含量相差超 5 个数量级以上，在计算 Yb/Ca 时笔者直接采用 Ca 的理论值），说明它们是热液成因的，与其属于 MVT 矿床特征吻合。La/Ho-Y/Ho 图解可以判别矿物的同源性（Bau and Dulski，1995）。半边街矿床蚀变白云岩、热液白云石、方解石和重晶石在 La/Ho-Y/Ho 图解上总体呈水平分布，表明它们可能是同一流体不同演化阶段的产物 ［图 4-24（a）］。因此，可以用这些蚀变岩石和热液矿物的稀土元素特征探讨成矿流体性质与成矿物质来源。

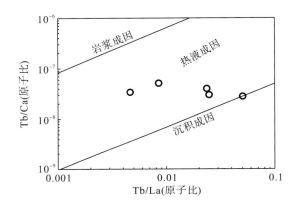

图 4-23　半边街锗锌矿床方解石 Tb/Ca-Tb/Ca 图解

注：底图据 Möller 等（1976）。

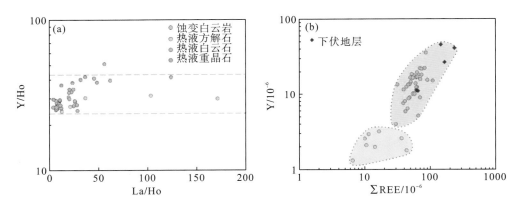

图 4-24　半边街锗锌矿床 La/Ho-Y/Ho（a）和 Y-∑REE 变化图解（b）

注：下伏地层数据来自隗含涛等（2017）。

在稀土元素球粒陨石标准化配分图(图4-19)上,蚀变白云岩与热液方解石、白云石、重晶石均具有右倾轻稀土富集特征,进一步暗示它们之间具有内在的成因联系。半边街矿床中,热液白云石和重晶石的稀土总量远高于蚀变白云岩和热液方解石(表4-7),而石英和硫化物中的稀土总量可以忽略不计(李厚明等,2003;李堃等,2018a,2018b),即白云石和重晶石的稀土总量可以近似代表流体的$\sum REE$。在图4-19中,白云石和重晶石的稀土总量明显高于中国东部碳酸盐岩和蚀变白云岩,而中国东部碳酸盐岩的$\sum REE$又高于蚀变白云岩。因此,成矿流体中的REE不可能完全由赋矿碳酸盐岩提供(Michard,1989),但是不能排除在成矿流体与围岩水/岩相互作用过程从围岩中继承部分稀土元素。

Y与REE离子半径接近,通常认为二者具有相似的地球化学性质。因此,利用Y与REE之间的变化趋势是判定流体来源的有效方法之一(Bau and Dulski,1995;Cherniak et al.,2001;刘淑文等,2013)。半边街矿床中蚀变白云岩、方解石、白云石和重晶石Y-$\sum REE$分布于2个相对集中区[图4-24(b)],而最能代表成矿流体稀土总量的白云石和重晶石位于蚀变白云岩和方解石与下伏地层(隗含涛等,2017)之间,暗示成矿流体中的REE很可能是赋矿碳酸盐岩和下伏地层共同提供,且下伏地层提供更多。这与相邻竹林沟矿床碳酸盐矿物化学特征研究结果吻合(见后文,杨智谋等,2021)。

综上,半边街矿床成矿流体很可能来源或流经下伏地层,并活化-萃取其中的成矿物质,同时与赋矿围岩发生了水/岩相互作用和成矿元素的交换。

五、半边街矿床成矿流体环境演化

铕(Eu)和铈(Ce)异常是被用于讨论流体演化过程物化环境变化的重要参数之一(Bau,1991;Cocherie et al.,1994;Mills and Elderfield,1995;Zhong and Mucci,1995)。前人研究提出,Eu异常的出现与矿物沉淀时的温度有关,当温度超过250℃时,Eu^{2+}比Eu^{3+}更易取代Ca^{2+},造成矿物中出现Eu正异常,反之则出现Eu负异常(Bau and Möller,1992)。半边街矿床蚀变白云岩、热液方解石和白云石均有着不同程度的Eu负异常,显示矿物沉淀过程中成矿流体的温度小于250℃,总体表现出低温成矿过程。

REE^{3+}与Eu^{2+}和Ce^{4+}具有不同的地球化学性质(Chen and Fu,1991;Chen and Zhao,1997;Ma and Liu,1999),因而在流体物化环境变化过程中出现Eu^{2+}和Ce^{4+}与REE^{3+}的分离,导致或正或负的Eu和Ce异常,即REE的氧化-还原模式(Zhong and Mucci,1995;Rimstidt et al.,1998)。蚀变白云岩中具有明显的负Eu异常,表明成矿流体本身具有负Eu异常,即成矿流体来源或流经负Eu异常的源区,这与其他判别依据得到的认识是一致的。同时,蚀变白云岩Ce负异常显著,暗示成矿流体在与围岩发生水/岩相互作用时,是处于中低温-弱氧化环境,方解石和白云石相对于蚀变白云岩表现出Eu负异常和Ce正异常特征,暗示此时成矿流体转变为中低温-还原-弱酸性环境,这与特征性矿物——针状白铁矿出现所反映的流体特征相一致(温度<240℃,pH<5,Murowchick and Barnes,1986)。此外,重晶石具有显著的正Eu异常,暗示了成矿晚期流体环境已转变为低温-氧化环境。因此,半边街矿床成矿流体演化经历了成矿前期中低温-弱氧化→主成矿期低温-还原-弱酸性→成矿晚期低温-氧化环境的转变过程。

重晶石的稀土总量、配分模式和$(La/Yb)_N$可以用于判别其成因（高军波等，2015）。半边街矿床重晶石与临区镇宁—紫云泥盆系大型热水沉积型重晶石矿床［图4-16（d）］（高军波等，2015）和广西热水沉积型重晶石矿床（王明艳等，2008）以及岩浆成因的重晶石（牛贺才等，1996）具有明显不同的稀土组成和参数特征，表明半边街矿床与热水沉积作用和岩浆作用均无关，而与后生热液成矿作用相关联，其成因归属后文将进一步讨论。

六、竹林沟矿床白云石成因

在图4-25（a）中，不难看出，竹林沟矿床碳酸盐围岩的测点主要落在了热液成因与沉积成因的交界处，表明其可能经历了后期的热液蚀变作用；而成矿期白云石（Dol2～Dol4）则均落在热液区，其微量元素含量（Fe和Mn）与围岩有明显的差异，说明与热液作用有关［图 4-25（b）］。非成矿期白云石（Dol1 和 Dol5）测点落在稀土分异增强的方向上［如图4-25（a）箭头所示］，指示非成矿期白云石是水/岩反应导致围岩溶解的产物，继承了围岩的 REE 元素组成特征［图4-25（b）］。

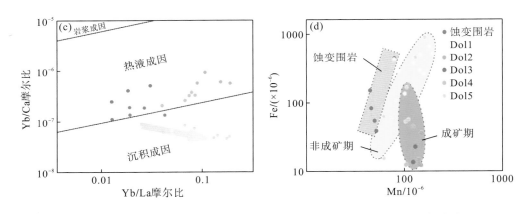

图 4-25　　（a）竹林沟锗锌矿床热液白云石 Yb/Ca-Yb/La 和（b）Fe-Mn 含量图

Y 与 Ho 在流体运移中表现出相似的地球化学行为（Bau and Dulski，1999），因此，Y/Ho 可以有效反映流体的来源（Wang et al.，2018）。不同流体（海水、卤水等）的 Y/Ho 有明显的差异。由于来自深部的卤水（且未受海水影响）在流动过程中可能会与基底岩层或者沉积物相互反应，其 Y/Ho 往往较低，接近上地壳（27.5）或者球粒陨石（25～28）（Kamber et al.，2005；Jakubowicz et al.，2015）。而海水的 Y/Ho 相对偏高（44～78），海相碳酸盐的 Y/Ho 与之相似或略低（Bau and Dulski，1995；Bau，1996；Nozaki et al.，1997）。本次获得的竹林沟锗锌矿床不同阶段热液白云石 Y/Ho 比值为 30.5～47.9（平均 35.7），略高于典型的卤水，但又显著低于海相碳酸盐。这意味着形成热液白云石的流体与碳酸盐围岩发生了混合，这与白云石（岩）在 Y/Ho-La/Ho 图解上总体为水平分布［图 4-26（a）］表现一致。

因此，成矿流体可能为深循环的卤水，这与大多数典型 MVT 铅锌矿床一致（Leach et al.，2005；刘英超等，2008；张长青等，2009）。

在 Y-ΣREE 的图中［图 4-26(b)］，非成矿期(Dol1 和 Dol5)数据投点的范围与围岩相似并略低于围岩，进一步指示该阶段白云石来源于赋矿围岩的溶解作用；而成矿期白云石拥有更高的 Y 和 ΣREE 含量，处于围岩与下伏地层（如牛蹄塘组、板溪群页岩等；ΣREE=62.6×10^{-6}～240×10^{-6})(隗含涛等，2017)之间，同样暗示该期白云石的形成可能与下伏地层物质加入有关，这与竹林沟 Pb 同位素分析结果基本一致(Luo et al.，2022)。

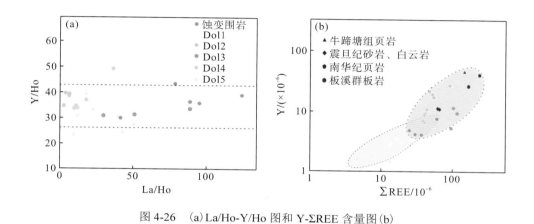

图 4-26　(a)La/Ho-Y/Ho 图和 Y-ΣREE 含量图(b)

注：部分数据来自隗含涛等(2017)。

七、竹林沟矿床成矿流体性质与演化

竹林沟锗锌矿床中白云石 ΣREE 含量变化较大(ΣREE=3.97×10^{-6}～117×10^{-6}，均值为35.6×10^{-6})，可分为两组。第一组为非成矿期的 Dol1 和 Dol5，其稀土总量较低(ΣREE=3.97×10^{-6}～29.7×10^{-6})，具有明显的 Eu 负异常(δEu=0.47～0.88)和微弱的 Ce 负异常(δCe=0.73～1.06)；第二组为成矿期的 Dol2～Dol4，其稀土总量较高(ΣREE=39.2×10^{-6}～117×10^{-6})，具有明显的 Eu 负异常(δEu=0.38～0.72)和微弱的 Ce 正异常(δCe=1.10～1.28)。竹林沟锗锌矿床非成矿期白云石的 ΣREE 总量和配分模式与黔东地区其他中、小型铅锌矿床热液碳酸盐矿物相似(如卜口场、克麻、嗅脑等；ΣREE=1.4×10^{-6}～22.9×10^{-6})(李堃等，2018(a)；唐永永等，2020)，其 REE 特征通过水/岩反应直接继承围岩。而成矿期热液白云石 ΣREE 总量和配分模式与花垣、牛角塘等大型—超大型矿床主成矿期热液碳酸盐矿物相似(ΣREE=1.73×10^{-6}～67.9×10^{-6})(隗含涛等，2017；赵征等，2018a；胡宇思等，2020)。早期的研究指出，牛角塘、花垣等矿床的成矿流体为淋滤下伏地层的卤水(叶霖等，2000；唐永永等，2020；李堃等，2021)，结合 REE 元素特征和前文微量元素特征，进一步反映了竹林沟矿床的成矿流体为深循环卤水，其在迁移过程中挟带了稀土元素。因此，竹林沟锗锌矿床成矿期白云石可能是区域上一期重要铅锌成矿事件的响应。

　　Eu 和 Ce 异常能较好地反映成矿物理化学条件的变化(Debruyne et al.，2016)。一般而言，热液白云石的 Eu 异常主要受流体酸碱度(pH)和温度等因素影响，且对温度更为敏感(Lüders et al.，1993；Magnall et al.，2016)。竹林沟锗锌矿床热液白云石均表现出明显的 Eu 负异常，但是不同阶段白云石的 Eu 异常程度有较大差异(图 4-22)。成矿期前 Dol1 表现为较弱的 Eu 负异常($\delta Eu=0.54 \sim 0.84$)，可能是对围岩 Eu 负异常($\delta Eu=0.45 \sim 0.76$)的继承。而成矿期白云石 δEu 值呈明显降低趋势($\delta Eu=0.38 \sim 0.72$)，其中以主成矿期 Dol3 的 Eu 负异常最为显著($\delta Eu=0.38 \sim 0.58$)。以往研究表明，当白云石结晶温度大于 200℃时，Eu^{3+} 会热化学还原为 Eu^{2+}，由于 Eu^{2+} 比 Eu^{3+} 更难以进入白云石晶格，造成 200℃以上结晶的白云石形成 Eu 亏损而呈负异常(Bau，1991；赵振华，2016)。因此，Dol3 显著的 Eu 负异常可能反映主成矿期白云石形成于温度较高(>200℃)的还原环境，至成矿晚期，δEu 开始升高，Eu^{3+}/Eu^{2+} 增大，说明成矿流体的温度可能逐渐降低。

　　Ce 是变价元素，受 pH 和氧化-还原条件影响，且对 pH 更加敏感(Elderfield and Sholkovitz，1987)。在高氧逸度条件下白云石通常具有 Ce 负异常，原因在于流体中的 Ce^{4+} 容易被氢氧化物吸附沉淀，使形成的热液白云石产生 Ce 负异常(Lottermoser，1992)。成矿期前白云石 Dol1 表现为微弱的 Ce 负异常(图 4-22)，其继承了围岩的成分特征。而成矿期白云石(Dol2～Dol4)主要表现为相对稳定的 Ce 正异常，指示成矿溶液具有偏酸性特征，白云石沉淀—溶解—再沉淀的过程中为硫化物沉淀($Me^{2+}+H_2S \longrightarrow 2H^+ + MeS\downarrow$，$Me^{2+}$ 代表二价金属离子，在竹林沟矿床中主要为 Zn^{2+})(Spangenberg et al.，1996)维持了稳定的成矿物理化学条件。结合成矿过程中硫化物的沉淀及晚期重晶石的产生，认为整个过程中，成矿环境经历了还原→氧化的过程，对应流体的 pH 为弱酸性，直到成矿流体被围岩中和而偏中性。

　　白云石中 Fe、Mn、Sr 等元素含量的改变同样受成矿过程控制。在成矿过程中，热液白云石(图 4-21，Dol2～Dol4)表现出不断降低的 Mn 元素含量(均值 143×10^{-6} 降至 111×10^{-6})和相对稳定的 Fe 元素含量(均值分别为 19.1×10^{-6}、12.7×10^{-6} 和 47.8×10^{-6})。这种 Mn、Fe 含量变化趋势与不同热液阶段硫化物一致。从早期至晚期硫化物中 Mn 含量逐渐降低(均值 123×10^{-6} 降至 23.7×10^{-6})，Fe 含量则相对稳定(均值分别为 4732×10^{-6} 和 6113×10^{-6})(Luo et al.，2022)。白云石和硫化物中的 Mn、Fe 元素含量变化指示成矿流体具有贫 Mn 特征，而 Fe 元素则主要进入了硫化物中(闪锌矿、黄铁矿等)。如图 4-20 所示，热液白云石 Fe、Mn 元素含量的特征也反映在其阴极发光的强度上。然而，在白云石沉淀-溶解-重结晶过程中，Sr 倾向逐渐富集于早期白云石中(Veizer et al.，1978)，白云石中 Ba 离子含量逐渐降低，其可能主要进入了晚期形成的重晶石中。

　　综上，竹林沟锗锌矿成矿流体主要为富 REE 的深循环卤水。主成矿期流体温度较高(>200℃)，导致 Eu^{3+} 热化学还原为 Eu^{2+}，从而难以进入白云石晶格，随着成矿温度的降低，Eu^{3+}/Eu^{2+} 增大，Eu 异常程度不断减弱。整个成矿过程中，成矿流体经历了还原→氧化的过程，流体维持弱酸性(低 pH)，直至被围岩碳酸盐岩中和，Mn、Sr 等元素在该环境下优先富集于早期热液白云石中，Fe 元素主要进入硫化物晶格，Ba 元素则进入晚期重晶石中(图 4-27)。

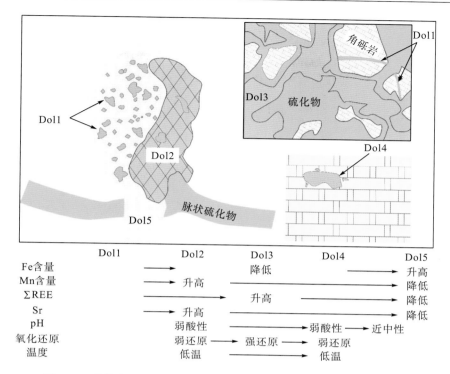

图 4-27 竹林沟锗锌矿床碳酸盐矿物形成顺序与成矿流体演化示意图

第五章 同位素地球化学

同位素已广泛应用于示踪成矿物质来源、成矿流体性质与演化和指示矿床成因研究中，能为建立切合实际的矿床成因模式以及指导找矿提供重要信息（Faure，1977；Hoefs，1980；朱炳泉等，1998；郑永飞和陈江峰，2000；尹观等，2009；胡瑞忠等，2015，2021）。本章以半边街—竹林沟富锗锌矿田和牛角塘富镉锌矿田为研究对象，通过脉石碳酸盐矿物 C-O 同位素和矿石硫化物 S-Pb 同位素地球化学研究，揭示成矿物质来源，刻画成矿流体演化过程，为探讨矿床成因提供更加丰富的信息。

第一节 C-O 同位素

碳酸盐矿物是碳酸盐岩容矿铅锌矿床的主要脉石矿物，形成贯穿此类矿床整个成矿过程，并记录了相应阶段的成矿信息（Zhou et al.，2013，2018a，2018b）。碳酸盐矿物 C-O 同位素，是示踪矿化剂来源、水/岩相互作用、碳酸盐矿物沉淀机制等的重要手段。本节拟通过半边街—竹林沟富锗锌矿田和牛角塘富镉锌矿床碳酸盐矿物及碳酸盐岩围岩的 C-O 同位素地球化学研究，揭示相应的成矿信息。

一、C-O 同位素组成特征

1. 半边街—竹林沟矿田

前人和本次工作对半边街—竹林沟富锗锌矿床围岩（白云岩）和白云石等碳酸盐岩/矿物进行了较为系统的 C-O 同位素组成分析（杨智谋等，2021；卢贸达等，2022；An et al.，2022），结果列入表 5-1 中。可见，白云岩的 $\delta^{13}C_{PDB}$ 和 $\delta^{18}O_{SMOW}$ 值变化范围分别为 $-1.75‰\sim 1.46‰$ 和 $23.19‰\sim 27.48‰$；白云石的 $\delta^{13}C_{PDB}$ 值变化范围为 $-2.97‰\sim-0.22‰$，$\delta^{18}O_{SMOW}$ 值变化范围为 $13.89‰\sim 22.47‰$。总体上从围岩到白云石，其 C-O 同位素组成呈逐渐降低趋势（图 5-1）。

根据硫化物微量元素温度计（见第四章）和硫同位素平衡分馏方程（见后文）计算结果，显示半边街—竹林沟锗锌矿田的成矿温度集中在 $120\sim 180℃$（An et al.，2022；Luo et al.，2022），峰值约为 150℃。根据碳和氧同位素平衡分馏方程（表 5-1），按成矿温度 150℃ 计算获得成矿流体的 $\delta^{13}C_{fluid}$ 和 $\delta^{18}O_{fluid}$ 值，分别为 $-4.01‰\sim-1.28‰$ 和 $1.75‰\sim 9.70‰$，明显与白云岩围岩的 $\delta^{13}C_{PDB}$ 和 $\delta^{18}O_{SMOW}$ 值不同（图 5-1）。

表 5-1　半边街—竹林沟矿田白云岩围岩和白云石及其对应流体 C-O 同位素组成

矿床	编号	对象	$\delta^{13}C_{PDB}$/‰	$\delta^{18}O_{SMOW}$/‰	$\delta^{13}C_{fluid}$/‰	$\delta^{18}O_{fluid}$/‰	文献
半边街	DY29-1	白云石	−0.24	16.81	−1.28	4.67	杨智谋等，2021；An et al., 2022；本书
	BBJ-13	白云石	−0.91	20.80	−1.95	8.66	
	BBJ-14	白云石	−0.38	21.84	−1.42	9.70	
	BBJ-1	白云石	−0.71	17.51	−1.75	5.37	
	BBJ-4	白云石	−0.75	19.41	−1.79	7.27	
	DY26-3	白云石	−0.30	16.67	−1.34	4.53	
	DY2-1	白云石	−0.66	13.89	−1.70	1.75	
	DY-13	白云石	−0.97	18.22	−2.01	6.08	
竹林沟	ZLG17	白云石	−1.09	19.33	−2.13	7.20	
	ZLG10-2	白云石	−0.79	20.39	−1.83	8.26	
	ZLG28-1	白云石	−0.59	18.74	−1.63	6.60	
	ZLG11-2	白云石	−0.69	20.87	−1.72	8.73	
	ZLG14-1	白云石	−1.08	19.60	−2.11	7.46	
	ZLG-15	白云石	−2.97	20.07	−4.01	7.94	
	ZLG4-1	白云石	−1.28	20.29	−2.32	8.15	
	ZLG7-1	白云石	−0.98	19.20	−2.02	7.07	
	ZLG10-1	白云石	−1.00	19.71	−2.04	7.57	
	ZLG10-3	白云石	−1.17	18.93	−2.21	6.79	
	ZLG5-2	白云石	−0.99	19.75	−2.03	7.61	
半边街	BBJ-2	白云岩	0.23	24.72	−0.81	12.58	
	BBJ-3	白云岩	−0.48	25.31	−1.52	13.17	
	BBJ-4	白云岩	0.75	24.56	−0.29	12.42	
	BBJ-5	白云岩	1.46	23.87	0.42	11.73	
	BBJ-6	白云岩	−0.51	25.36	−1.55	13.22	
竹林沟	ZLG7-2	白云岩	−1.75	27.48	−2.79	15.35	
	ZLG5-1	白云岩	−0.22	24.39	−1.26	12.25	
	ZLG11-1	白云岩	−0.04	23.19	−1.08	11.06	
	ZLG11-3	白云岩	0.23	24.67	−0.81	12.54	
半边街	BBJ-1	白云石	−0.22	20.23			卢贸达等，2022
	BBJ-2	白云石	−0.24	20.25			
	BBJ-7	白云石	−0.98	19.57			
	BBJ-9	白云石	−1.08	22.47			
	BBJS-1	白云岩	−0.84	23.22			
	BBJS-2	白云岩	0.01	23.96			
	BBJS-3	白云岩	−0.38	24.04			
	BBJS-4	白云岩	−0.54	24.29			

注：$1000\ln\alpha_{(CO_2\text{-}Calcite)}\approx\delta^{13}C_{CO_2}-\delta^{13}C_{Calcite}=-2.4612+7.663\times10^3/(T+273.15)-2.988\times10^6/(T+273.15)^2$ (Bottinga，1968)（$T=150$℃）；$1000\ln\alpha_{(Calcite\text{-}H_2O)}\approx\delta^{18}O_{Calcite}-\delta^{18}O_{H_2O}=2.78\times10^6/(T+273.15)^2-3.39$ (O'Neil et al.，1969)（$T=150$℃）。

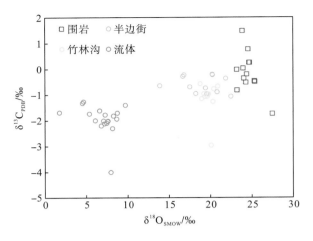

图 5-1　半边街—竹林沟矿田 C-O 同位素组成

2. 牛角塘矿田

本次工作以牛角塘镉锌矿田方解石为研究对象，进行了较为系统的 C-O 同位素组成分析，并收集了前人所得赋矿围岩（白云岩）C-O 同位素数据（赵征等，2018a；卢贸达等，2022；Zhou et al.，2022），结果列入表 5-2 中。由表 5-2 可知，方解石的 $\delta^{13}C_{PDB}$ 值变化范围为 $-3.03‰\sim2.94‰$，$\delta^{18}O_{SMOW}$ 值变化范围为 $17.14‰\sim22.73‰$（图 5-2）。

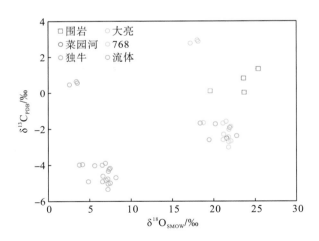

图 5-2　牛角塘矿田 C-O 同位素组成

流体包裹体测温数据显示，牛角塘矿田成矿温度为 $101\sim143℃$（Ye et al.，2000），峰值温度为 120℃，结合碳和氧同位素平衡分馏方程（表 5-2），按成矿温度 120℃ 计算获得成矿流体的 $\delta^{13}C_{fluid}$ 和 $\delta^{18}O_{fluid}$ 值，分别为 $-5.33‰\sim0.64‰$ 和 $2.54‰\sim8.13‰$。

表 5-2　牛角塘矿田白云岩围岩、方解石及其对应流体 C-O 同位素组成

矿床	编号	对象	$\delta^{13}C_{PDB}$/‰	$\delta^{18}O_{SMOW}$/‰	$\delta^{13}C_{fluid}$/‰	$\delta^{18}O_{fluid}$/‰	文献
独牛	DNP2-1	方解石	−1.93	21.90	−4.23	7.30	
	DNP2-2	方解石	−2.61	19.41	−4.91	4.81	
	DNP2-4	方解石	−1.69	18.33	−3.99	3.73	
	DNP2-6	方解石	−1.73	20.17	−4.03	5.57	
	DNP2-10	方解石	−2.39	22.73	−4.69	8.13	
菜园河	CYH-1	方解石	−2.53	21.53	−4.83	6.93	Zhou et al.，2022；本书
大亮	DLP2-1	方解石	2.76	17.14	0.46	2.54	
	DLP2-2	方解石	2.86	18.09	0.56	3.49	
	DLP2-3	方解石	2.94	17.98	0.64	3.38	
768	768S1-1	方解石	−2.46	21.74	−4.76	7.14	
	768S1-2	方解石	−1.70	21.08	−4.00	6.48	
	768S1-3	方解石	−2.73	21.78	−5.03	7.18	
	768P1-3	方解石	−1.88	22.01	−4.18	7.41	
	768P1-4	方解石	−2.61	21.10	−4.91	6.50	
	768P1-6	方解石	−3.03	21.75	−5.33	7.15	卢贸达等，2022
	768P1-8	方解石	−2.04	21.81	−4.34	7.21	
	768P1-9	方解石	−1.60	21.46	−3.90	6.86	
	768P1-10	方解石	−1.67	18.70	−3.97	4.10	
	768-7	方解石	−2.69	22.03	−4.99	7.43	
	768-10	方解石	−2.31	21.16	−4.61	6.56	
大亮	DLP2-4	白云岩	1.32	25.37			
	DLP2-5	白云岩	0.09	19.54			赵征等，2018a
	DLP2-6	白云岩	0.00	23.66			
	DLP2-7	白云岩	0.80	23.59			

注：$1000\ln\alpha_{(CO_2\text{-}Calcite)} \approx \delta^{13}C_{CO_2} - \delta^{13}C_{Calcite} = -2.4612 + 7.663 \times 10^3/(T+273.15) - 2.988 \times 10^6/(T+273.15)^2$ (Bottinga，1968) (T=120℃)；
$1000\ln\alpha_{(Calcite\text{-}H_2O)} \approx \delta^{18}O_{Calcite} - \delta^{18}O_{H_2O} = 2.78 \times 10^6/(T+273.15)^2 - 3.39$ (O'Neil et al.，1969) (T=120℃)。

二、地质意义

热液成矿系统中的 C、O 主要存在 3 个源区：①地幔 ($\delta^{13}C$=−8‰～−4‰，$\delta^{18}O$=6‰～10‰：Taylor et al.，1967)；②海相碳酸盐岩 ($\delta^{13}C$=−4‰～4‰，$\delta^{18}O$=20‰～30‰：Veizer and Hoefs，1976)；③沉积有机质 ($\delta^{13}C$=−30‰～10‰，$\delta^{18}O$=24‰～30‰：刘建明和刘家军，1997)。

在 $\delta^{13}C_{PDB}$-$\delta^{18}O_{SMOW}$ 图解上 (图 5-3)，不难发现全部数据均呈现近水平分布，暗示 C、O 同位素变化很可能受围岩海相碳酸盐岩溶解作用影响。而围岩样品几乎完全落入海相碳酸盐岩范围内，表明这些矿床的围岩碳酸盐岩属于海相沉积成因，与其地质事实吻合。

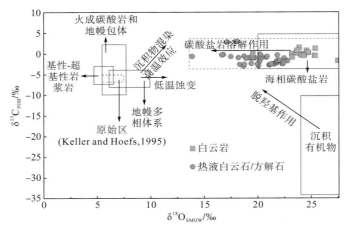

图 5-3   半边街—竹林沟矿田和牛角塘矿田 C-O 同位素组成图解

不同矿田热液白云石和方解石 C-O 同位素组成范围较宽，但均靠近海相碳酸盐岩，明显偏离地幔和沉积有机质区域。前人研究发现如果 CO_2 形成于海相碳酸盐岩的溶解作用，其 C 同位素组成与海相碳酸盐岩相似(图 5-3)，但其 O 同位素组成较海相碳酸盐岩亏损(图 5-3)。相似地，如果 CO_2 形成于沉积物中有机质的脱羟基作用，其 C 同位素组成较沉积有机质升高，而 O 同位素组成较沉积有机质降低(图 5-3)。沉积有机质脱羟基作用很难形成观测到半边街—竹林沟和牛角塘矿田热液白云石和方解石的 C-O 同位素组成变化趋势(图 5-3)。同理，地幔的沉积物混染、高温效应或低温蚀变也不应是成矿流体中 CO_2 形成的主要因素。

流体/围岩之间的水/岩相互作用会发生碳酸盐溶解作用，导致成矿流体中 O 同位素组成发生较大变化，而不会造成 C 同位素发生显著分馏(刘家军等，2004；周家喜等，2012)。因此，碳酸盐溶解作用是导致研究区代表性矿床热液白云石 C-O 同位素组成呈水平分布的主要原因。由于碳酸盐矿物的溶解度往往随着温度的降低而升高，相反分馏系数 $\alpha_{(CaCO_3\text{-}CO_2)}$ 会随着温度的降低而降低(郑永飞和陈江峰，2000)，所以单纯的降温是不可能产生研究区典型矿床热液白云石和方解石的 C-O 同位素组成特征的。

综上，本书认为本区热液碳酸盐矿物的沉淀及其 $\delta^{13}C$ 值的集中分布是水/岩相互作用和降温过程二者的耦合作用所致。此外，牛角塘矿田中的热液方解石较半边街—竹林沟矿田中热液白云石具有更宽泛的 C-O 同位素组成(图 5-4)，说明牛角塘矿田的形成经历了更复杂的地质过程。

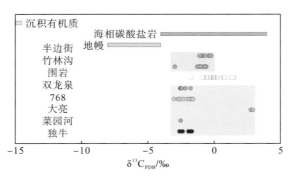

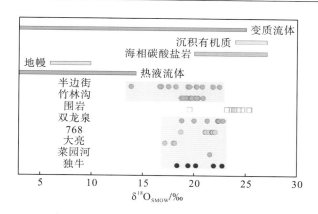

图 5-4　半边街—竹林沟矿田和牛角塘矿田 C-O 同位素组成及其与各储库对比

　　鉴于牛角塘矿田热液方解石 C-O 同位素组成变化范围较宽，不易揭示碳酸盐矿物沉淀的主要机制，本节主要采用热液白云石的 C-O 同位素组成进行碳酸盐矿物沉淀机制模拟。模拟结果（图 5-5）显示，水/岩相互作用和 CO_2 去气共同控制碳酸盐矿物的沉淀。

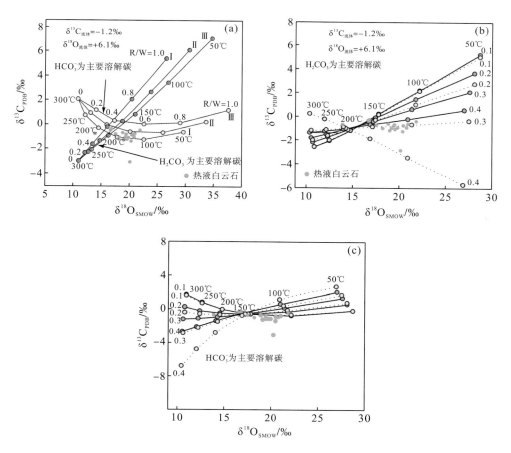

图 5-5　半边街—竹林沟矿田碳酸盐矿物沉淀机制模拟
(a) 水/岩反应模拟；(b)、(c) CO_2 去气模拟。

<h1>第二节　S　同　位　素</h1>

半边街—竹林沟和牛角塘矿田的矿石矿物主要为硫化物。硫化物 S 同位素，是示踪硫来源与演化、还原硫形成机制等的重要手段。本节拟通过半边街—竹林沟富锗锌矿田和牛角塘富镉锌矿床硫化物 S 同位素地球化学研究，揭示相应的成矿信息。

一、半边街—竹林沟矿田 S 同位素组成特征

前人和本次工作针对不同类别硫化物（闪锌矿、方铅矿和黄铁矿）进行了较为系统的 S 同位素组成分析（An et al.，2022；卢贸达等，2022；Luo et al.，2022）。从表 5-3 可见：半边街—竹林沟矿田中硫化物 $\delta^{34}S$ 值为-18.33‰～-0.40‰，主要集中在-13.90‰～-6.34‰，显示硫化物具有富轻同位素硫特征（图 5-6）。其中，16 件黄铁矿 $\delta^{34}S$ 值介于-14.60‰～-4.03‰，均值为-9.64‰；除 WJ-1 闪锌矿 $\delta^{34}S$ 值为-0.40‰以外，其余闪锌矿 $\delta^{34}S$ 值为-12.20‰～-6.60‰，均值为-9.96‰；方铅矿 $\delta^{34}S$ 值介于-18.33‰～-13.84‰，均值为-16.38‰。总体上从黄铁矿→闪锌矿→方铅矿，其 S 同位素组成虽然有重叠，但总体呈逐渐降低趋势（图 5-6），暗示不同硫化物间 S 同位素达到了热力学分馏平衡。

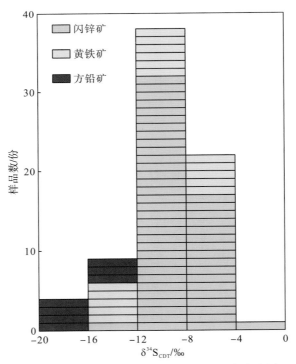

图 5-6　半边街—竹林沟矿田硫同位素分布直方图

注：数据来自表 5-3。

表 5-3　半边街—竹林沟矿田硫化物 S 同位素组成

矿床	编号	对象	$\delta^{34}S_{CDT}$/‰	文献
半边街	BBJ-1	闪锌矿	−9.03	
	BBJ-2	闪锌矿	−8.86	
	BBJ-4	闪锌矿	−7.81	
	BBJ-8	闪锌矿	−7.87	
	BBJ-13	闪锌矿	−11.23	
	BBJ-14	闪锌矿	−8.23	
	BBJ-16	闪锌矿	−9.96	
	DY2-1	闪锌矿	−7.72	An et al., 2022;本书
	DY3-1	闪锌矿	−10.35	
	DY24-1	闪锌矿	−8.27	
	DY24-3	闪锌矿	−9.08	
	DY26-1	黄铁矿	−7.39	
	DY26-2	黄铁矿	−6.34	
	DY29-1	黄铁矿	−4.95	
	DY3-1	黄铁矿	−10.5	
	DY24-1	黄铁矿	−7.67	
	WJ-1	闪锌矿	−0.40	
	WJ-2	闪锌矿	−8.10	
	WJ-3	闪锌矿	−6.80	
	WJ-4	闪锌矿	−6.60	
	WJ-5	闪锌矿	−9.60	
	BBJ-1	闪锌矿	−10.30	
	BBJ-2	闪锌矿	−9.66	
	BBJ-7	闪锌矿	−9.65	
	BBJ-8	闪锌矿	−9.14	
	BBJ-9	闪锌矿	−7.74	
	BBJ-1	黄铁矿	−4.03	
	BBJ-2	黄铁矿	−8.50	
	BBJ-6	黄铁矿	−8.37	卢贸达等, 2022
	BBJ-8	黄铁矿	−8.52	
	Gn-01	方铅矿	−15.04	
	Gn-02	方铅矿	−18.19	
	Gn-03	方铅矿	−15.33	
	Gn-04	方铅矿	−16.98	
	Gn-05	方铅矿	−13.84	
	Gn-06	方铅矿	−16.94	
	Gn-07	方铅矿	−18.33	

矿床	编号	对象	$\delta^{34}S_{CDT}$/‰	文献
竹林沟	ZLG1-1	闪锌矿	−11.30	
		闪锌矿	−11.60	
		闪锌矿	−12.00	
		闪锌矿	−12.20	
		闪锌矿	−11.90	
		闪锌矿	−12.00	
		闪锌矿	−11.80	
		闪锌矿	−11.40	
		闪锌矿	−11.20	
		闪锌矿	−11.30	
		闪锌矿	−9.80	
		闪锌矿	−9.90	
		闪锌矿	−9.60	
		闪锌矿	−10.70	
		闪锌矿	−11.20	
		闪锌矿	−9.70	
		闪锌矿	−10.30	
		闪锌矿	−11.50	
		黄铁矿	−14.60	Luo et al., 2022;本书
		黄铁矿	−13.90	
		黄铁矿	−13.90	
		黄铁矿	−13.60	
		黄铁矿	−13.60	
	ZLG-2-1	黄铁矿	−9.20	
		黄铁矿	−9.10	
		闪锌矿	−6.80	
		闪锌矿	−7.10	
		闪锌矿	−7.70	
	ZLG-3-2	闪锌矿	−8.00	
		闪锌矿	−7.70	
		闪锌矿	−7.60	
		闪锌矿	−7.60	
		闪锌矿	−7.90	
		闪锌矿	−7.90	
		闪锌矿	−8.70	
		闪锌矿	−7.50	
		闪锌矿	−7.80	

二、牛角塘矿田 S 同位素组成特征

前人和本次工作主要针对牛角塘矿田中的不同类别硫化物(闪锌矿、方铅矿、黄铁矿)进行了较为系统的 S 同位素组成分析(叶霖等,2000,2005a;卢贸达等,2022;Zhou et al.,2022)。结果列入表 5-4 中。

表 5-4   牛角塘矿田 S 同位素组成

矿床	编号	对象	$\delta^{34}S_{CDT}$/‰	文献	矿床	编号	对象	$\delta^{34}S_{CDT}$/‰	文献
独牛	DNP2-1	闪锌矿	29.50			L-4-2	闪锌矿	24.12	
	DNP2-2	闪锌矿	29.65			L-12-2	闪锌矿	10.03	
	DNP2-4	闪锌矿	29.17			B-1-1	闪锌矿	26.89	
	DNP2-6	闪锌矿	28.67			B-6-1	闪锌矿	25.71	
	DNP2-10	闪锌矿	29.17			C-1-1	闪锌矿	29.81	
双龙泉	SLQ2-1	闪锌矿	29.34			C-1-3	闪锌矿	28.75	
	SLQ2-2	闪锌矿	29.95			768-4	闪锌矿	27.22	
	SLQ2-3	闪锌矿	29.50			MY-2	闪锌矿	26.22	
	SLQ2-4	闪锌矿	29.10	卢贸达等,2022;Zhou et al.,2022;本书		Y2-1	闪锌矿	27.10	
	SLQ2-5	闪锌矿	29.29			DL-2	闪锌矿	25.65	
	SLQ2-6	闪锌矿	29.18			DL-3	闪锌矿	27.67	
	SLQ2-8	闪锌矿	28.95			DL-1	闪锌矿	28.60	
菜园河	CYH-1	闪锌矿	31.25			KIS-15	闪锌矿	26.98	
	CYH-2	闪锌矿	29.43			KIS-16	闪锌矿	27.69	叶霖等,2000,2005a
	CYH-2	黄铁矿	21.53		马坡	MP-5	黄铁矿	26.90	
	CYH-4	闪锌矿	30.95			MP-2	黄铁矿	25.86	
	CYH-7	闪锌矿	29.46			768-2	黄铁矿	22.60	
	CYH-7	黄铁矿	25.44			768-1	黄铁矿	26.75	
	CYH-8	闪锌矿	29.01			Y2-2	黄铁矿	22.77	
768	768P1-3	闪锌矿	32.82			C-1-10	黄铁矿	28.81	
	768P1-6	闪锌矿	29.27			C-1-5	黄铁矿	29.04	
	768P1-8	闪锌矿	29.63			MP-1	方铅矿	25.59	
马坡	L-2-1	闪锌矿	26.06			MP-2	方铅矿	22.32	
	L-4-1	闪锌矿	24.90			KIS-15	方铅矿	32.82	
	L-12-1	闪锌矿	14.85	叶霖等,2000,2005a		KIS-19	方铅矿	20.33	
	B-1-2	闪锌矿	25.97			C-1-7	方铅矿	28.88	
	B-6-2	闪锌矿	16.01			C-1-22	方铅矿	26.23	
	L-2-2	闪锌矿	25.12						

硫化物 $\delta^{34}S$ 为 10.03‰～32.82‰，均值为 26.81‰，显示硫化物具有富集重硫同位素特征（图 5-7），其中黄铁矿 $\delta^{34}S$ 为 21.53‰～29.04‰，均值为 25.52‰；闪锌矿 $\delta^{34}S$ 值变化范围较宽，为 10.03‰～32.82‰，均值为 27.22‰；方铅矿 $\delta^{34}S$ 为 20.33‰～32.82‰，均值为 26.03‰。可见各硫化物之间的硫同位素组成相对均一，表明硫的来源是稳定的。硫化物间总体具有 $\delta^{34}S_{黄铁矿} > \delta^{34}S_{闪锌矿} > \delta^{34}S_{方铅矿}$ 特征（表 5-4），暗示牛角塘矿田各硫化物间硫同位素达到了热力学分馏平衡。

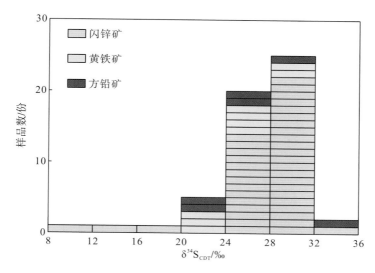

图 5-7 牛角塘矿田 S 同位素组成

注：数据来自表 5-4。

三、地质意义

在热液矿床中，由于热液成矿作用中固-液相间的同位素分馏，热液形成硫化物的 $\delta^{34}S$ 值一般并不等于热液总的 $\delta^{34}S$ 值，而是总硫同位素组成、fo_2、pH 及离子强度和温度的函数，即 $\delta^{34}S = f(\delta^{34}S_{\Sigma S}, fo_2, pH, I, T)$，并且这种影响在高温（>400℃）和中低温（<300℃）条件下是不同的。因此，热液矿物的硫同位素组成不仅取决于源区物质的 $\delta^{34}S$ 值，而且取决于含硫物质在热液中迁移和矿物沉淀时的物理化学条件（Ohmoto，1972；韩吟文等，2003）。热液总硫的同位素组成表示为：$\delta^{34}S_{\Sigma S} = \delta^{34}S_{H_2S} \times \chi_{H_2S} + \delta^{34}S_{HS^-} \times \chi_{HS^-} + \delta^{34}S_{S^{2-}} \times \chi_{S^{2-}} + \delta^{34}S_{SO_4^{2-}} + \delta^{34}S_{\Sigma SO_4^{2-}} \times \chi_{\Sigma SO_4^{2-}}$，式中：$\chi_{HS^-}$ 为溶液 H_2S 相对于总硫的摩尔分数，即 $\chi_{S^{2-}} = m(H_2S)/m(\Sigma S)$。

在半边街—竹林沟和牛角塘矿田矿物组合主要为黄铁矿、闪锌矿、方铅矿、方解石和白云石及少量的石英，硫元素主要以硫化物形式出现，基本上未见有热液成因的硫酸盐类矿物。根据上述公式，可以认为该地区闪锌矿的 $\delta^{34}S$ 值可以近似地代表成矿溶液中的总硫同位素值（即：$\delta^{34}S_{闪锌矿} \approx \delta^{34}S_{\Sigma S(流体)}$）。

矿床中硫来源是多样的，大致可以分为三类（韩吟文等，2003；尹观等，2009）：①地幔硫，其 $\delta^{34}S$ 为 $-3‰\sim3‰$；②沉积硫，以 $\delta^{34}S$ 值变化范围宽、区域分布离散为特点；③混合硫，即地幔硫和沉积硫的混合。

半边街—竹林沟矿田中闪锌矿 $\delta^{34}S$ 值均值约为 $-9.35‰$，暗示成矿流体 $\delta^{34}S_{\Sigma S}$ 值约为 $-9.35‰$。与区域上位于泥盆系地层中的典型铅锌矿床（如泗顶，火德红和北山矿床）具有相似性（金中国等，2016；祝新友等，2017）（图 5-8）。前人研究表示，该区泥盆系沉积岩中含有大量蒸发岩/膏盐层（任顺利等，2018），其中石膏 $\delta^{34}S$ 值约为 $10‰\sim20‰$，暗示了泥盆系海相硫酸盐矿物是半边街—竹林沟矿田中硫的主要来源。

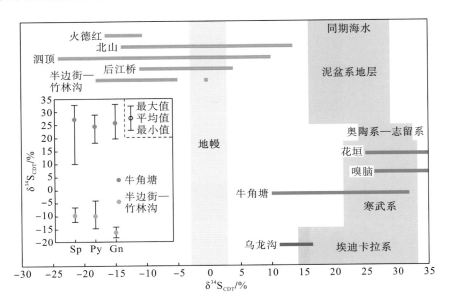

图 5-8　半边街-竹林沟矿田和牛角塘矿田及其相关端元 S 同位素组成

注：据 Zhou 等（2018a）。

牛角塘矿田中闪锌矿 $\delta^{34}S$ 均值为 $27.22‰$，暗示成矿流体 $\delta^{34}S_{\Sigma S}$ 值为 $27.22‰$，明显不同于半边街—竹林沟矿田，高于泥盆系中石膏的 $\delta^{34}S$ 值（$10‰\sim20‰$），表明牛角塘矿田硫并非来自泥盆系沉积硫。前人研究表明，寒武系蒸发膏盐岩中硫酸盐矿物的 $\delta^{34}S$ 为 $30‰$（Ohmoto，1972；Leach et al.，2005；蔡应雄等，2014；段其发等，2014；Zhou et al.，2022），暗示牛角塘矿田成矿流体中的硫具有多个地层沉积硫的混合来源。

尽管半边街—竹林沟矿田和牛角塘矿田的硫同位素组成存在显著差别，但是它们的硫源均主要与沉积硫（海相硫酸盐矿物）有关。有关海相硫酸盐矿物形成还原硫的机制，主要有细菌还原作用（BSR）和热化学还原作用（TSR）。BSR 通常发生在相对低温条件（小于 $120℃$）下，其形成的还原态硫具有较大 $\delta^{34}S$ 值变化范围，能很好地解释碳酸盐岩容矿铅锌矿床硫同位素组成变化范围大，且多具有较大负值特征。TSR 发生在相对高温条件（大于 $120℃$）下，能产生大量还原态硫且形成还原态硫的 $\delta^{34}S$ 值相对稳定。可见，半边街—竹林沟矿田和牛角塘矿田成矿流体中还原硫的形成机制不同，即半边街—竹林沟矿田还原硫形成机制为 BSR，而牛角塘矿田还原硫形成机制为 TSR。

前已述及，半边街—竹林沟矿田的成矿温度主要集中在 120~180℃（An et al.，2022；Luo et al.，2022），峰值约为 150℃；牛角塘矿田成矿温度为 101~143℃（Ye et al.，2000），峰值温度为 120℃，均超过细菌存活温度。结合半边街—竹林沟矿田硫同位素组成变化较大（图 5-8），硫化物沉淀需要大量还原态硫。因此，半边街—竹林沟矿田 BSR 过程很可能发生在成矿前。

值得一提的是，独牛矿床闪锌矿 δ³⁴S 均值为 29.23‰；双龙泉矿床闪锌矿 δ³⁴S 均值为 29.33‰；菜园河矿床闪锌矿和黄铁矿 δ³⁴S 均值为 28.15‰；768 矿床闪锌矿 δ³⁴S 均值为 30.57‰；马坡矿床闪锌矿、黄铁矿和方铅矿 δ³⁴S 均值为 25.28‰，显示由马坡→768→菜园河→双龙泉→独牛矿床，总体表现出 δ³⁴S 值升高趋势，暗示成矿流体具有由马坡→768→菜园河→双龙泉→独牛方向演化的特征（图 5-9），这与 Pb 同位素示踪结果相似（详见后文）。

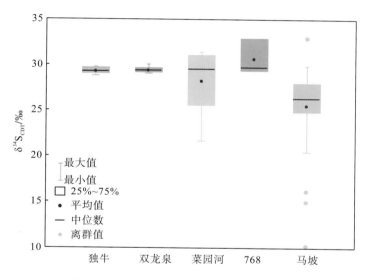

图 5-9　牛角塘矿田各矿床 S 同位素组成统计

第三节　Pb 同 位 素

铅是铅锌矿床最重要的成矿元素之一，示踪铅的来源与演化将直接揭示成矿元素成矿过程等信息，同时铅、锌既共生也分异，铅同位素也有助于理解铅和锌的成矿作用。由于硫化物中 U、Th 含量很低，普通 Pb 含量很高，放射性成因 Pb 含量可以忽略不计，所以硫化物 Pb 同位素组成不需要成矿年龄校正就可以近似代表成矿流体的初始 Pb 同位素组成。本节根据半边街—竹林沟矿田和牛角塘矿田硫化物 Pb 同位素组成系统分析，试图揭示成矿金属的来源与演化，为理解矿床成因提供直接信息。

一、半边街-竹林沟矿田 Pb 同位素组成特征

代表性硫化物样品的 Pb 同位素组成如表 5-5 和图 5-10 所示（An et al.，2022；卢贸达等，2022；Luo et al.，2022；本次工作）。全部样品 $^{208}Pb/^{204}Pb$、$^{207}Pb/^{204}Pb$ 和 $^{206}Pb/^{204}Pb$ 范围分别为 38.048～38.326、15.666～15.735 和 18.125～18.370。其中，黄铁矿 $^{208}Pb/^{204}Pb$、$^{207}Pb/^{204}Pb$ 和 $^{206}Pb/^{204}Pb$ 范围分别为 38.048～38.304、15.666～15.728 和 18.125～18.338；方铅矿 $^{208}Pb/^{204}Pb$、$^{207}Pb/^{204}Pb$ 和 $^{206}Pb/^{204}Pb$ 范围分别为 38.260～38.300、15.710～15.730 和 18.360～18.370；闪锌矿 $^{208}Pb/^{204}Pb$、$^{207}Pb/^{204}Pb$ 和 $^{206}Pb/^{204}Pb$ 范围分别为 38.059～38.326、15.671～15.735 和 18.126～18.343。

表 5-5 半边街—竹林沟矿田硫化物 Pb 同位素组成

矿床	测点	对象	$^{208}Pb/^{204}Pb$	2σ	$^{207}Pb/^{204}Pb$	2σ	$^{206}Pb/^{204}Pb$	2σ	文献
半边街	DY-1-01	闪锌矿	38.326	0.007	15.735	0.003	18.343	0.003	An et al.，2022；本书
	DY-5-14	闪锌矿	38.320	0.005	15.732	0.002	18.339	0.003	
	DY-1-15	黄铁矿	38.288	0.004	15.725	0.002	18.337	0.002	
	DY-1-17	黄铁矿	38.304	0.004	15.728	0.001	18.335	0.002	
	DY-5-07	黄铁矿	38.300	0.004	15.727	0.002	18.338	0.002	
	GN-1	方铅矿	38.260		15.720		18.360		卢贸达等，2022
	GN-2	方铅矿	38.260		15.710		18.360		
	GN-3	方铅矿	38.290		15.720		18.360		
	GN-4	方铅矿	38.270		15.720		18.360		
	GN-5	方铅矿	38.300		15.730		18.370		
	GN-6	方铅矿	38.280		15.720		18.360		
	GN-7	方铅矿	38.280		15.720		18.360		
竹林沟	ZLG-1-1	闪锌矿	38.079	0.003	15.677	0.001	18.140	0.001	Luo et al.，2022；本书
		闪锌矿	38.077	0.003	15.676	0.001	18.138	0.001	
		闪锌矿	38.068	0.003	15.675	0.001	18.129	0.001	
		闪锌矿	38.065	0.003	15.674	0.001	18.126	0.001	
		闪锌矿	38.068	0.003	15.674	0.001	18.129	0.001	
		闪锌矿	38.071	0.003	15.674	0.001	18.135	0.001	
		闪锌矿	38.081	0.003	15.677	0.001	18.140	0.002	
		闪锌矿	38.077	0.004	15.676	0.001	18.137	0.002	
		闪锌矿	38.077	0.003	15.675	0.001	18.138	0.001	
		闪锌矿	38.082	0.005	15.676	0.002	18.146	0.002	
		闪锌矿	38.080	0.004	15.676	0.002	18.144	0.002	
		闪锌矿	38.087	0.004	15.678	0.002	18.147	0.002	

续表

矿床	测点	对象	$^{208}Pb/^{204}Pb$	2σ	$^{207}Pb/^{204}Pb$	2σ	$^{206}Pb/^{204}Pb$	2σ	文献
竹林沟	ZLG-1-1	闪锌矿	38.083	0.004	15.677	0.002	18.146	0.002	Luo et al., 2022；本书
		黄铁矿	38.051	0.004	15.667	0.001	18.131	0.002	
		黄铁矿	38.048	0.003	15.666	0.001	18.125	0.001	
		黄铁矿	38.053	0.004	15.668	0.001	18.128	0.002	
		黄铁矿	38.087	0.004	15.676	0.002	18.161	0.002	
		黄铁矿	38.085	0.005	15.675	0.002	18.161	0.002	
		闪锌矿	38.087	0.003	15.678	0.001	18.150	0.001	
		闪锌矿	38.079	0.003	15.675	0.001	18.144	0.002	
		闪锌矿	38.066	0.003	15.673	0.001	18.130	0.001	
		闪锌矿	38.059	0.003	15.671	0.001	18.129	0.001	
		闪锌矿	38.070	0.004	15.672	0.002	18.139	0.002	
竹林沟	ZLG-2-1	黄铁矿	38.199	0.003	15.702	0.001	18.260	0.001	Luo et al., 2022；本书
		黄铁矿	38.132	0.007	15.686	0.002	18.207	0.005	
		黄铁矿	38.175	0.004	15.696	0.002	18.250	0.002	
		黄铁矿	38.250	0.004	15.713	0.001	18.310	0.001	
		黄铁矿	38.248	0.003	15.712	0.001	18.309	0.001	
		黄铁矿	38.260	0.003	15.716	0.001	18.315	0.001	
		闪锌矿	38.185	0.004	15.700	0.002	18.243	0.002	
		闪锌矿	38.184	0.005	15.699	0.002	18.244	0.002	
		闪锌矿	38.188	0.004	15.700	0.001	18.247	0.001	
		闪锌矿	38.125	0.005	15.685	0.002	18.193	0.004	
		闪锌矿	38.195	0.1	15.701	0.004	18.262	0.005	
		闪锌矿	38.164	0.006	15.697	0.002	18.225	0.003	
		闪锌矿	38.151	0.008	15.692	0.003	18.212	0.004	
	ZLG-3-2	闪锌矿	38.167	0.013	15.700	0.006	18.224	0.006	
		闪锌矿	38.163	0.012	15.696	0.005	18.230	0.006	
		闪锌矿	38.171	0.009	15.699	0.004	18.232	0.004	
		闪锌矿	38.173	0.01	15.701	0.004	18.232	0.005	
		闪锌矿	38.176	0.006	15.700	0.002	18.233	0.003	
		闪锌矿	38.121	0.011	15.685	0.004	18.189	0.005	
		闪锌矿	38.172	0.006	15.698	0.002	18.233	0.003	
		闪锌矿	38.173	0.004	15.698	0.002	18.234	0.002	

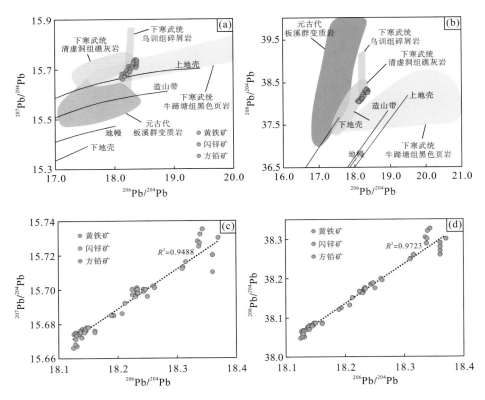

图 5-10　半边街—竹林沟矿田及不同地层岩石 Pb 同位素组成特征图解

注：数据来自表 5-5。

二、牛角塘矿田 Pb 同位素组成特征

牛角塘矿田硫化物样品的 Pb 同位素组成如表 5-6 和图 5-11 所示（张碧志等，1994；Ye et al.，2012；Zhou et al.，2022；本次工作）。

表 5-6　牛角塘矿田 Pb 同位素组成

矿床	测点	对象	^{208}Pb/^{204}Pb	2σ	^{207}Pb/^{204}Pb	2σ	^{206}Pb/^{204}Pb	2σ	文献
768	768P1-01	黄铁矿	38.557	0.020	15.787	0.008	18.256	0.008	
	768P1-02	黄铁矿	38.542	0.010	15.783	0.004	18.253	0.004	
	768P1-03	黄铁矿	38.542	0.026	15.783	0.010	18.257	0.012	
	768P1-04	黄铁矿	38.540	0.012	15.782	0.004	18.253	0.004	Zhou et al.，2022；本书
	768P1-05	黄铁矿	38.542	0.018	15.781	0.008	18.254	0.008	
	768P1-01	闪锌矿	38.527	0.028	15.774	0.012	18.235	0.012	
	768P1-02	闪锌矿	38.581	0.006	15.796	0.002	18.258	0.002	
	768P1-03	闪锌矿	38.574	0.016	15.795	0.006	18.255	0.006	
	768P1-04	闪锌矿	38.577	0.010	15.799	0.004	18.263	0.004	

续表

矿床	测点	对象	$^{208}Pb/^{204}Pb$	2σ	$^{207}Pb/^{204}Pb$	2σ	$^{206}Pb/^{204}Pb$	2σ	文献
768	768P1-05	闪锌矿	38.516	0.006	15.776	0.002	18.237	0.002	Zhou et al.，2022；本书
	768P1-06	闪锌矿	38.503	0.008	15.767	0.004	18.225	0.004	
	768P1-07	闪锌矿	38.518	0.008	15.773	0.002	18.232	0.002	
	768P1-08	闪锌矿	38.549	0.006	15.790	0.002	18.257	0.002	
	768P1-09	闪锌矿	38.551	0.010	15.791	0.004	18.258	0.004	
	768P1-10	闪锌矿	38.540	0.020	15.785	0.008	18.251	0.008	
	768P1-11	闪锌矿	38.615	0.062	15.814	0.024	18.282	0.008	
马坡	MP-5	闪锌矿	38.454		15.754		18.238		张碧志等，1994；Ye et al.，2012
	MIII-1	闪锌矿	38.234		15.670		18.184		
	MP-1	闪锌矿	38.231		15.679		18.156		
	Y-3	闪锌矿	38.099		15.621		18.076		
	ZW-2	闪锌矿	38.463		15.754		18.226		
	MIII-3	方铅矿	38.346		15.724		18.196		
	MIII-1	方铅矿	38.408		15.736		18.200		

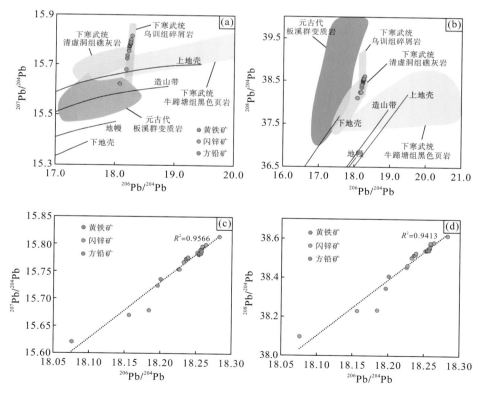

图 5-11　牛角塘矿田硫化物及不同地层岩石 Pb 同位素组成特征图解

注：数据来自表 5-6。

硫化物 $^{208}Pb/^{204}Pb$、$^{207}Pb/^{204}Pb$ 和 $^{206}Pb/^{204}Pb$ 范围分别为 $38.099\sim38.615$、$15.621\sim$ 15.814 和 $18.076\sim18.282$，其中黄铁矿 $^{208}Pb/^{204}Pb$、$^{207}Pb/^{204}Pb$ 和 $^{206}Pb/^{204}Pb$ 范围分别为 $38.540\sim38.557$、$15.781\sim15.787$ 和 $18.253\sim18.257$；方铅矿 $^{208}Pb/^{204}Pb$、$^{207}Pb/^{204}Pb$ 和 $^{206}Pb/^{204}Pb$ 范围分别为 $38.346\sim38.408$、$15.724\sim15.736$ 和 $18.196\sim18.200$；闪锌矿 $^{208}Pb/^{204}Pb$、$^{207}Pb/^{204}Pb$ 和 $^{206}Pb/^{204}Pb$ 范围分别为 $38.099\sim38.615$、$15.621\sim15.814$ 和 $18.076\sim18.282$。

硫化物 $^{206}Pb/^{204}Pb$、$^{207}Pb/^{204}Pb$ 和 $^{208}Pb/^{204}Pb$ 范围分别为 $18.378\sim18.601$、$15.519\sim$ 15.811 和 $38.666\sim39.571$，其中黄铁矿 $^{206}Pb/^{204}Pb$、$^{207}Pb/^{204}Pb$ 和 $^{208}Pb/^{204}Pb$ 范围分别为 $18.506\sim18.526$、$15.713\sim15.731$ 和 $38.901\sim38.983$；方铅矿 $^{206}Pb/^{204}Pb$、$^{207}Pb/^{204}Pb$ 和 $^{208}Pb/^{204}Pb$ 范围分别为 $18.378\sim18.601$、$15.519\sim15.811$ 和 $38.666\sim39.571$、$2.0999\sim2.1274$ 和 $0.8407\sim0.8532$；闪锌矿 $^{206}Pb/^{204}Pb$、$^{207}Pb/^{204}Pb$ 和 $^{208}Pb/^{204}Pb$ 范围分别为 $18.481\sim18.527$、$15.708\sim15.725$ 和 $38.875\sim38.930$。

三、地质意义

将硫化物铅同位素投影到 $^{207}Pb/^{204}Pb$-$^{206}Pb/^{204}Pb$ 和 $^{208}Pb/^{204}Pb$-$^{206}Pb/^{204}Pb$ 图[图 5-10(a)、(b)和图 5-11(a)、(b)]上，可见不同类型硫化物中铅同位素组成投影点相对集中。其中，半边街—竹林沟矿田硫化物样品在 $^{207}Pb/^{204}Pb$-$^{206}Pb/^{204}Pb$ 图[图 5-10(c)]中总体呈现线性关系（$R^2=0.9488$）；而在 $^{208}Pb/^{204}Pb$-$^{206}Pb/^{204}Pb$ 图[图 5-10(d)]上线性关系更为明显（$R^2=0.9723$）。牛角塘矿田硫化物样品在 $^{207}Pb/^{204}Pb$-$^{206}Pb/^{204}Pb$ 图[图 5-11(c)]和 $^{208}Pb/^{204}Pb$-$^{206}Pb/^{204}Pb$ 图[图 5-11(d)]中总体也呈现线性关系（R^2 分别为 0.9566 和 0.9413）。这表明半边街—竹林沟矿田和牛角塘矿田内典型矿床的成矿元素具有相似的源区，很可能是同一成矿流体演化不同阶段的产物，与 C-O-S 同位素得到的认识吻合。

Doe 等（1979）在研究世界上各类矿床铅同位素组成基础上，提出将铅同位素来源与演化和地质环境、地史时间联系起来的构造铅模式图解，即根据同位素组成分布特征及其与主要储库（主要划分为上地壳、下地壳、造山带和地幔）铅平均演化曲线的关系来判断成矿物质的来源（Zartman and Doe，1981）。由图 5-10 和图 5-11 可见，不同矿床中硫化物主要落于上地壳平均铅演化曲线之上，部分落在上地壳与造山带平均铅演化曲线之间，表明成矿金属铅壳源特征。进一步对比显示（图 5-10 和图 5-11），半边街—竹林沟矿田和牛角塘矿田硫化物铅同位素组成具有前寒武纪基底岩石与寒武系沉积岩混合特征，表明本区矿床的铅金属主要来源于基底浅变质岩石和赋矿沉积岩。

值得一提的是，从马坡向 768，即从牛角塘矿田南西向北东，矿床的 Pb 同位素组成逐渐升高（图 5-12），暗示成矿流体很可能由南西向北东方向运移，这与 S 同位素示踪结果相似。综合牛角塘矿田受 NE-SW 向蔓洞断裂控制，S 和 Pb 同位素由 SW 向 NE 逐渐增大，推测牛角塘矿田成矿流体最可能由 SW 向 NE 方向运移（图 5-13），为成矿预测指明了方向。

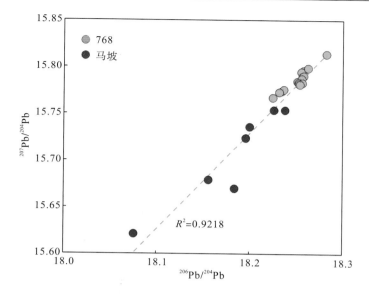

图 5-12　牛角塘矿田 Pb 同位素演化

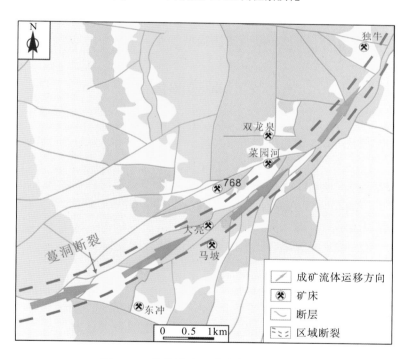

图 5-13　牛角塘矿田成矿流体运移方向

第六章　遥感地质特征

　　热液蚀变矿物是热液成矿的产物，携带大量成矿信息，是有效的找矿标志，构造与热液矿床具有密切联系，是重要成矿与控矿要素(Sabins，1999；张玉君等，2003；甘甫平和王润生，2004；张永庭等，2012)。因此，热液蚀变矿物识别与构造解译可为找矿预测提供重要线索(Loughlin，1991；Crosta et al.，2003；Pour et al.，2019)。相比于传统野外填图方法受地形地貌、植被覆盖、地表露头等条件限制，且成本高、周期长，遥感技术具有速度快、成本低，且能利用遥感图像反映空间特征和波谱特征识别与成矿有关信息的优势，广泛应用于世界各地热液矿床找矿预测中(张玉君等，2006；Di Tommaso and Rubinstein，2007；Van der Meer et al.，2012；Pour et al.，2012，2018；Chen et al.，2019，2022)。本章采用 Landsat-8 和 ASTER 多光谱数据，对研究区热液蚀变矿物和构造信息进行提取与识别，为部署下一步找矿勘查工作提供参考。

第一节　遥感图像处理

一、遥感数据源

　　随着遥感技术的发展，地质解译研究可选用的遥感数据源也越来越宽，TM、SPOT5、SPOT6、SPOT7、Rapideye、Aster、Quickbird、ZY-3、GF-2、GF-5 等遥感数据，均可作为地质信息提取的遥感数据源。根据现有遥感数据的单景信息、观测幅、地面分辨率、图像清晰度、同一地区重复成像率、性价比等特征，结合研究需要，本书遥感地质解译工作选用 Landsat-8 OLI 和 ASTER 多光谱遥感数据作为数据源。

1. Landsat-8 遥感数据

　　2013 年 2 月发射成功的 Landsat-8 卫星包含 8 个空间分辨率为 30m 的多光谱波段、1 个空间分辨率为 15m 的全色波段和 2 个空间分辨率为 100m 的热红外波段。Landsat-8 卫星主要成像参数如表 6-1 所示。

　　研究区涉及 2 景 Landsat-8 遥感影像数据，成像时间是 2014 年 1 月 19 日和 2019 年 8 月 13 日(图 6-1)。该数据光谱信息丰富，且研究区内基本无云雾覆盖，影像层次丰富、图像清晰、色调均匀、反差适中，主要用于地质构造解译。

表 6-1　Landsat-8 卫星主要成像参数

OLI 陆地成像仪			TIRS 热红外传感器		
波段名称	波段/μm	空间分辨率/m	波段名称	中心波长/μm	空间分辨率/m
Band1 Coastal	0.433～0.453	30	Band 10 TIRS 1	10.9	100
Band 2 Blue	0.450～0.515	30	Band 11 TIRS 2	12.0	100
Band 3 Green	0.525～0.600	30			
Band 4 Red	0.630～0.680	30			
Band 5 NIR	0.845～0.885	30			
Band 6 SWIR 1	1.560～1.660	30			
Band 7 SWIR 2	2.100～2.300	30			
Band 8 Pan	0.500～0.680	15			
Band 9 Cirrus	1.360～1.390	30			

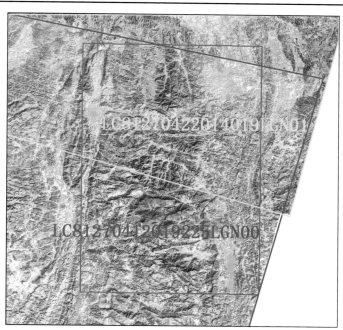

图 6-1　研究区 Landsat-8 数据分布图

2. ASTER 遥感数据

ASTER 是一种高空间分辨率、高光谱分辨率、高辐射分辨率的多光谱成像传感器，是美国航空航天局(National Aeronautics and Space Adminstration，NASA)地球观测系统计划的一部分，于 1999 年 12 月 18 日发射，其扫描带宽度为 60km。ASTER 数据包括从可见光到热红外共 3 个谱段 14 个光谱通道。可分为 3 组：①3 个可见光和近红外(VNIR)波段，波长为 0.52～0.86μm，空间分辨率为 15m；②6 个短波红外波段，波长为 1.600～2.430μm，空间分辨率为 30m；③5 个热红外波段，波长为 8.125～11.650μm，空间分辨率为 90m。

研究区涉及 4 景 ASTER 数据，其中 2 景成像时间为 2004 年 12 月 10 日，另外 2 景成像时间分别是 2002 年 8 月 31 日和 2004 年 3 月 4 日（表 6-2，图 6-2）。该数据光谱信息丰富，主要用于地质构造解译、羟基、铁染、碳酸盐矿物等信息提取。

表 6-2 ASTER 数据参数表

波段		波长范围/μm	空间分辨率/m	幅宽/km
可见光、近红外	1	0.52～0.60	15	60
	2	0.63～0.69		
	3N	0.78～0.86		
	3B	0.78～0.80		
短波红外	4	1.600～1.700	30	60
	5	2.145～2.180		
	6	2.185～2.225		
	7	2.235～2.285		
	8	2.295～2.36		
	9	2.360～2.430		
热红外	10	8.125～8.475	90	60
	11	8.475～8.825		
	12	8.925～9.270		
	13	10.250～10.950		
	14	10.950～11.600		

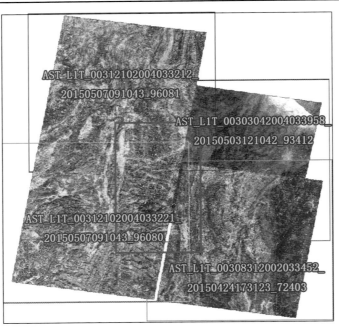

图 6-2 研究区 ASTER 数据分布图

二、图像处理

参照遥感影像地图制作规范(1∶50000/1∶250000)，Landsat-8 数据的图像处理主要有几何纠正、正射校正、图像配准、图像融合、图像增强、图像镶嵌等几个步骤(图 6-3)。ASTER 数据因需要使用其波谱信息开展蚀变矿物识别，还需增加辐射定标和大气校正的图像处理步骤。开展遥感图像处理的软件为 ENVI5.3、Erdas2014、ARCGIS10.4 等。具体通过以上多个步骤得到整个研究区的影像如图 6-4、图 6-5 所示。

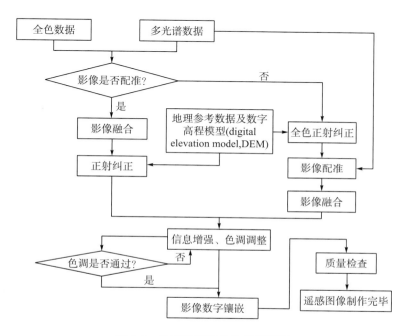

图 6-3　遥感数据图像处理流程图

1. 数学基础

坐标系采用高斯-克吕格 6°分带，1980 西安坐标系；高程系统采用 1985 国家高程基准。

2. 辐射定标

由于传感器自身参数设置，在获取地物信息时会产生误差，辐射定标可消除由此产生的误差，并将遥感图像原始记录的无物理意义的 DN(digital number)值转化为能反映地物物理量特征的反射率值。

采用以下公式对 ASTER 数据进行辐射定标：

$$R(\text{Band})=\text{DN}(\text{Band})*\text{Gain}(\text{Band})+\text{Offset}(\text{Band}) \qquad (6\text{-}1)$$

式中，R 表示光谱辐射亮度；Gain 和 Offset 分别表示 ASTER 遥感数据的增益和偏量；DN 表示 ASTER 遥感数据的亮度值；Band 表示 ASTER 遥感数据对应的波段。

图 6-4　研究区 Landsat-8 遥感影像图 R（B5）、G（B4）、B（B3）

3. 大气校正

大气和光照会干扰地物真实信息的获取，大气校正可消除由此产生的误差（Cooley et al.，2002；吕凤军等，2007）。在大气校正之前，需将 ASTER 遥感数据的近红外波段、短波红外波段重采样，使其与可见光波段的分辨率保持一致，再将可见光、近红外波段和短波红外波段进行波段组合，然后将 ENVI 默认的 BSQ 文件格式转换为 BIL 文件格式，进而开展大气校正。本书采用了 ENVI 5.3 中的 FLAASH 模块进行大气校正，在参数设置中，大气模型设置为中纬冬季，气溶胶模型设置为乡村。

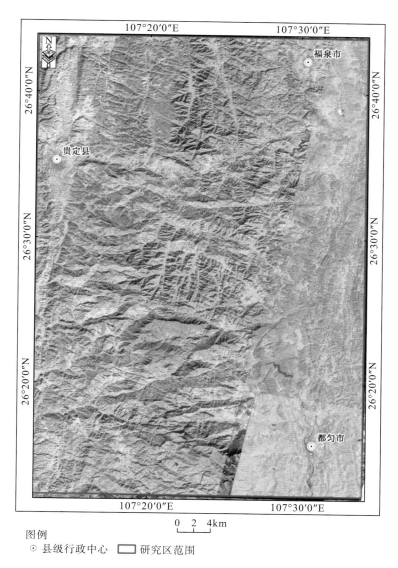

图 6-5　研究区 ASTER 遥感影像 R(B4)、G(B3)、B(B2)

4. 正射校正

在卫星遥感数据获取过程中，由于传感器的高度、移动以及地形变化等要素的影响，遥感影像获取的地物会产生一定的扭曲，且地物的位置会发生偏移，为了消除此类误差，需对遥感影像进行正射校正。

本书在 ENVI5.3 中利用正射校正模块进行 Landsat-8、ASTER 数据正射校正，首先获取该区的参考影像数据及 DEM 数据，并将其进行关联，加载需校正的影像与参考影像，通过选取同名地物点作为校正控制点，一般控制点选取不易改变、稳定的道路路口等，控制点选取完成后，利用多项式法的校正模型进行正射校正。

5. 波谱信息增强

波谱信息增强包括以背景影像图为目的和以计算机自动信息提取为目的两种。本书研究图像增强处理主要包括反差增强、彩色增强等。如 Landsat-8、ASTER 等遥感影像采用多光谱波段进行彩色合成，以增强图像上地物的可识别能力。Landsat-8 数据采用 5(R)、4(G)、3(B)波段进行组合，ASTER 数据采用 4(R)、3(G)、2(B)波段进行组合，有利于提取地质体及地质现象等信息。

6. 图像镶嵌及色彩调整

研究区内多景影像获取时相不统一，需要进行无缝镶嵌处理。对拼接影像控制点进行统一布置，均匀分布，采用一次多项式校正的方法达到相邻影像在拼接线处的细节几何上一一对接，同时满足相邻影像的色调保持一致的要求，进行直方图的调整及色相的调整，使影像达到清晰、层次丰富、色调均匀、反差适中的标准最终实现整个研究区影像的无缝拼接。

第二节　线环构造解译

遥感线环构造解译图的编制主要在室内目视解译建立初步解译标志基础上，结合野外地质经验和认识，建立研究区遥感地质解译标志与模型，对区内断裂构造(带)、环形构造分层次解译表达。在遥感地质解译中，注重与区域成矿、控矿/容矿相关的线性影像提取，以及可能形成环形影像的信息提取。线环构造在遥感图像上主要从色调、形状、影纹等方面予以反映，其在遥感影像上反映的直接面貌为直接解译标志，而借助地形地貌、水系、植被等间接因素判译的地质内容为间接解译标志(何雅枫等，2015；唐超和邵龙义，2017；马鸿霖等，2019)。

一、解译标志

1. 线性构造

线性构造是指控制区域地质构造格局，并成为导矿、控矿、容矿空间的断裂构造信息。主要包括断裂及一定规模节理、裂隙等。

在解译过程中，线性构造主要根据影像色调(彩)、地貌形态、水系展布的影纹等异常特征，结合地质图等来确定。其主要解译标志如表 6-3 所示。

表 6-3　研究区线性构造遥感解译标志

解译标志	Landsat-8 影像	ASTER 影像
控制第四系的展布		
岩石地层发生位移，被切割或错开		
两侧植被、岩体等的颜色、影纹特征不一致		
构造发生位错		
陡崖、断层三角面沿直线分布		

解译标志	Landsat-8 影像	ASTER 影像
直线、折线河段和 直角状急转弯河段		

(1)直接解译标志:

①清晰且连续的线状影像,控制第四系的展布或第四系边界;

②岩石地层发生位移,被切割或错开;

③两侧植被、岩体等的颜色、影纹特征不一致;

④构造发生位错,使得地层不连续,构造破碎带的影像忽宽忽窄、时隐时现、断续延伸;

⑤陡崖、断层三角面沿直线分布,或有深切的直线型分布河谷和沟壑,岩体、岩脉、山脊的异常点等呈线状分布。

(2)间接解译标志:

①对头沟或对头河的出现,直线、折线河段和直角状急转弯河段;

②直线状沟谷、洼地和串珠状湖泊;

③不同的地貌区沿着直线相接,如山峰和沟谷沿直线分布;

④水系特征和地表水体异常:泉水呈直线分布、直线型河谷、"之"字形河谷、河流汇流地带、多条河流弯曲地段、多条河流同侧拐弯地段;

⑤两种不同类型的地貌单元呈直线状或折线状截然相接。

2. 环形构造

环形构造主要有地貌环、构造环、热液环等。它们形成的机制与岩性、产状、断裂、岩浆热液活动、侵蚀剥蚀等内外地质应力作用密切相关。其解译标志如图 6-6 所示。

(1)呈圆形或椭圆形,环状边界清晰,其色环或环状边界与出露的地质体或地形地貌边界线呈协调关系。

Landsat-8影像   ASTER影像

图 6-6   研究区环形构造遥感解译标志

（2）常具有环状、放射状、向心状水系特征，整个圆形或椭圆形的影像色调大致相同或相近，成为圆环状或块状影像。

二、线环构造解译成果

1. 线性构造

区内断裂构造较为发育，以北东向、北西向、东西向断裂为主，规模大，延伸长，分布多，在遥感影像上，断裂展布多呈直线状、舒缓波状、束状等。断裂在地形地貌上表现为地形陡缓突变，线性负地形（如线性山麓线、线性鞍部等）、刀砍纹等直接标志特征，以及地层不连续、产状相抵等间接标志。

按其空间展布方向、规模大小、切割深度、可解程度，将本区主要构造划分为断裂和线性构造两级。其中，断裂为粗而长的线性构造，控制研究区构造展布，遥感影像特征信息明显，形成一系列的线性负地形；线性构造规模较小，遥感影像上反映信息少，线性影像较短、细（图6-7）。

图例

⊙ 县级行政中心　□ 研究区范围　—— 断裂　—— 线性构造

图6-7　研究区断裂构造遥感解译图

　　研究区本次解译较有规模的断裂构造共 27 条，其中北东向 13 条，北西向 12 条，东西向 2 条。其中已知断裂构造 5 条，新解译断裂构造 22 条(图 6-8)。

　　本次工作较系统地梳理了区内地质构造格局，研究区构造格局被一条东西向断裂分割为南北两部分。其中，北部区域主要为北东向断裂、北西向断裂；南部区域的东侧主要为北东向断裂，南部区域的西侧主要为北西向断裂。

　　通过分析区内构造的交切关系，初步确定了区内构造发育的先后顺序，区内断裂构造大部分为北东向断裂被北西向断裂切割，且两者均被东西向断裂切割。因此，推测北东向断裂构造发育最早，北西向断裂构造发育次之，东西向断裂构造发育最晚。

图例
　⊙ 县级行政中心　☐ 研究区范围　—— 断裂　—— 线性构造　—— 已有断裂　☐ 环形构造

图 6-8　研究区线环构造遥感解译图

2. 环形构造

遥感影像显示(图 6-9)，研究区存在环形构造密集分布带，主要分布在研究区北部及南部的偏西区域。

区内环形构造主要表现为圆形或近圆形，大小不一，组合类型多样，呈环结、环链、环套等形式分布。环形构造的叠加组合形式多样，反映了形成环形构造因素的复杂性。

图例
⊙ 县级行政中心　▭ 研究区范围　▭ 环形构造

图 6-9　研究区环形构造遥感解译图

第三节　蚀变信息提取

　　矿床形成的必要条件之一是矿化有用元素的富集，矿化蚀变通常是由含矿热液迁移沉淀所致。与热液活动有关的矿床在形成过程中，都伴随有蚀变现象，它是成矿过程中留下来的印迹，而且通常形成的蚀变范围要比矿区中矿体范围大得多。根据组成蚀变矿物的离子和基团不同，与铅锌矿成矿密切相关的矿化蚀变主要有羟基蚀变、铁染蚀变、碳酸盐化蚀变。

一、蚀变矿物波谱特征

　　地物在遥感影像上均有其独特光谱特征。因此，可以采用遥感技术根据地物的光谱特征来获取地物信息(赵英时，2003)，同理，蚀变矿物信息也可根据其光谱特征采用遥感方法探测，且蚀变信息越强越易探测，蚀变信息越弱越难探测。

　　遥感地质研究中，不同的矿物、岩石或蚀变等因素在遥感影像上的辐射反射量不同，从而在遥感影像上表现为不一样的反射波谱曲线。通过研究其在反射波谱曲线上所具有的不同特征，即可据此提取相应的地质信息(Hunt，1979；Loughlin，1991)。

　　OH^-伸缩振动谱带的中心波长位于 1.40μm、2.20μm 和 2.30μm，其中前两个吸收带比较强。而矿物岩石中 H_2O 的吸收带位于 1.40μm 和 1.90μm，且两者都是强吸收带。一般来说，如果反射波谱同时在 1.40μm 和 1.90μm 出现吸收带，可判定是水的谱带；如果只在 1.40μm 出现吸收带，那么可以判断是 OH^-引起的。

　　依据羟基(OH^-)波谱特征曲线(图 6-10)，在 ASTER 1~4 波段(B1~B4，后文依此类

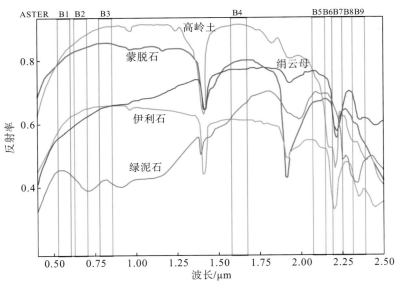

图 6-10　OH^-矿物反射波谱曲线图

注：B1 表示 1 波段，依此类推。

推），矿物反射率随波长增大而增强，在第 4 波段达到峰值。在第 6 波段，大部分 OH⁻ 矿物呈现出吸收谷的波谱特征，故认为利用 1 波段、3 波段、4 波段、6 波段进行主成分分析，可以提取绝大多数 OH⁻ 基团矿物信息。OH⁻ 矿物异常分量表征特征应为在 ASTER 1 波段、3 波段、4 波段贡献与 6 波段贡献相反，并且 6 波段具有高载荷。

Fe^{2+} 吸收谱带的中心波长位于 0.43μm、0.45μm、0.51μm、0.55μm、1.00～1.10μm，有时还出现在 1.80～1.90μm。其中 0.51μm、0.55μm 和 1.00～1.10μm 的吸收比较强。

依据铁染（Fe^{2+}、Fe^{3+}）波谱特征曲线（图 6-11），在 ASTER 1～4 波段，绝大多数 Fe^{2+}/Fe^{3+} 矿物反射增强，并在第 2 波段和第 4 波段达到峰值，形成两个反射峰，在两个反射峰之间呈吸收谷。故认为利用 ASTER 1 波段、2 波段、3 波段和 4 波段进行主成分分析，可以提取绝大多数 Fe^{2+} 和 Fe^{3+} 矿物信息。Fe^{2+}/Fe^{3+} 异常分量表征特征为 ASTER 2 波段、4 波段贡献与 3 波段贡献相反。

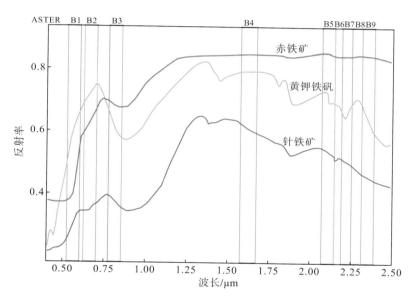

图 6-11　Fe^{2+}（Fe^{3+}）矿物反射波谱曲线

CO_3^{2-} 吸收谱带的中心波长位于 1.90μm、2.16μm 和 2.35μm 处，其中 2.35μm 处吸收最强，可用于检测碳酸盐矿物存在与否。

依据碳酸盐化矿物的波谱特征曲线（图 6-12），在 ASTER 1～4 波段，绝大多数矿物反射增强，在 8 波段表现为强吸收谷，在 9 波段形成强反射峰，故认为利用 ASTER 1 波段、4 波段、8 波段和 9 波段进行主成分分析，可以提取绝大多数 CO_3^{2-} 矿物信息。异常分量表征特征为 ASTER 8 波段贡献与 9 波段贡献相反，并在 8 波段和 9 波段载荷较高。

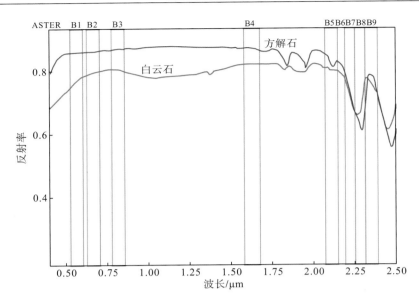

图 6-12　$CO_3{}^{2-}$ 矿物反射波谱曲线

二、蚀变矿物提取方法

　　主成分分析(principal component analysis，PCA)的原理为：首先移动坐标原点，使平均值为零，然后旋转坐标，使一个坐标轴与具有最大分布的数据方向一致，旋转后的坐标轴即是第一主分量，该分量包含的信息量最大，而垂直于该坐标轴其余具有最大分布数据的方向，称为第二主分量。在两维以上的多维空间里，重复以上的操作，使这些轴相互垂直，从而达到分离信息的效果(Crosta and Moore，1989)。

　　主成分分析是常用的一种统计分析方法，是实践中应用最广的矿化遥感蚀变信息提取，尤其在多光谱遥感数据中应用。遥感影像数据具有多个波段，对多个波段采用主成分分析可将其通过多维正交线性变换产生一组新的组分图像，获取的各组分图像之间互相"垂直"，互不相关，使在原各波段重复冗余的数据在新的组分中互不相干，降低了数据的重复和冗余程度，这就使主成分分析具有了分离信息、减少相关、突出不同地物的作用，基于此可用于提取与矿化有关的蚀变信息。

　　主成分分析可通过下式表示：

$$Y = AX \tag{6-2}$$

式中，Y 表示主成分变换后的遥感图像；X 表示主成分变换前的遥感图像；A 是通过主成分分析将 X 转换到 Y 的变换矩阵。

　　异常蚀变作为与矿化有关的地质体或地质现象异常在遥感影像上的反映，还直接表现为与矿化相关的岩石和蚀变矿物集合体波谱异常。一般说来，矿化总伴随着一定面积的、有指示性的矿化蚀变出现。矿化蚀变主要由蚀变矿物集合体组成，蚀变矿物集合体波谱特征组合形成了矿化蚀变波谱特征。对应于矿化蚀变形成的矿物离子和基团，不同类型的矿化蚀变异常具有不同的波谱特征，这是遥感蚀变信息提取的物理基础。

三、蚀变矿物提取结果

根据上述分析的羟基蚀变特征矿物在 ASTER 遥感影像上的波谱响应特征。将羟基蚀变特征矿物在 ASTER 数据上的 1 波段、3 波段、4 波段、6 波段特征响应波段进行主成分分析，包含羟基蚀变特征矿物信息的主成分分量应具有在 ASTER 数据的 1 波段、3 波段、4 波段与 6 波段贡献相反，且 6 波段具有高载荷的特点。根据主成分分析的特征矩阵（表 6-4），可确定羟基蚀变特征矿物信息所处的分量为 PC4，进而对 PC4 分量运用"均值 $+n×$方差"的方法提取羟基蚀变特征矿物遥感信息(图 6-13)。根据提取结果可知，羟基蚀变主要呈聚集状分布在研究区西北角和西南角，并在福泉市和都匀市有大量分布，研究区其余部分有零星分布。

图 6-13 羟基蚀变矿物遥感提取结果

表 6-4　羟基蚀变特征矿物主成分分析特征统计表

		B1	B3	B4	B6
ASTER 景 1	PC1	0.180306	0.778841	0.531595	0.279826
	PC2	0.462830	−0.576975	0.405716	0.536920
	PC3	−0.649094	−0.240576	0.687736	−0.218676
	PC4	0.576156	0.051279	0.282525	−0.765242
ASTER 景 2	PC1	0.357309	0.623678	0.584570	0.376343
	PC2	−0.006536	−0.729073	0.449681	0.515943
	PC3	0.932528	−0.235474	−0.255533	−0.098218
	PC4	0.051764	0.155019	0.625114	−0.763231
ASTER 景 3	PC1	0.248133	0.606983	0.641501	0.398092
	PC2	0.026658	−0.770880	0.425264	0.473481
	PC3	0.927226	−0.088572	−0.345570	0.113968
	PC4	0.279234	0.171670	0.536850	−0.777399
ASTER 景 4	PC1	0.266530	0.588036	0.644016	0.410388
	PC2	−0.074399	−0.766069	0.428935	0.472882
	PC3	0.923593	−0.176835	−0.309999	0.140024
	PC4	0.265336	0.189948	0.552412	−0.767044

同理，根据上述分析的铁染蚀变特征矿物在 ASTER 遥感影像上的波谱响应特征，将铁染蚀变特征矿物在 ASTER 数据上的 1 波段、2 波段、3 波段、4 波段特征响应波段进行主成分分析，包含铁染蚀变特征矿物信息的主成分分量应具有在 ASTER 数据的 2 波段、4 波段与 3 波段贡献相反的特点。根据主成分分析的特征矩阵(表 6-5)，可确定铁染蚀变特征矿物信息所处的分量为 PC3，进而对 PC3 分量运用"均值+n×方差"的方法提取铁染蚀变特征矿物遥感信息(图 6-14)。根据提取结果可知，铁染蚀变主要呈聚集状分布在研究区西南角，研究区西北角和东北角有部分分布，另外零星分布于研究区中部。

表 6-5　铁染主成分分析特征统计表

		B1	B2	B3	B4
ASTER 景 1	PC1	−0.185328	−0.158716	−0.801268	−0.546290
	PC2	−0.487943	−0.674457	0.458536	−0.311069
	PC3	−0.330414	0.377327	−0.379041	0.777675
	PC4	0.786378	−0.614444	−0.063580	0.004996
ASTER 景 2	PC1	0.362454	0.345985	0.632601	0.590540
	PC2	0.125201	0.315259	−0.760735	0.553370
	PC3	0.635603	0.505043	−0.104038	0.574557
	PC4	−0.670045	0.725147	0.101361	−0.122177

		B1	B2	B3	B4
ASTER 景 3	PC1	−0.260768	−0.274633	−0.637946	−0.670524
	PC2	0.156422	0.378984	−0.758887	0.505959
	PC3	−0.609733	0.582789	−0.060871	0.533738
	PC4	−0.731955	0.664307	0.115806	−0.097607
ASTER 景 4	PC1	0.280537	0.298003	0.617204	0.671977
	PC2	0.257057	0.489574	−0.749503	0.363983
	PC3	−0.569450	0.481061	−0.200877	0.635574
	PC4	0.728661	−0.663394	−0.130202	0.109584

图例

· 县级行政中心　☐ 研究区范围　■ 铁染

图 6-14　铁染蚀变矿物遥感提取结果

　　相似地，根据上述分析的碳酸盐蚀变特征矿物在 ASTER 遥感影像上的波谱响应特征，将碳酸盐蚀变特征矿物在 ASTER 数据上的 1 波段、4 波段、8 波段、9 波段特征响应波段进行主成分分析，包含碳酸盐蚀变特征矿物信息主成分分量应具有在 ASTER 数据的 8 波段贡献与 9 波段贡献相反，并在 8 波段和 9 波段载荷较高的特点。

　　根据主成分分析的特征矩阵（表 6-6），可确定碳酸盐蚀变特征矿物信息所处的分量为 PC4，进而对 PC4 分量运用"均值+n×方差"的方法提取碳酸盐蚀变特征矿物遥感信息（图 6-15）。根据提取结果可知，碳酸盐蚀变主要分布在研究区西北部，在中部偏东区域已有大量分布，另外零星分布于整个研究区。

表 6-6　碳酸盐化主成分分析特征统计表

		B1	B4	B8	B9
ASTER 景 1	PC1	0.290496	0.838134	0.331662	0.321161
	PC2	0.384531	−0.540782	0.608923	0.434631
	PC3	−0.865861	0.049060	0.466826	0.173066
	PC4	−0.134288	−0.051767	−0.548896	0.823408
ASTER 景 2	PC1	0.448071	0.737321	0.387589	0.324600
	PC2	0.781436	−0.056693	−0.544014	−0.300321
	PC3	−0.432552	0.668447	−0.535176	−0.282247
	PC4	−0.038585	−0.079514	−0.517117	0.851339
ASTER 景 3	PC1	0.303931	0.788301	0.397971	0.357527
	PC2	0.813057	−0.507124	0.199888	0.204470
	PC3	−0.489191	−0.346128	0.680753	0.421264
	PC4	−0.085184	−0.040019	−0.581583	0.808024
ASTER 景 4	PC1	0.319362	0.775314	0.406334	0.363027
	PC2	0.833528	−0.503218	0.180215	0.139735
	PC3	0.450002	0.379324	−0.658812	−0.468591
	PC4	−0.027161	−0.042103	−0.606944	0.793163

图例
⊙ 县级行政中心 ▢ 研究区范围 ▨ 碳酸盐矿物

图 6-15 碳酸盐蚀变矿物遥感提取结果

第四节 综 合 成 果

遥感地质解译取得的主要成果如下：①环形构造呈链条状沿断裂构造展布，且多位于断裂构造夹持区域，构成良好的环形构造组合体系，是有利的成矿构造体系；②热液蚀变矿物主要分布在断裂构造附近，且线环构造发育的区域，热液蚀变矿物分布更为集中，表明热液蚀变与有利成矿构造体系关系密切。综上，在线环构造交会部位分布有大量蚀变矿物的区域，即研究区西南角和西北侧贵定县周边地区(图 6-16)，推测有较好的成矿与找矿潜力。

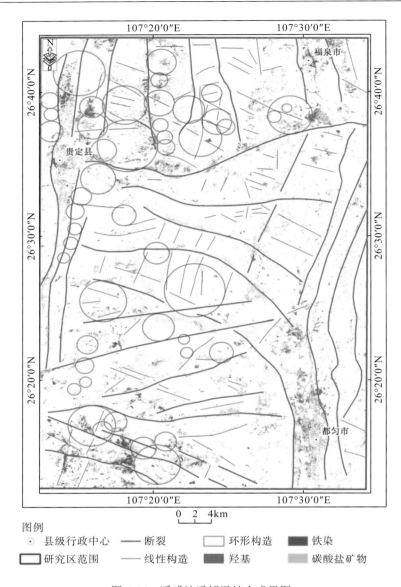

图例

⊙ 县级行政中心　—— 断裂　　☐ 环形构造　　■ 铁染

☐ 研究区范围　—— 线性构造　　■ 羟基　　■ 碳酸盐矿物

图 6-16　遥感地质解译综合成果图

第七章　构造分形特征

第一节　分形理论概述

维数是对研究对象空间占有规模及复杂程度进行量度的工具，其值可以说明研究对象的空间占有度和复杂程度(崔中良等，2022a)。在欧几里得空间中拓扑维数的含义是：当集合是全不连通时，维数为 0；当集合的任意小的邻域都具有维数为 0 的边界时，其维数为 1；当集合任意小的邻域都具有维数为 1 的边界时，其维数为 2。即认为点是 0 维，线是 1 维，面是 2 维，体是 3 维，并通过整数维来描述事物。然而许多自然现象无法用传统的欧几里得几何来描述，如蜿蜒曲折的海岸线、变化莫测的湍流、异常复杂的元素分布等。

20 世纪初，英国剑桥(Cambridge)大学的贝西科维奇(Besicovitch)学派就开始了分数维集合的几何学研究(董连科，1994)，到了 1975 年，Mandelbrot(1975)首次引入了分形这个概念。在 Mandelbrot 最初的论述中，定义分形集(分形)是满足豪斯道夫维数严格大于拓扑维数的集合，到了 1986 年，为了强调分形自相似性的特点，Mandelbrot 又把分形定义为局部与整体以某种方式相似的形。1985 年，英国数学家肯尼思·法尔科内对分形提出了一个新认识，被大多数学者所认可。他认为分形可看成是具有某些性质的集合 F，具有如下典型性质：①F 具有精细结构，即有任意小比例的细节；②F 非常不规则，以至它的局部和整体都不能用传统的几何语言来描述；③F 通常有某种自相似的形式，可能是近似的或是统计的；④一般地，F 的分形维数大于它的拓扑维数；⑤在大多数情况下，F 可以以非常简单的方法定义，可以由迭代产生。

事实上，自从 Mandelbrot 引入分形概念以来，学者们一直在不断地探索分形的严格定义，但是尚无完全令人满意的结果。然而我们依旧可以看出自相似性或标度不变性是分形最重要的特征。分形可分为确定性分形和统计分形两类，确定性分形常见于康托集和科契曲线等，而自然界中的分形常为统计分形。这里需要注意的是，地质现象中的自相似性或标度不变性是基于统计结果而言的，即统计结果在统计意义上可以用幂函数进行表达。分形理论采用分数维来描述客观事物，更加趋近复杂结构或系统真实属性和状态的描述。因此，分形理论自 20 世纪 70 年代 Mandelbrot 创立以来(Mandelbrot，1975)，便在非线性领域得到迅速发展和广泛应用(Cheng，1995；Turcotte，2002；张瑞忠等，2008；Xie et al.，2010；朱平平等，2020；Cui et al.，2022)。

在建筑材料性能表征(胡亚飞等，2022；董瑞鑫等，2022)、土力学(彭子茂和黄震，2020；孙超等，2020；廖红建等，2022)、地质灾害(王潇等，2019；施国栋等，2020a；史兴旺等，2021)、水系结构(Donadio et al.，2013；孟宪萌等，2019；张艳如等，2022)、断裂定量表征（廖家飞等，2012；赵少攀等，2015；孙涛等，2018）和成矿规律及找矿预测（Cheng，1995；卢新卫和马东升，1999；宋保昌等，2002；成秋明，2003，2006，2007，2021；丁式江，2004；张建等，2009；Xie et al.，2010；李飞等，2016；施国栋等，2020b）等领域，分形理论都有很好的应用实例。断裂构造（卢新卫和马东升，1999；廖家飞等，2012；赵少攀等，2015；孙涛等，2018；崔中良等，2021）、矿床储量（Turcotte，2002；蒋成竹等，2012；崔中良等，2022b）、矿床空间分布（张建等，2009；韩喜彬等，2010；施国栋等，2020b；崔中良和孔德坤，2021；蒋超等，2021）等均具有分形特征，这为分形理论应用于构造与成矿关系研究奠定了理论基础。

随着分形理论在各个领域的应用和发展，分维值逐渐衍生出了新的内涵。系统梳理现有的研究成果（Hirata et al.，1987；卢新卫和马东升，1999；丁式江和翟裕生，2000；谢焱石和谭凯旋，2002；毛政利等，2004；周泉宇等，2009；成永生，2010；Wang et al.，2015；李飞等，2016；He et al.，2017；崔中良等，2021；崔中良和孔德坤，2021；蒋超等，2021；崔中良等，2022a，2022b，2022c）可知，在断裂分形研究中如下三条基本结论得到广泛认可：①断裂体系具有分形特征；②断裂构造分维值与断裂（地质体）连通性相关，即随着断裂构造分维值的增大，断裂构造的空间分布越来越复杂，断裂（地质体）的渗透性就越来越强，连通性就越来越好，从而越有利于成矿元素的活化及成矿流体的运移；③断裂构造分维值与地质成矿之间具有紧密联系，可作为成矿预测的指标。

第二节　分形计算方法

一、分形计算注意事项

对断裂构造和矿床开展分形计算的前置条件是将断裂构造视为"线集"，将矿床视为"点集"，而在计算中还需综合考量断裂构造对矿床空间就位的控制尺度，因此设置合理的研究/观察尺度至关重要，即研究/观察尺度既不能太小，又不能太大。断裂构造与矿床的形成及分布是典型的复杂性系统，对于复杂性系统，涌现是其基本特征。而从因果涌现理论来看，粗粒化的宏观尺度比底层的微观尺度携带更多的有效信息，即说明若要对断裂构造和矿床有效开展分形计算，选择的研究尺度或研究范围应具备"宏观"特性。贵定——都匀地区位于湘西——黔东成矿带西部，为有效反映贵定——都匀地区铅锌矿床的成矿规律，本书除对贵定——都匀地区开展分形计算外，还对湘西——黔东成矿带西部断裂及矿床分形特征进行了探讨。

二、断裂单分形计算方法

分维值的计算方法有很多种，本书断裂构造的分形计算采用改变观察尺度求分维值的方法，其基本过程主要包括：①选择合适的研究底图；②确定恰当的观察尺度 $r_j(r_j/r_{j-1}=2)$；③采用不同观察尺度 $r_j(r_j/r_{j-1}=2)$ 的二维正交网格（正方形网格）覆盖研究区；④统计覆盖

到断层的网格数 $N(r_j)$ 或计算断层信息量 $I(r_j)$；⑤以 $\ln r_j$ 为横坐标，以 $\ln N(r_j)$ 或 $I(r_j)$ 为纵坐标，利用 Excel 绘制回归拟合直线，直线斜率的绝对值即为所求分维值。

1. 容量维计算方法

以黔东成矿带断裂构造及萤石矿床分布图为底图，采用不同边长 $r_j(r_j/r_{j-1}=2)$ 的正方形格子去覆盖研究区，分别统计覆盖到断层的网格数 $N(r_j)$，若 $N(r_j)$ 与 r_j 满足如下幂律关系，则研究对象为分形：

$$N(r_j) = Cr_j^{-D_0} \tag{7-1}$$

式中，C、D_0 为常数。将式(7-1)两边分别取对数得式(7-2)，由式(7-2)可知若 $\ln N(r_j)$ 与 $\ln r_j$ 为线性关系，则研究对象为分形，D_0 即为所求容量维。

$$\ln N(r_j) = -D_0 \ln r_j + \ln c \tag{7-2}$$

具体步骤如下：①分别采用边长为 58.716km、29.358km、14.679km、7.340km、3.670km 的二维正交网格覆盖研究区，并分别统计黔东成矿带总体构造、NE 向(含 NNE 向)构造、NW 向构造、近 SN 向构造、近 EW 向构造、深大断裂及板块接触过渡区覆盖到的网格数 $N(r)$。在 Excel 中以 $\ln r$ 为横轴，以 $\ln N(r)$ 为纵轴，分别绘制不同类型构造的回归拟合直线，得到黔东成矿带不同类型构造的容量维。②分别采用边长为 58.716km、29.358km、

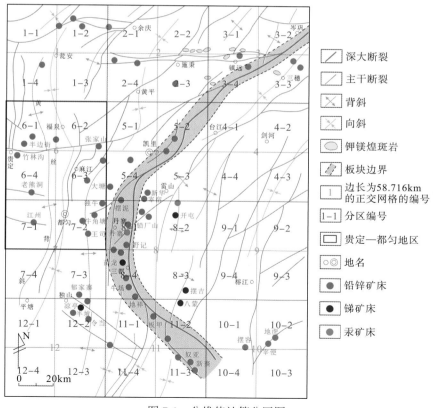

图 7-1　分维值计算分区图

注：据周家喜等(2020)。

14.679km、7.340km、3.670km 的二维正交网格覆盖研究区，并统计贵定—都匀地区总体构造覆盖到的网格数 $N(r)$。利用 Excel 绘制回归拟合直线，得到贵定—都匀地区总体构造的容量维。③将边长 r 为 29.358km 的二维正交网格进行编号，分区结果如图 7-1 所示。对于每个分区，分别以边长 14.679km、7.340km、3.670km 的二维正交网格覆盖，并统计分区总体构造覆盖的网格数 $N(r)$。利用 Excel 绘制回归拟合直线，得到各个分区总体构造的容量维。

2. 信息维计算方法

断层信息维不仅考虑二维网格是否有断层穿越，而且也考虑二维网格内穿越断层的条数（或概率）。将研究区覆盖边长为 r 的二维正交网格，假定将构造分割成了 $N(r)$ 份，若断裂构造出现在第 i 个正交网格的概率为 $P_i(r)$，则这时的总信息量为 $I(r)$：

$$P_i(r) = \frac{n_i}{\sum_{i=1}^{N(r)} n_i} \tag{7-3}$$

$$I(r) = -\sum_{i=1}^{N(r)} P_i(r) \ln P_i(r) \tag{7-4}$$

变换二维正交网格的边长 r，若 $I(r)$ 与 ln$r$ 之间存在如下线性关系，则可由直线的斜率求出信息维 D_1：

$$I(r) = -D_1 \ln r + I_0 \tag{7-5}$$

具体步骤如下：①分别采用边长为 58.716km、29.358km、14.679km、7.340km、3.670km 的二维正交网格覆盖研究区，并分别计算黔东成矿带总体构造、NE 向（含 NNE 向）构造、NW 向构造、近 SN 向构造、近 EW 向构造及深大断裂的信息量 $I(r)$。在 Excel 中以 ln$r$ 为横轴，以 $I(r)$ 为纵轴，分别绘制不同类型构造的回归拟合直线，得到黔东成矿带不同类型构造的分维值。②分别采用边长为 58.716km、29.358km、14.679km、7.340km、3.670km 的二维正交网格覆盖研究区，并计算贵定-都匀地区总体构造的信息量 $I(r)$。利用 Excel 绘制回归拟合直线，得到贵定—都匀地区总体构造的信息维。③对于每个分区，分别以边长为 14.679km、7.340km、3.670km 的二维正交网格覆盖，并计算各个分区总体构造的信息量 $I(r)$。利用 Excel 绘制回归拟合直线，得到各个分区总体构造的信息维。

3. 关联维计算方法

关联维 D_2 的计算过程与信息维 D_1 类似，仅信息量 $I(r)$ 的计算公式有所差异。将研究区覆盖边长为 r 的二维正交网格，假定将构造分割成了 $N(r)$ 份，若断裂构造出现在第 i 个正交网格的概率为 $P_i(r)$，则这时的总信息量为 $I(r)$：

$$P_i(r) = \frac{n_i}{\sum_{i=1}^{N(r)} n_i} \tag{7-6}$$

$$I(r) = -\ln \sum_{i=1}^{N(r)} P_i^2(r) \qquad (7\text{-}7)$$

变换二维正交网格的边长 r，若 $I(r)$ 与 $\ln r$ 之间存在如下线性关系，则可由直线的斜率求出信息维数 D_2：

$$I(r) = -D_2 \ln r + I_0 \qquad (7\text{-}8)$$

因关联维 D_2 的具体计算步骤与信息维 D_1 类似，此处不再赘述。

三、矿床分维值计算方法

（1）矿床空间分布容量维的计算方法与断裂构造容量维的计算方法基本相同，此处不再赘述。不同的是，分维值计算时，将断裂构造视为"线集"，将矿床视为"点集"，这就决定了在明显受断裂构造控矿的区域（矿集区或成矿带），对断裂构造和矿床采用同一套有效的研究标度（观察尺度）时，断裂构造的空间分布分维值（如容量维）必定大于矿床空间分布分维值（如容量维）。

（2）定量探讨已知矿床周边一定距离范围内的矿床分布特征常采用概率密度相关函数：

$$d(r) = Kr^{D_m-2} \qquad (2 > D_m > 0) \qquad (7\text{-}9)$$

式中，$d(r)$ 为概率密度函数；r 为研究标度（尺度）；K 为常数；D_m 为密度分形分维值。在相同无标度区内，D_m 越大，矿床越聚集（李长江等，1999；韩喜彬等，2010）。研究过程中除采用概率密度相关函数外，为定量探讨已知矿床周边一定距离范围内矿床的个数，建立如下函数：

$$N(r) = Lr^{D_s} \qquad (7\text{-}10)$$

式中，定义 $N(r)$ 代表距离已知矿床为 r 的范围内矿床的数量，为数量分形分布函数；r 为研究标度（尺度）；L 为常数；D_s 为数量分形分维值。实际计算中，在黔东成矿带中选取分布较均匀的 10 个矿床作为中心，在不同标度下分别确定其周围的矿床个数及密度，然后对各个中心计算的结果进行平均，最后对数据进行拟合。

第三节 分 形 特 征

一、断裂单分形特征

1. 断裂构造整体单分形特征

断裂构造分维值计算参数统计见表 7-1，根据表 7-1 中的统计参数绘制出黔东成矿带整体断裂构造、NE（含 NNE）向断裂、NW 向断裂、近 SN 向断裂、近 EW 向断裂、深大断裂及板块接触过渡带分维值计算线性拟合图（图 7-2～图 7-4）。

表 7-1　研究区断裂构造分维值计算参数统计表

类别	容量维 D_0			信息维 D_1			关联维 D_2		
	r/km	$N(r)$	$\ln r$	$\ln N(r)$	r/km	$\ln r$	$I(r)$	r/km	$\ln r$	$I(r)$
黔东成矿带整体断裂	58.716	12	4.073	2.485	58.716	4.073	2.366	58.716	4.073	2.291
	29.358	45	3.380	3.807	29.358	3.380	3.692	29.358	3.380	3.606
	14.679	146	2.686	4.984	14.679	2.686	4.874	14.679	2.686	4.767
	7.340	368	1.993	5.908	7.340	1.993	5.836	7.340	1.993	5.743
	3.670	785	1.300	6.666	3.670	1.300	6.628	3.670	1.300	6.572
贵定—都匀地区整体断裂	58.716	2	4.073	0.693	58.716	4.073	0.562	58.716	4.073	0.470
	29.358	6	3.380	1.792	29.358	3.380	1.703	29.358	3.380	1.623
	14.679	20	2.686	2.996	14.679	2.686	2.852	14.679	2.686	2.716
	7.340	45	1.993	3.807	7.340	1.993	3.722	7.340	1.993	3.622
	3.670	96	1.300	4.564	3.670	1.300	4.506	3.670	1.300	4.426
黔东成矿带 NE（含 NNE）向断裂	58.716	11	4.073	2.398	58.716	4.073	2.257	58.716	4.073	2.165
	29.358	37	3.380	3.611	29.358	3.380	3.475	29.358	3.380	3.369
	14.679	114	2.686	4.736	14.679	2.686	4.628	14.679	2.686	4.518
	7.340	281	1.993	5.638	7.340	1.993	5.582	7.340	1.993	5.509
	3.670	570	1.300	6.346	3.670	1.300	6.316	3.670	1.300	6.275
黔东成矿带 NW 向断裂	58.716	6	4.073	1.792	58.716	4.073	1.676	58.716	4.073	1.569
	29.358	11	3.380	2.398	29.358	3.380	2.307	29.358	3.380	2.213
	14.679	25	2.686	3.219	14.679	2.686	3.170	14.679	2.686	3.114
	7.340	53	1.993	3.970	7.340	1.993	3.957	7.340	1.993	3.937
	3.670	95	1.300	4.554	3.670	1.300	4.550	3.670	1.300	4.544
黔东成矿带近 SN 向断裂	58.716	4	4.073	1.386	58.716	4.073	1.273	58.716	4.073	1.176
	29.358	6	3.380	1.792	29.358	3.380	1.676	29.358	3.380	1.569
	14.679	13	2.686	2.565	14.679	2.686	2.479	14.679	2.686	2.392
	7.340	30	1.993	3.401	7.340	1.993	3.370	7.340	1.993	3.329
	3.670	64	1.300	4.159	3.670	1.300	4.122	3.670	1.300	4.040
黔东成矿带近 EW 向断裂	58.716	4	4.073	1.386	58.716	4.073	1.311	58.716	4.073	1.259
	29.358	10	3.380	2.303	29.358	3.380	2.211	29.358	3.380	2.120
	14.679	18	2.686	2.890	14.679	2.686	2.834	14.679	2.686	2.774
	7.340	34	1.993	3.526	7.340	1.993	3.469	7.340	1.993	3.409
	3.670	71	1.300	4.263	3.670	1.300	4.248	3.670	1.300	4.226
黔东成矿带深大断裂	58.716	6	4.073	1.792	58.716	4.073	1.792	58.716	4.073	1.792
	29.358	13	3.380	2.565	29.358	3.380	2.565	29.358	3.380	2.565
	14.679	25	2.686	3.219	14.679	2.686	3.219	14.679	2.686	3.219
	7.340	51	1.993	3.932	7.340	1.993	3.932	7.340	1.993	3.932
	3.670	100	1.300	4.605	3.670	1.300	4.605	3.670	1.300	4.605
黔东成矿带板块接触过渡带	58.716	8	4.073	2.079	—					
	29.358	17	3.380	2.833						
	14.679	43	2.686	3.761						
	7.340	112	1.993	4.718						
	3.670	328	1.300	5.793						

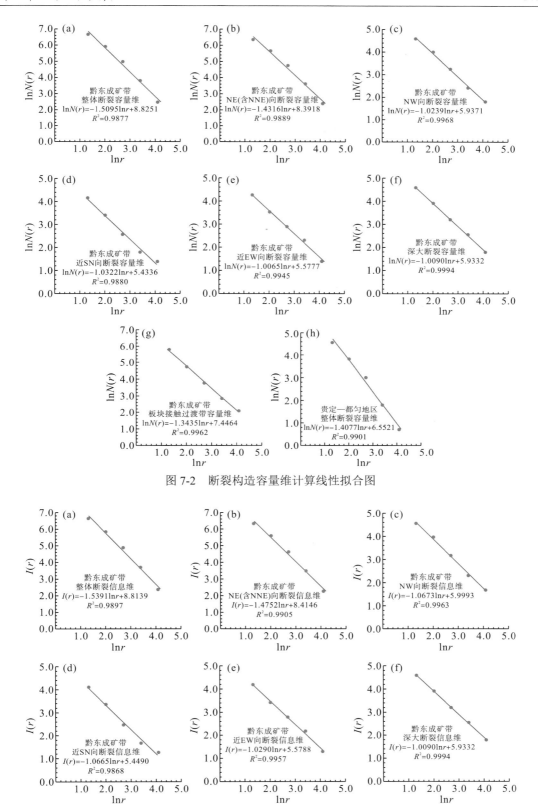

图 7-2　断裂构造容量维计算线性拟合图

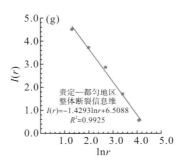

图 7-3　断裂构造信息维计算线性拟合图

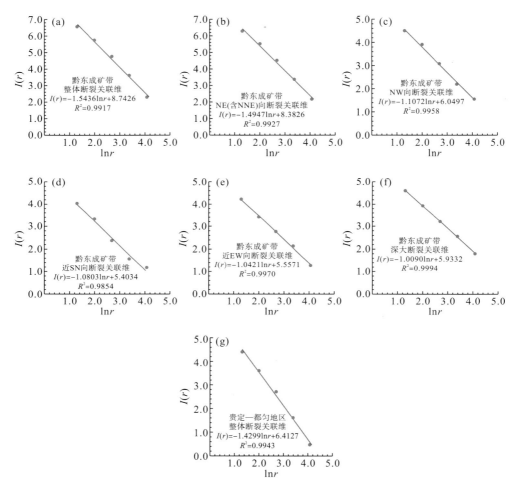

图 7-4　断裂构造关联维计算线性拟合图

（1）22 条回归拟合直线的判定系数（拟合度）R^2 取值范围为 0.9854～0.9994，绝大多数大于 0.99，直线的整体拟合程度较高，说明在研究标度为 3.670～58.716km 时，区内断裂构造具有很好的统计自相似性。

(2)黔东成矿带整体断裂、NE(含 NNE)向断裂、NW 向断裂、近 SN 向断裂、近 EW 向断裂及深大断裂容量维分别为 1.5095、1.4316、1.0239、1.0322、1.0065 和 1.0090，信息维分别为 1.5391、1.4752、1.0673、1.0665、1.0290 和 1.0090，关联维分别为 1.5436、1.4947、1.1072、1.0803、1.0421 和 1.0090。板块接触过渡带容量维为 1.3435。贵定—都匀地区整体断裂容量维为 1.4077，信息维为 1.4293，关联维为 1.4299。

(3)黔东成矿带整体断裂容量维＞NE(含 NNE)向断裂容量维＞板块接触过渡带容量维＞近 SN 向断裂容量维＞NW 向断裂容量维＞深大断裂容量维＞近 EW 向断裂容量维。黔东成矿带整体断裂信息维＞NE(含 NNE)向断裂信息维＞NW 向断裂信息维＞近 SN 向断裂信息维＞近 EW 向断裂信息维＞深大断裂信息维。黔东成矿带整体断裂关联维＞NE(含 NNE)向断裂关联维＞NW 向断裂关联维＞近 SN 向断裂关联维＞近 EW 向断裂关联维＞深大断裂关联维。黔东成矿带整体断裂构造分维值(容量维、信息维、关联维)＞贵定—都匀地区整体断裂相应的分维值。

(4)从容量维、信息维、关联维综合来看，黔东成矿带整体断裂分维值最大，NE(含 NNE)向断裂分维值次之，且两者分维值极为接近，反映了黔东成矿带断裂构造体系以 NE(含 NNE)向为主，这与区域构造特征相吻合。

(5)深大断裂仅有一条参与了分维值计算，故其容量维、信息维、关联维数值均相等。

断裂构造分维值与断裂/地质体连通性相关，即随着断裂构造分维值的增大，断裂构造的空间分布越来越复杂，断裂/地质体的渗透性就越来越强，连通性就越来越好，从而越有利于成矿元素的活化及成矿流体的运移、聚集。从断裂临界分维值(1.22～1.38)(Kruhl，1994)来看，黔东成矿带整体断裂容量维为 1.5095，贵定—都匀地区整体断裂容量维为 1.4077，NE(含 NNE)向断裂容量维为 1.4316，板块接触过渡带容量维为 1.3435，而 NW 向断裂、近 SN 向断裂、近 EW 向断裂容量维均小于 1.22，这说明：①贵定—都匀地区及整个黔东成矿带成矿地质条件优越；②NE(含 NNE)向断裂对研究区成矿贡献最大，这与黔东成矿带中矿床主要受 NE(含 NNE)向断裂构造控制的地质事实吻合；③板块接触过渡带容量维＞1.22，说明板块接触过渡带易于成矿，这与矿床沿板块接触过渡带呈带状分布特征相互印证；④深大断裂容量维为 1.0090，小于 1.22，然而考虑到深大断裂仅有一条参与分维值计算，所以本书认为深大断裂对研究区成矿仍有重要意义。

从中国部分地区断裂构造分维值统计表(表 7-2)来看：①贵定—都匀地区与黔东成矿带断裂容量维大于中国大多数地区(矿田、成矿带、矿集区)断裂容量维，其中贵定—都匀地区位于中国大陆活动区(地洼区)断裂容量维区间，而黔东成矿带与中国大陆活动区(地洼区)断裂容量维上限相近。而断裂构造分维值与断裂(地质体)连通性相关。因此，可知黔东成矿带成矿构造条件优越。

结合研究标度区间来看：①黔东成矿带断裂构造容量维大于较小分形标度(上限)的西藏隆子县扎西康矿集区、铜陵矿集区、青海虎头崖多金属矿集区等地区断裂容量维，与招远金矿矿集区断裂容量维接近，小于桂东南金银成矿区、湘南骑田岭矿集区及邻近地区黔西北垭都—蟒硐成矿带断裂的容量维；②黔东成矿带断裂容量维大于同等分形标度(上限)的东天山康古尔塔格金矿带，小于湘中锡矿山—龙山、大神山及四明山锑矿带断裂的容量维；③黔东成矿带断裂容量维＞较大分形标度(上限)的华南、四川等地区断裂的容量维，与川滇黔接壤铅锌矿集区断裂容量维接近。

中国地区(矿田、成矿带、矿集区)断裂的信息维、关联维较容量维研究较少，因此本书收集到的数据量较少。从收集到的数据来看：①黔东成矿带断裂信息维和关联维大于较小分形标度(上限)的川东南地区茅口组及渤中凹陷西次洼区域断裂构造相应的分维值，与较大分形标度(上限)的四川地区断裂相应的分维值接近；②黔东成矿带断裂信息维小于同等分形标度(上限)的湘中锡矿山—龙山、大神山及四明山锑矿带断裂的信息维。

表 7-2　中国部分地区断裂构造分维值统计表

地区	标度区间/km	容量维	信息维	关联维	参考文献
中国大陆活动区(地洼区)	8～256	1.236～1.624	—	—	
中国大陆稳定区(地台区)	8～256	0.827～1.074	—	—	
云贵活动区	8～256	1.332	—	—	谭凯旋等，1998
中国大陆壳体	8～256	1.493	—	—	
壳体结合部位	8～256	＞1.5	—	—	
川滇黔接壤铅锌矿集区	9.336～149.373	1.5395	—	—	崔中良等，2021
红河断裂带	—	1.43	—	—	
红河断裂带北段	—	1.62	—	—	金邓辉和马瑾，1990
红河断裂带南段	—	1.32	—	—	
西藏隆子县扎西康矿集区	0.073～4.700	1.249	—	—	王维等，2016
西藏古堆—隆子地区	1.875～30.000	1.678	—	—	董富权，2012
铜陵矿集区	0.1～3.0	1.29	—	—	孙涛等，2018
胶东焦家地区	0.50～16.00	1.3507	—	—	
焦家地区三山岛-仓上金矿田	0.25～4.00	1.0103	—	—	
焦家地区焦家金矿田	0.25～4.00	1.3198	—	—	丁式江和翟裕生，2000
焦家地区蚕庄—灵山沟金矿田	0.25～4.00	1.3656	—	—	
焦家地区西由—朱桥地段(无矿地段)	0.25～4.00	1.1315	—	—	
东天山康古尔塔格金矿带	1.69412～54.2118	0.716	—	—	张建等，2009
华南地区	25～400	1.4142	—	—	周泉宇等，2009
东亚壳体江南地洼区	10～160	1.5939	—	—	谢焱石等，2015
东亚壳体东南地洼区	10～160	1.6800	—	—	
湘中锡矿山—龙山锑矿带	5～60	1.8183	1.8102	—	
湘中四明山锑矿带	5～60	1.7346	1.7067	—	卢新卫和马东升，1999
湘中大神山锑矿带	5～60	1.5975	1.5933	—	
招远金矿矿集区	1～5	1.4806	—	—	李飞等，2016
桂东南金银成矿区	1.25～40.00	1.61	—	—	韩喜彬等，2003
湘南骑田岭矿集区	0.625～10.000	1.656	—	—	Wang et al.，2015

续表

地区	标度区间/km	容量维	信息维	关联维	参考文献
青海虎头崖多金属矿集区(整体)	0.15~0.70	1.085	—	—	He et al.，2017
青海虎头崖多金属矿集区成矿带	0.15~0.70	1.05~1.311	—	—	
滇东南个旧矿区	0.5~5.0	1.432	—	—	
马拉格矿田	0.5~5.0	1.093	—	—	毛政利等，2004
老厂矿田	0.5~5.0	1.263	—	—	
卡房矿田	0.5~5.0	1.121	—	—	
赣南地区	0.5~10.0	1.2797	—	—	孙涛等，2017
川东南地区茅口组断裂	2.5~40.0	1.423	1.467	1.468	胡修权等，2014
渤中凹陷西次洼区域	0.5~8.0	1.2137	1.2903	1.3582	赵家琳等，2018
四川地区	3.75~120.00	1.4524	1.5136	1.5455	施泽进，1995
广西贺州水岩坝矿田	0.171875~5.500000	1.3475	—	—	廖家飞等，2012
黔西北垭都-蟒硐成矿带	3.371~26.965	1.6052	1.6051	—	崔中良等，2022b
黔东成矿带	3.670~58.716	1.5095	1.5391	1.5436	本书研究
贵定—都匀地区	3.670~58.716	1.4077	1.4293	1.4299	

2. 断裂构造分区单分形特征

分区为边长 29.358km 的正方形，因此研究标度的合理上限应为 29.358km。为最大限度保障断裂构造能够视为理想的一条直线或曲线形态，从理论上讲，研究标度的下限值应越大越好。综合考虑到断裂构造对矿床空间就位的控制尺度，本书分区分维值计算时采用的研究标度区间为 3.670~29.358km。然而考虑到信息维、关联维本身计算特点，除分区容量维计算时采用 3.670~29.358km 的标度区间，次级分区信息维、关联维计算时均采用 3.670~14.679km 的标度区间。黔东成矿带分区分维值计算参数统计见表 7-3 和表 7-4。分区容量维为 0~1.6834，中位数为 1.3712。分区信息维为 0~1.6091，中位数为 1.1797。分区关联维为 0~1.6179，中位数为 1.2010。

极个别分区分维值计算中点($\ln r$，$I(r)$)拟合直线的判定系数 R^2 值较小，如次级分区 10-3。另有极个别分区分维值计算中点($\ln r$，$I(r)$)拟合直线的斜率为零，仅能判断出其值范围，如次级分区 8-2 的信息维和关联维。然而，这些现象对后续次级分区分维值与矿床空间分布耦合关系的研究几乎没有影响，主要原因有三点。①此类数据极少，占比较低，如次级分区 48 个容量维数据中，判定系数 R^2 小于 0.9 的数据仅有 3 个。②此类数据与其他数据相比，其大小关系仍然十分可靠，如次级分区 10-3 的容量维计算值为 0.4755，大于次级分区 7-3、8-2、12-1、12-3 和 12-4 的容量维计算值，而小于其他次级分区容量维计算值，这个结果与容量维表征的原始意义相符。容量维亦称盒子维，最初用来表征分形体在相应研究标度范围下占据盒子的能力，分维值越大，占据盒子的能力越强，显然次级分区 10-3 的容量维计算值与其他次级分区容量维计算值的大小关系与容量维表征的原始意义相符。③此类数据在整体数据中数值均较低，在分维值与矿床空间分布耦合关系的研究中对有利分维值区间的判断无影响。

表 7-3 分区容量维计算参数统计表

| 分区编号/序号 | r/km | | | | 容量维 D_0 | 判定系数/拟合度(R^2) |
	29.358	14.679	7.340	3.670		
1-1/1	1	4	10	19	1.4066	0.9713
1-2/2	1	4	11	23	1.5031	0.9809
1-3/11	1	2	5	10	1.1288	0.9968
1-4/12	1	2	8	16	1.4001	0.9800
2-1/3	1	3	9	22	1.4964	0.9977
2-2/4	1	4	9	20	1.4136	0.9792
2-3/9	1	3	9	27	1.5850	1.0000
2-4/10	1	4	9	23	1.4741	0.9859
3-1/5	1	3	11	20	1.4841	0.9808
3-2/6	1	4	9	20	1.4136	0.9792
3-3/7	1	4	9	18	1.3680	0.9718
3-4/8	1	4	13	33	1.6834	0.9925
4-1/17	1	4	9	18	1.3680	0.9718
4-2/18	1	4	8	15	1.2721	0.9597
4-3/19	1	4	11	26	1.5561	0.9878
4-4/20	1	3	7	17	1.3485	0.9965
5-1/15	1	4	12	27	1.5850	0.9865
5-2/16	1	4	15	31	1.6770	0.9821
5-3/21	1	3	8	14	1.2838	0.9809
5-4/22	1	3	8	18	1.3925	0.9955
6-1/13	1	3	8	21	1.4593	0.9990
6-2/14	1	4	10	23	1.4893	0.9845
6-3/23	1	3	10	21	1.4914	0.9911
6-4/24	1	4	5	12	1.1077	0.9276
7-1/25	1	3	5	8	0.9737	0.9524
7-2/26	1	3	7	11	1.1601	0.9684
7-3/35	1	1	1	2	0.3000	0.6000
7-4/36	1	2	5	9	1.0832	0.9937
8-1/27	1	4	12	29	1.6160	0.9899
8-2/28	1	2	2	2	0.3000	0.6000
8-3/33	1	2	3	4	0.6585	0.9608
8-4/34	1	3	8	15	1.3136	0.9862
9-1/29	1	4	13	33	1.6834	0.9925
9-2/30	1	4	8	19	1.3744	0.9773
9-3/31	1	4	12	27	1.5850	0.9865
9-4/32	1	4	8	14	1.2423	0.9521
10-1/41	1	2	4	9	1.0510	0.9984
10-2/42	1	3	6	9	1.0510	0.9565
10-3/43	1	1	1	3	0.4755	0.6000
10-4/44	1	2	3	7	0.9007	0.9836

注: $N(r)$ 位于左侧分区编号列区域。

续表

分区编号/序号		r/km				容量维 D_0	判定系数/拟合度(R^2)
		29.358	14.679	7.340	3.670		
$N(r)$	11-1/39	1	4	11	23	1.5031	0.9809
	11-2/40	1	4	12	22	1.4964	0.9721
	11-3/45	1	3	5	10	1.0703	0.9749
	11-4/46	1	3	8	16	1.3416	0.9903
	12-1/37	0	0	0	0	0.0000	-
	12-2/38	1	4	11	19	1.4204	0.9648
	12-3/47	0	0	0	0	0.0000	-
	12-4/48	0	0	0	0	0.0000	-

表 7-4　分区信息维、关联维计算参数统计表

分区编号/序号	r/km	ln$r$	$I(r)$	信息维	判定系数/拟合度(R^2)	分区编号/序号	r/km	ln$r$	$I(r)$	关联维	判定系数/拟合度(R^2)
1-1/1	14.679	2.686	1.332	1.1501	0.9894	1-1/1	14.679	2.686	1.273	1.1740	0.9896
	7.340	1.993	2.272				7.340	1.993	2.231		
	3.670	1.300	2.926				3.670	1.300	2.900		
1-2/2	14.679	2.686	1.321	1.2723	0.9922	1-2/2	14.679	2.686	1.269	1.2684	0.9924
	7.340	1.993	2.338				7.340	1.993	2.281		
	3.670	1.300	3.085				3.670	1.300	3.027		
1-3/11	14.679	2.686	0.637	1.1797	0.9944	1-3/11	14.679	2.686	0.588	1.1853	0.9956
	7.340	1.993	1.561				7.340	1.993	1.504		
	3.670	1.300	2.272				3.670	1.300	2.231		
1-4/12	14.679	2.686	0.693	1.5001	0.9643	1-4/12	14.679	2.686	0.693	1.5001	0.9643
	7.340	1.993	2.079				7.340	1.993	2.079		
	3.670	1.300	2.773				3.670	1.300	2.773		
2-1/3	14.679	2.686	1.079	1.4111	0.9980	2-1/3	14.679	2.686	1.059	1.3828	0.9986
	7.340	1.993	2.133				7.340	1.993	2.079		
	3.670	1.300	3.035				3.670	1.300	2.976		
2-2/4	14.679	2.686	1.277	1.2274	0.9927	2-2/4	14.679	2.686	1.184	1.2767	0.9930
	7.340	1.993	2.254				7.340	1.993	2.197		
	3.670	1.300	2.979				3.670	1.300	2.954		
2-3/9	14.679	2.686	0.995	1.6091	0.9997	2-3/9	14.679	2.686	0.898	1.6179	0.9991
	7.340	1.993	2.079				7.340	1.993	1.962		
	3.670	1.300	3.226				3.670	1.300	3.141		
2-4/10	14.679	2.686	1.352	1.2669	0.9818	2-4/10	14.679	2.686	1.327	1.2578	0.9784
	7.340	1.993	2.023				7.340	1.993	1.974		
	3.670	1.300	3.108				3.670	1.300	3.070		
3-1/5	14.679	2.686	1.055	1.3876	0.9771	3-1/5	14.679	2.686	1.022	1.3936	0.9793
	7.340	1.993	2.272				7.340	1.993	2.231		
	3.670	1.300	2.979				3.670	1.300	2.954		

分区编号/序号	r/km	lnr	I(r)	信息维	判定系数/拟合度(R^2)	分区编号/序号	r/km	lnr	I(r)	关联维	判定系数/拟合度(R^2)
3-2/6	14.679	2.686	1.330	1.1797	0.9923	3-2/6	14.679	2.686	1.281	1.1853	0.9919
	7.340	1.993	2.272				7.340	1.993	2.231		
	3.670	1.300	2.965				3.670	1.300	2.924		
3-3/7	14.679	2.686	1.332	1.1001	0.9985	3-3/7	14.679	2.686	1.273	1.1112	0.9989
	7.340	1.993	2.146				7.340	1.993	2.088		
	3.670	1.300	2.857				3.670	1.300	2.813		
3-4/8	14.679	2.686	1.311	1.5512	0.9959	3-4/8	14.679	2.686	1.259	1.5555	0.9964
	7.340	1.993	2.505				7.340	1.993	2.449		
	3.670	1.300	3.461				3.670	1.300	3.415		
4-1/17	14.679	2.686	1.330	1.1259	0.9984	4-1/17	14.679	2.686	1.281	1.1610	0.9994
	7.340	1.993	2.164				7.340	1.993	2.120		
	3.670	1.300	2.890				3.670	1.300	2.890		
4-2/18	14.679	2.686	1.330	0.9784	0.9991	4-2/18	14.679	2.686	1.281	0.9911	0.9994
	7.340	1.993	2.043				7.340	1.993	1.997		
	3.670	1.300	2.686				3.670	1.300	2.655		
4-3/19	14.679	2.686	1.369	1.3162	0.9998	4-3/19	14.679	2.686	1.350	1.2674	0.9996
	7.340	1.993	2.303				7.340	1.993	2.197		
	3.670	1.300	3.194				3.670	1.300	3.107		
4-4/20	14.679	2.686	1.099	1.2513	0.9998	4-4/20	14.679	2.686	1.099	1.2513	0.9998
	7.340	1.993	1.946				7.340	1.993	1.946		
	3.670	1.300	2.833				3.670	1.300	2.833		
5-1/15	14.679	2.686	1.321	1.3881	0.9956	5-1/15	14.679	2.686	1.269	1.3680	0.9982
	7.340	1.993	2.393				7.340	1.993	2.287		
	3.670	1.300	3.245				3.670	1.300	3.165		
5-2/16	14.679	2.686	1.373	1.4651	0.9785	5-2/16	14.679	2.686	1.362	1.4442	0.9831
	7.340	1.993	2.649				7.340	1.993	2.590		
	3.670	1.300	3.404				3.670	1.300	3.364		
5-3/21	14.679	2.686	1.040	1.1537	0.9788	5-3/21	14.679	2.686	0.981	1.1962	0.9834
	7.340	1.993	2.043				7.340	1.993	1.997		
	3.670	1.300	2.639				3.670	1.300	2.639		
5-4/22	14.679	2.686	1.079	1.2696	0.9950	5-4/22	14.679	2.686	1.059	1.2424	0.9400
	7.340	1.993	1.850				7.340	1.993	2.297		
	3.670	1.300	2.839				3.670	1.300	2.781		
6-1/13	14.679	2.686	0.974	1.4385	0.9999	6-1/13	14.679	2.686	0.901	1.4264	0.9990
	7.340	1.993	1.951				7.340	1.993	1.834		
	3.670	1.300	2.968				3.670	1.300	2.878		
6-2/14	14.679	2.686	1.215	1.3353	0.9993	6-2/14	14.679	2.686	1.099	1.3540	0.9993
	7.340	1.993	2.098				7.340	1.993	1.994		
	3.670	1.300	3.066				3.670	1.300	2.976		

续表

分区编号/序号	r/km	lnr	I(r)	信息维	判定系数/拟合度(R^2)	分区编号/序号	r/km	lnr	I(r)	关联维	判定系数/拟合度(R^2)
6-3/23	14.679	2.686	1.099	1.3695	0.9861	6-3/23	14.679	2.686	1.099	1.3292	0.9891
	7.340	1.993	2.243				7.340	1.993	2.187		
	3.670	1.300	2.997				3.670	1.300	2.941		
6-4/24	14.679	2.686	1.386	0.7925	0.9777	6-4/24	14.679	2.686	1.386	0.7925	0.9777
	7.340	1.993	1.792				7.340	1.993	1.792		
	3.670	1.300	2.485				3.670	1.300	2.485		
7-1/25	14.679	2.686	1.099	0.7076	0.9994	7-1/25	14.679	2.686	1.099	0.7076	0.9994
	7.340	1.993	1.609				7.340	1.993	1.609		
	3.670	1.300	2.079				3.670	1.300	2.079		
7-2/26	14.679	2.686	1.040	0.9592	0.9703	7-2/26	14.679	2.686	0.981	0.9738	0.9714
	7.340	1.993	1.906				7.340	1.993	1.856		
	3.670	1.300	2.369				3.670	1.300	2.331		
7-3/35	14.679	2.686	0.000	0.5000	0.7500	7-3/35	14.679	2.686	0.000	0.5000	0.7500
	7.340	1.993	0.000				7.340	1.993	0.000		
	3.670	1.300	0.693				3.670	1.300	0.693		
7-4/36	14.679	2.686	0.693	1.0850	0.9843	7-4/36	14.679	2.686	0.693	1.0850	0.9843
	7.340	1.993	1.609				7.340	1.993	1.609		
	3.670	1.300	2.197				3.670	1.300	2.197		
8-1/27	14.679	2.686	1.369	1.4188	0.9980	8-1/27	14.679	2.686	1.350	1.4023	0.9988
	7.340	1.993	2.428				7.340	1.993	2.380		
	3.670	1.300	3.336				3.670	1.300	3.294		
8-2/28	14.679	2.686	0.693	<0.5	—	8-2/28	14.679	2.686	0.693	<0.5	—
	7.340	1.993	0.693				7.340	1.993	0.693		
	3.670	1.300	0.693				3.670	1.300	0.693		
8-3/33	14.679	2.686	0.693	0.5000	0.9905	8-3/33	14.679	2.686	0.693	0.5000	0.9905
	7.340	1.993	1.099				7.340	1.993	1.099		
	3.670	1.300	1.386				3.670	1.300	1.386		
8-4/34	14.679	2.686	1.055	1.1925	0.9812	8-4/34	14.679	2.686	1.022	1.2165	0.9789
	7.340	1.993	2.079				7.340	1.993	2.079		
	3.670	1.300	2.708				3.670	1.300	2.708		
9-1/29	14.679	2.686	1.358	1.4154	0.9932	9-1/29	14.679	2.686	1.332	1.5472	1.0000
	7.340	1.993	2.479				7.340	1.993	2.392		
	3.670	1.300	3.320				3.670	1.300	3.477		
9-2/30	14.679	2.686	1.330	1.1418	0.9951	9-2/30	14.679	2.686	1.281	1.1464	0.9937
	7.340	1.993	2.025				7.340	1.993	1.966		
	3.670	1.300	2.912				3.670	1.300	2.870		
9-3/31	14.679	2.686	1.352	1.3929	0.9945	9-3/31	14.679	2.686	1.327	1.3968	0.9970
	7.340	1.993	2.441				7.340	1.993	2.388		
	3.670	1.300	3.283				3.670	1.300	3.263		

续表

分区编号/序号	r/km	$\ln r$	$I(r)$	信息维	判定系数/拟合度(R^2)	分区编号/序号	r/km	$\ln r$	$I(r)$	关联维	判定系数/拟合度(R^2)
9-4/32	14.679	2.686	1.386	0.9037	0.9962	9-4/32	14.679	2.686	1.386	0.9037	0.9962
	7.340	1.993	2.079				7.340	1.993	2.079		
	3.670	1.300	2.639				3.670	1.300	2.639		
10-1/41	14.679	2.686	0.693	1.0850	0.9980	10-1/41	14.679	2.686	0.693	1.0850	0.9980
	7.340	1.993	1.386				7.340	1.993	1.386		
	3.670	1.300	2.197				3.670	1.300	2.197		
10-2/42	14.679	2.686	1.099	0.7925	0.9776	10-2/42	14.679	2.686	1.099	0.7925	0.9776
	7.340	1.993	1.792				7.340	1.993	1.792		
	3.670	1.300	2.197				3.670	1.300	2.197		
10-3/43	14.679	2.686	0.000	0.7925	0.7500	10-3/43	14.679	2.686	0.000	0.7925	0.7500
	7.340	1.993	0.000				7.340	1.993	0.000		
	3.670	1.300	1.099				3.670	1.300	1.099		
10-4/44	14.679	2.686	0.637	0.9036	0.9646	10-4/44	14.679	2.686	0.588	0.8958	0.9707
	7.340	1.993	1.055				7.340	1.993	1.022		
	3.670	1.300	1.889				3.670	1.300	1.829		
11-1/39	14.679	2.686	1.352	1.2669	0.9936	11-1/39	14.679	2.686	1.327	1.2578	0.9958
	7.340	1.993	2.352				7.340	1.993	2.297		
	3.670	1.300	3.108				3.670	1.300	3.070		
11-2/40	14.679	2.686	1.352	1.2341	0.9757	11-2/40	14.679	2.686	1.327	1.2242	0.9795
	7.340	1.993	2.441				7.340	1.993	2.388		
	3.670	1.300	3.063				3.670	1.300	3.024		
11-3/45	14.679	2.686	1.099	0.8685	0.9924	11-3/45	14.679	2.686	1.099	0.8685	0.9924
	7.340	1.993	1.609				7.340	1.993	1.609		
	3.670	1.300	2.303				3.670	1.300	2.303		
11-4/46	14.679	2.686	1.040	1.2350	0.9902	11-4/46	14.679	2.686	0.981	1.2560	0.9908
	7.340	1.993	2.043				7.340	1.993	1.997		
	3.670	1.300	2.752				3.670	1.300	2.722		
12-1/37	14.679	2.686	0.000	0.0000	—	12-1/37	14.679	2.686	0.000	0.0000	—
	7.340	1.993	0.000				7.340	1.993	0.000		
	3.670	1.300	0.000				3.670	1.300	0.000		
12-2/38	14.679	2.686	1.332	1.1631	0.9666	12-2/38	14.679	2.686	1.273	1.2058	0.9616
	7.340	1.993	2.398				7.340	1.993	2.398		
	3.670	1.300	2.944				3.670	1.300	2.944		
12-3/47	14.679	2.686	0.000	0.0000	—	12-3/47	14.679	2.686	0.000	0.0000	—
	7.340	1.993	0.000				7.340	1.993	0.000		
	3.670	1.300	0.000				3.670	1.300	0.000		
12-4/48	14.679	2.686	0.000	0.0000	—	12-4/48	14.679	2.686	0.000	0.0000	—
	7.340	1.993	0.000				7.340	1.993	0.000		
	3.670	1.300	0.000				3.670	1.300	0.000		

二、矿床分形丛集特征

1. 空间分布容量维

　　黔东成矿带共划分分区 48 个，发育金属矿床(点)61 个，其中铅锌矿床(点)53 个。金属矿床分布于 1-2、2-4、3-3、3-4、6-1、6-2、6-3 和 6-4 等 27 个分区，占分区总数的 56.3%，其中 1-2、5-4、7-2、8-1、8-4、12-2 和 11-3 这 7 个分区发育金属矿床 30 个，约占金属矿床总数的 49.2%。铅锌矿床(点)分布于 1-2、2-4、3-3、3-4、6-1、6-2、6-3 和 6-4 等 24 个分区，占分区总数的 50%，其中 1-2、5-4、7-2、8-1、8-4、12-2 和 11-3 这 7 个分区发育铅锌矿床(点)27 个，占铅锌矿床(点)总数的 50.9%。综上，矿床主要分布在少数几个分区，从定性角度来看，矿床分布具有显著丛集性。

　　采用恰当的研究标度，可把矿床当作空间上的点集，运用计盒维数法即可定量表征矿床(点)空间分布分形特征。矿床空间分布分维值计算参数统计见表 7-5，根据表 7-5 绘制 $\ln r$-$\ln N(r)$ 回归拟合直线图(图 7-5)。从中国部分地区矿床分维值统计表(表 7-6)及矿床空间分布分维值计算线性拟合图(图 7-5)可以看出：①黔东成矿带锑矿、铅锌矿、金属矿线性拟合直线的拟合度均大于 0.97，说明锑矿、铅锌矿、金属矿空间分布为分形丛集结构；②黔东成矿带金属矿分布分维值＞铅锌矿分布分维值＞锑矿分布分维值；③黔东成矿带金属矿和铅锌矿容量维＜较大分形标度(上限)的大多数地区，而与同等分形标度(上限)的垭都—蟒硐成矿带铅锌矿容量维相比较小，说明黔东成矿带金属矿和铅锌矿丛集性较强，均大于垭都—蟒硐成矿带铅锌矿的丛集性；④黔东成矿带矿床分布的丛集性会导致矿床分维值降低，而黔东成矿带矿床空间分布容量维远小于研究区整体断裂及 NE(含 NNE)向断裂容量维，一定程度上说明了矿床空间分布丛集性较强，同时说明就矿找矿的勘查思路在研究区十分可行。

表 7-5　矿床分布容量维计算参数统计表

类别	r/km	$N(r)$	$\ln r$	$\ln N(r)$
金属矿	58.716	10	4.073	2.303
	29.358	30	3.380	3.401
	14.679	55	2.686	4.007
	7.340	97	1.993	4.575
铅锌矿	58.716	10	4.073	2.303
	29.358	27	3.380	3.296
	14.679	48	2.686	3.871
	7.340	87	1.993	4.466
锑矿	58.716	3	4.073	1.099
	29.358	5	3.380	1.609
	14.679	7	2.686	1.946
	7.340	9	1.993	2.197

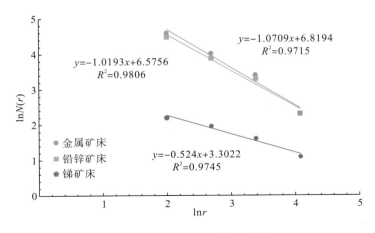

图 7-5 矿床空间分布分维值计算线性拟合图

表 7-6 中国部分地区矿床分维值统计表

位置	矿种	标度区间/km	分维值	参考文献
安徽省	煤炭、铜矿、铁矿等	17.8125～285	1.3371	施国栋等，2020b
华南地区	铀矿	20～400	1.0468	周泉宇等，2009
云开隆起西、北缘	金矿	1.25～10	0.3552	韩喜彬等，2010
		10～160	1.2418	
中国	金矿	20～150	0.2293	施俊法和王春宁，1998
		150～5 000	1.3073	
浙江	金矿	1～20	0.1923	李长江等，1996
		20～750	0.7168	
	萤石	1～20	0.3778	
		20～750	1.1851	
	铅锌矿	1～20	0.1459	
		20～750	1.1723	
新疆阿尔泰地区	金、铜、铅、锌、稀有金属	1.25～16.32	0.2305	谭凯旋等，2000
		16.32～150	1.512	
垭都—蟒硐成矿带	铅锌矿	6.741～53.930	1.3262	本书研究
黔东成矿带	铅锌矿	7.34～58.716	1.0193	本书研究
	锑矿	7.34～58.716	0.5240	
	金属矿	7.34～58.716	1.0709	

2. 数量及密度分形特征

黔东成矿带矿床数量及密度分形分布数据统计见表 7-7，根据表 7-7 绘制矿床数量及密度分形分布拟合图 (图 7-6)。从表 7-7、图 7-6 可知：①在研究标度 20～80km 内，铅锌矿和金属矿的研究标度-矿床平均数量呈幂律关系，判定系数分别为 0.9906 和 0.9966，拟合度较高，说明铅锌矿和金属矿的数量分布为分形结构，且其分形分布分维值分别为 1.4225 和 1.4716［图 7-6(a)］；②在研究标度 20～80km 内，铅锌矿和金属矿的研究标度-矿床密度呈幂律关系，判定系数分别为 0.9454 和 0.9742，拟合度较高，说明铅锌矿和金属矿床的密度分布为分形结构，且其分形分布分维值分别为 1.422 和 1.472［图 7-6(b)］；③无论是矿床数量分形分布，还是矿床密度分形分布，铅锌矿和金属矿的分维值均较高（>1.42），说明铅锌矿和金属矿的丛集性较高。

表 7-7　矿床数量及密度分形分布数据统计表

标度/km	铅锌矿		金属矿	
	平均数量/个	密度/(个/km²)	平均数量/个	密度/(个/km²)
20	3.1	0.00248	3.3	0.00264
30	4.5	0.00160	5.4	0.00192
40	7.1	0.00142	8.5	0.00170
50	10.3	0.00132	12.0	0.00153
60	14.2	0.00126	16.9	0.00150
70	17.0	0.00111	20.1	0.00131
80	20.4	0.00102	23.8	0.00119

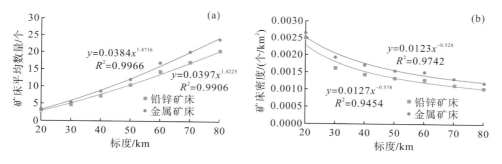

图 7-6　矿床数量及密度分形分布拟合图

第四节　断裂分形特征与矿床空间分布耦合关系

根据自组织临界理论，具有分形特征的断裂体系是在断裂作用的耗散过程中，由于小断裂的连接、演化并自发组织到一点，使应变集中到具分形几何的主断裂带上所形成的（Cello，1997；周泉宇等，2009）。而断裂分维值与其连通性有关，当断裂分维值低于临界值时，变形及渗透率偏低，断裂呈孤立状态，断裂连通性差，当断裂分维值达到或高于临界值时，变形强烈，渗透率增加，则断裂的连通性好，从而有利于成矿流体的运移、聚集以及热液矿床的形成。岩石块体二轴压缩试验的数值模拟显示断裂分维值的临界值为1.22～1.38（Kruhl，1994）。断裂分维值具有局域性（与研究标度相关），然而因研究标度与研究区尺度大体匹配、研究区尺度与构造规模基本匹配。因此，断裂分维临界值仍具有一定借鉴意义, 即断裂容量维＞1.22 的区域有利于成矿。实际上热液矿床分布位置除受断裂因素主控外, 有利的岩性(或岩性组合)等因素亦会对矿床分布造成一定程度影响, 故而可以看到发育矿床的分区断裂容量维大多数＞1.22, 但也能看到发育较多矿床的分区断裂容量维小于且十分接近 1.22, 这从一定程度上证明了研究区金属矿的分布主要受断裂控制及运用分维值探讨矿床分布的可靠性。

从定性的角度来看, 分布各类金属矿床分区的邻区分维值普遍相对(分布金属矿床)较低, 这可能是由于分维值相对较低的邻区利于阻挡、封闭成矿流体。实际上, 由于矿床分布的丛集性, 往往连续 2 个或更多分区发育矿床, 这时就需要将这些分区看成一个整体, 从而认识邻区阻挡、封闭成矿流体的作用。以容量维为例, 绘制分区横纵波动图(图 7-7)。从图 7-7 可以看出, 发育矿床的分区或分区联合体在二维视角下(平面), 至少与一个分维值相对较低的分区相邻。

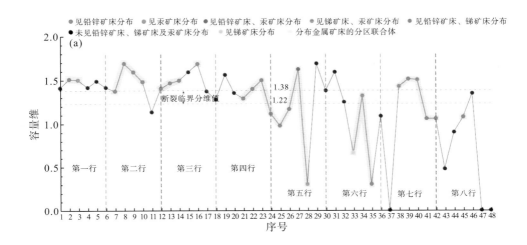

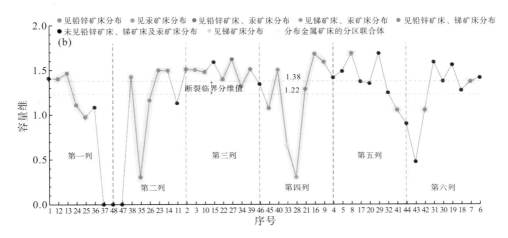

图 7-7 分区分维值横纵波动图

　　为系统探讨矿床分布与分维值的关系，绘制分区分维值-矿床数量投影图(图7-8)及分区不同类型分维值投影图(图7-9)。从图7-8及图7-9综合来看：①金属矿与铅锌矿的有利分维值分布区间基本一致；②绝大多数容矿分区的容量维大于1.16，信息维大于0.95，关联维大于0.97，而铅锌矿床或金属矿床主要分布于容量维大于1.16、信息维大于0.95、关联维大于0.97的容矿分区；③从容量维、信息维及关联维的综合角度来看，有利分区需满足容量维大于1.16、信息维大于0.95、关联维大于0.97。

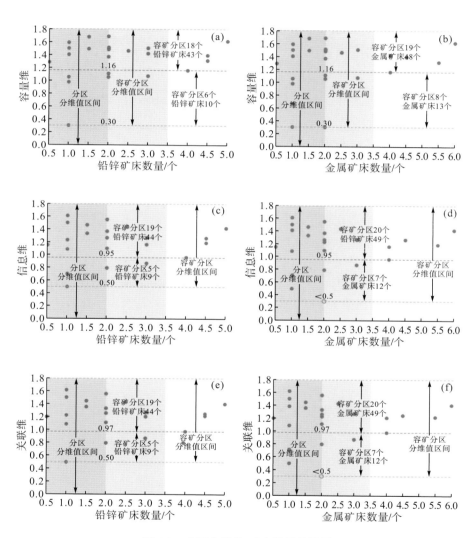

图7-8　分区分维值-矿床数量投影图

注：(a)图、(c)图、(e)图中的"矿"指铅锌矿，(b)图、(d)图、(f)图中的"矿"指金属矿。

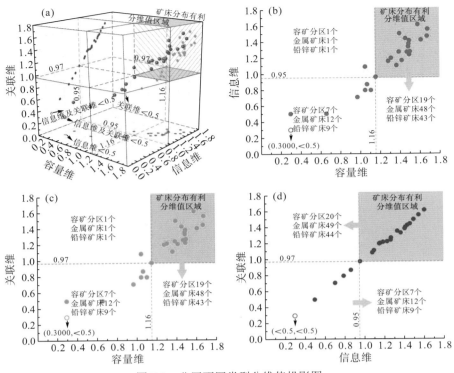

图 7-9   分区不同类型分维值投影图

从分维值的角度来看，有利于矿床分布的区域应满足两个条件：①金属矿床或铅锌矿床有利分布区应满足容量维大于 1.16、信息维大于 0.95、关联维大于 0.97；②二维平面上存在相对阻挡、封闭流体的邻区。根据以上两点分别圈定容量维、信息维及关联维的有利找矿区［图 7-10（a）～（c）］，三者的重叠区域即为分维值分析综合有利成矿区［图 7-10（d）］。从图 7-10（d）可以看出，贵定—都匀地区成矿条件十分优越，其成矿与区域性的深大断裂可能密切相关。

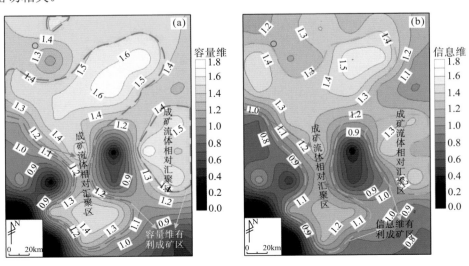

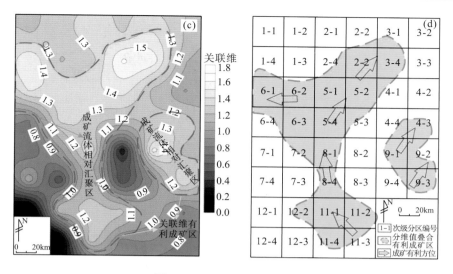

图 7-10　分维值有利成矿区

第八章　矿床成因与成矿预测

第一节　古油气藏与铅锌成矿关系

越来越多的研究表明，沉积盆地中金属成矿与油气成藏密切相关(Hulen 和 Collister，1999；刘建明等，2000；顾雪祥等，2010；Gu et al.，2012；Wang et al.，2017；胡煜昭和任涛，2019；Cheng et al.，2021)，特别是以碳酸盐岩为容矿围岩的后生密西西比河谷型(MVT)铅锌矿床与油气藏关系密切(Kesler and Jones，1994；Wu et al.，2013；Hurtig et al.，2018；Wang et al.，2020；李荣西等，2021)。扬子板块周缘分布着中国几个重要的铅锌多金属成矿区/带，包括西南缘的川滇黔矿集区、北缘的马元成矿带、东南缘的鄂西—湘西—黔东成矿带等，它们不仅是我国主要的铅锌矿产地，同时也是重要的稀散金属(Ge 等)生产基地(Xiong et al.，2018；Zhou et al.，2018ab；吴越等，2019；Hu et al.，2022)。这些成矿区/带内均已报道了烃类有机质的踪迹，且初步研究表明其在铅锌成矿中发挥着重要的作用(Wu et al.，2013；李堃等，2021；Guan et al.，2023；Xu et al.，2023)。

位于扬子板块东南缘的湘西—黔东铅锌成矿带，已发现的铅锌矿床(点)300 余处(Hu et al.，2022)，与古(残余)油藏(如奥陶纪—志留纪麻江古油藏和凯里残余油藏，寒武纪丹寨古油藏和铜仁—万山古油藏)在空间分布上具有较好的叠合关系(图 8-1)(刘劲松等，2012)。其中，牛角塘矿田在空间上与著名的麻江大型古油藏重叠(胡煜昭等，2007；韩世庆等，2012)，其为开展成矿与成藏耦合关系研究提供了绝佳机会。由于牛角塘矿田中发育有机质，成矿流体组分与油田卤水相似，且闪锌矿、方解石和白云石的包裹体富含 CH_4、C_2H_6 等有机气体组分(叶霖等，2000；刘劲松等，2012)。因此，研究者们均推测铅锌矿床与麻江古油藏具有密切的成因联系，但并未进一步进行详细的研究。尽管有研究者推测成矿时期主要为燕山中晚期(陈国勇等，1992)，也有一些学者根据 510～433Ma(刘铁庚和叶霖，2000)和 506.3～466.5Ma(张碧志等，1994)的铅同位素模式年龄，推测成矿时期为加里东运动的中晚期，但成矿年代终究未能准确限定。因此，古油藏与铅锌成矿关系仍缺乏系统深入研究。

本章详细阐述矿田围岩中新发现的沥青层(古油藏)特征，并利用激光拉曼光谱、碳同位素对古油藏沥青的来源和演化进行研究，结合沥青 Re-Os 和闪锌矿 Rb-Sr 年龄以及沥青中黄铁矿原位 S 同位素组成和 2D 地震资料，探讨麻江古油藏与牛角塘矿田的成因关系。

一、古油藏与矿床中的沥青特征

研究区油气显示丰富(图 8-2 和图 8-3)，中寒武统、下奥陶统、中奥陶统、下志留统、

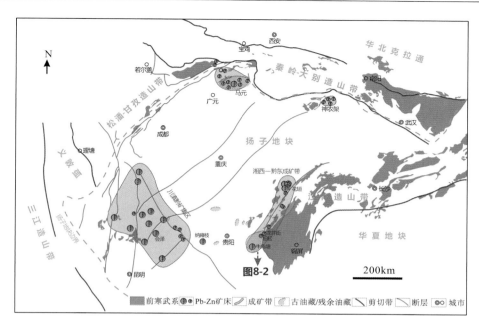

图 8-1　扬子板块及其周缘铅锌矿床和古油气藏分布略图

注：据刘劲松等（2012）、Luo 等（2020）、Wang 等（2020）、Xu 等（2023）改。

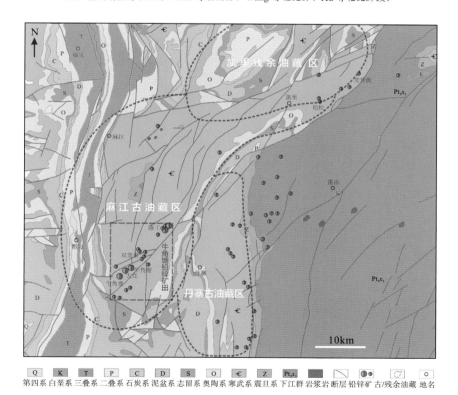

图 8-2　研究区古油藏与铅锌矿分布略图

下三叠统等地层产出液态油苗(贺训云等，2013)；寒武系、下奥陶统及中下志留统赋存有固体沥青(腾格尔等，2008)。液态油苗主要分布于凯里一带，即凯里下志留统—下奥陶统(S_1-O_1)残余油藏区(高波等，2015；康建威等，2016)；而固体沥青主要分布在麻江—都匀—丹寨一带，即麻江下志留统—下奥陶统(S_1-O_1)古油藏区(高波等，2012)和丹寨上寒武统(ϵ_3)古油藏区(李葆华等，2014)。其中，麻江古油藏与凯里残余油藏面积约为2450km^2，现在残存 800km^2，推测原始石油储量超过 16×10^{8}t；丹寨古油藏中的沥青达数千万吨，相当于原始石油储量 1×10^{8}t 以上(韩世庆等，2012；胡煜昭等，2007)。研究表明，该区油气主要来自下寒武统烃源岩(腾格尔等，2008；贺训云等，2013；杨平等，2014)。

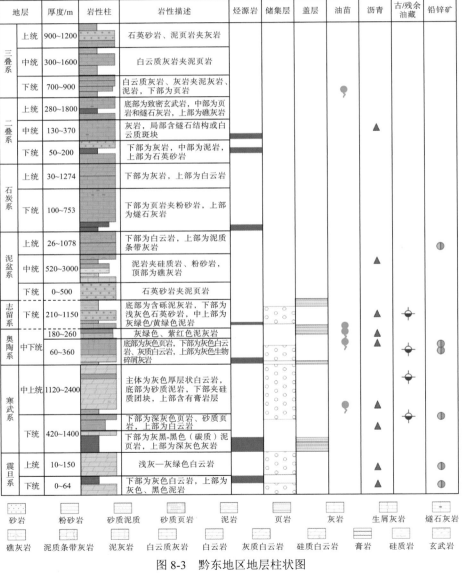

图 8-3　黔东地区地层柱状图

注：据腾格尔等(2008)、李双建等(2011)、贺训云等(2013)、杨平等(2014)综合修改。

　　本次工作在陈工(CG)矿床(图 8-2)的清虚洞组($\mathcal{C}_1q$)围岩中也发现了沥青层[图 8-4(d)],同时在陈工、双龙泉(SLQ)等矿床(图 8-2)的矿石中也发现了固体沥青的存在[图 8-4(e)、(f)]。

图 8-4　古油藏与矿床中的沥青特征

麻江古油藏沥青产于翁向群砂岩裂隙与孔隙中(a)及红花园组灰岩溶洞与裂隙中(b),沥青呈黑色,污手,光泽较强,性硬而脆,具有贝壳状断口,表明其热演化程度较高;丹寨古油藏中的沥青,分布于杨家湾组泥质条带灰岩的裂缝中(c);陈工矿赋矿围岩(清虚洞组白云岩)中被发现厚数米到十几米的含沥青层(古油藏)(d),矿石中也发育有大量的沥青,与闪锌矿、黄铁矿及白云石共生(e);双龙泉矿石中也存在有大量的沥青(f)。MJ.麻江古油藏;CG.陈工矿床;SLQ.双龙泉矿床;Bit.沥青;Dol.白云石;Py.黄铁矿;Sp.闪锌矿

二、样品和分析方法

1. 样品

　　沥青采集自丹寨古油藏和牛角塘矿田的陈工矿床矿石和围岩中。将沥青破碎成 5～10mm 的颗粒,以用于激光拉曼光谱分析。挑选在陈工矿床围岩中采集的沥青样品以进

行有机碳同位素分析，另外选择代表性样品磨制成激光片以对沥青中的黄铁矿进行原位S 同位素分析。用于闪锌矿 Rb-Sr 同位素定年的矿石样品采自大亮矿床。闪锌矿单矿物挑选工作在南京宏创地质勘查技术服务有限公司完成。首先将样品磨碎至 80～100 目使闪锌矿与其他矿物分离。然后用蒸馏水清洗磨好的样品，并低温烘干；再利用双目显微镜进行闪锌矿单矿物挑选，反复挑选至闪锌矿纯度优于 99%为止，共挑选出 10 件闪锌矿单矿物样品。

由于陈工矿床围岩中的沥青难以分选，本次工作选择邻近层位的丹寨古油藏($\epsilon_3 y$)沥青进行 Re-Os 同位素定年。采样时剥去表层风化层，以保证样品的新鲜；采样过程中要注意避免受到铁器污染，尽量使用木质或陶瓷工具。将样品破碎至 60～80 目，在双目显微镜下挑选出沥青颗粒，至纯度优于 99%为止，共挑选出 7 件具有代表性的沥青样品。

2. 方法

1) 沥青激光拉曼光谱分析

沥青激光拉曼光谱分析在昆明理工大学云南省矿产资源预测评价工程实验室完成。选择颗粒较大、纯净和表面平整的沥青颗粒，用橡皮泥固定在载玻片上，尽量确保沥青上表面在同一水平面上，然后利用 RENISHAW inVia 显微共聚焦拉曼光谱仪进行测试。主要实验参数：激光波长为 532nm，曝光时间为 10～20s，样品表面激光强度为 0.45mW，观测物镜为×50，测点直径为 2μm，扫描波数范围为 500～2000cm^{-1}。每个沥青颗粒测试 1 或 2 个点。

2) 沥青有机碳同位素分析

沥青有机碳同位素分析在中国科学院西北生态环境资源研究院地球化学分析测试中心完成，碳同位素分析结果采用 PDB 标准。在有机碳同位素分析之前按以下步骤去除样品中的碳酸盐。①从研磨至 200 目的样品中称取 100mg 放入离心管，然后加入浓度为 4mol/L 的 HCl 并震荡摇匀；②浸泡溶解 24h 后放入离心机中离心，然后倒出上清液；③重复三次加入去离子水并离心分离使上清液呈中性；④将上清液放入冻干机中干燥 48h。接下来称取适量干燥后的样品进行有机碳同位素分析，使用的仪器为 Thermo Fisher 公司生产的 MAT-253/Flash 2000 元素分析仪-同位素比值质谱联用仪。分析误差小于±0.2‰。采用的标准物质是 IAEA-600（咖啡因），其 $\delta^{13}C$ 值为−27.77‰。

3) 原位硫同位素分析

沥青黄铁矿微区原位 S 同位素分析在广州市拓岩检测技术有限公司完成。利用 193nm 准分子激光剥蚀系统（RESOlution M-50，ASI）。使用的参数：激光能量密度为 3.6J/cm^2，频率为 3Hz，剥蚀斑束为 25～37μm，剥蚀方式为单点剥蚀，载气为高纯氦气（280mL/min），补充气体为 Ar（一般为 0.86L/min）。S 同位素分析采用多接收等离子体质谱（Nu Plasma 1700 MC-ICPMS）。一般使用的分辨率大于 12000。数据采集模式为 TRA 模式，积分时间为 0.2s，背景采集时间为 30s，样品积分时间为 50s，吹扫时间为 75s。

测试过程中使用的数据校正方法为"标准—样品—标准"交叉测试。为监控数据的准确性，会每隔 8 个样品插入一对实验室内标。其详细的分析方法见文献（Chen et al.，2019）。测试结果采用 Vienna Canyon Diablo Troilite（V-CDT）标准（Bendall et al.，2006）。

4）Rb-Sr 同位素分析

挑选出的闪锌矿单矿物样品送至中国地质调查局天津地质调查中心，利用 Triton 热电离质谱进行 Rb、Sr 含量和同位素的精确测定。按以下步骤进行样品前处理。①准确称取适量样品，利用 $HF+HNO_3+HClO_4$ 将样品溶解；②溶解后的样品溶液均匀地分成两份，其中一份加入适量 $^{87}Rb+^{84}Sr$ 混合稀释剂，待分离纯化后用于测定 Rb、Sr 含量；③另一份溶液待分离纯化后用于 Sr 同位素比值测定。

Rb 和 Sr 分离流程采用传统 AG50W×12 阳离子交换树脂进行，利用不同浓度的 HCl 进行梯度洗脱，并收集 Rb、Sr 组分。接下来准确测定 $^{85}Rb/^{87}Rb$ 和 $^{84}Sr/^{86}Sr$，然后根据同位素稀释法原理计算得出 Rb、Sr 含量和 $^{87}Rb/^{86}Sr$。最后测定 $^{87}Sr/^{86}Sr$。利用 $^{88}Sr/^{86}Sr=8.375209$ 进行质量分馏校正。国家标样 NIST SRM987 标准溶液用于监控仪器状态 $[^{87}Sr/^{86}Sr=0.710242\pm0.000008（2SE）]$。国际岩石标样 BCR-2 用于监控分析方法的可靠性 $[^{87}Sr/^{86}Sr=0.705027\pm0.000018（2SE）]$。全流程空白：Rb 小于 103pg，Sr 小于 152pg。最终的等时线年龄用 ISOplot 程序计算。

5）Re-Os 同位素分析

沥青样品 Re-Os 同位素测试委托广州市拓岩检测技术有限公司完成。样品处理方法如下。①在卡洛斯管中放入 0.5～2.0g 的黄铁矿和磁铁矿粉末，然后加入适量的 ^{185}Re 和 ^{190}Os 稀释剂和逆王水（2.5mL 浓 HCl 和 7.5mL 浓 HNO_3）；②将卡洛斯管的底部放在液氮和乙醇混合物的浴液中冷却，待管内溶液完全冻住后用气焊枪将卡洛斯管密封；③将密封的卡洛斯管放入钢套中，在鼓风烘箱中加热 24h（230℃）；④待样品完全溶解后，将密封的卡洛斯管再次放入盛有液氮和乙醇的容器中，等到管内溶液被全部冻住以后进行开管；⑤待卡洛斯管内溶液全部解冻，将其转移到 50mL 离心管中沉淀残余固体；⑥将上清液转移到 33mL PFA 瓶中，采用溶剂萃取法将 Os 提取到 CCl_4 相中，然后反萃取到浓缩的 HBr 中；⑦萃取的 Os 馏分通过微蒸馏进一步纯化后装入 99.999%的 Pt 丝上，然后在样品顶部加入 $Ba(OH)_2$ 发射剂以增强离子发射；⑧Os 提取后，将剩余的含 Re 溶液蒸发干燥，将残留物溶于 1mL HCl（6mol/L）中；⑨将溶液再次蒸发至干燥，然后将残留物重新溶解在 10mL HCl（1mol/L）中，并置于 80℃的热板上 50min；⑩用阴离子交换树脂进行 Re 再分离和纯化。最后利用 ICP-MS 测定 Re 的同位素组成，并利用 Thermo Finnigan Triton 热电离质谱仪在负电离模式下（N-TIMS）测量 Os 同位素组成。详细的分析方法参见文献（李超等，2014）。全流程中 Re 和 Os 的空白分别为（0.0910±0.0004）pg 和（1.11±1.16）pg。

三、激光拉曼光谱

陈工矿床围岩与矿石中的沥青分别测试了 26 个点，丹寨古油藏沥青共测试了 20 个点。

为了获取 D 峰和 G 峰的峰位和峰高等参数，本次工作进行了双峰拟合。首先扣除背景噪声，然后确定 D 峰与 G 峰的位置，采用 Origin 软件对 D 峰和 G 峰直接进行洛伦兹（Lorentzian）拟合，直到拟合的谱图与原始谱图形态基本一致为止。沥青的激光拉曼参数如表 8-1 所示。

表 8-1　沥青激光拉曼原始谱图双峰（D 峰和 G 峰）洛伦兹拟合结果

样品性质	测试点号	D 峰拟合				G 峰拟合				拟合系数
		A_D	$FWHM_D$	I_D	W_D	A_G	$FWHM_G$	I_G	W_G	
丹寨古油藏沥青	DZ-01	3047779.53	222.21	9651.46	1353.12	1674039.70	75.33	14733.81	1586.75	98.79
	DZ-02	2317607.38	237.47	6914.82	1346.62	1056970.48	66.05	10556.96	1589.48	98.83
	DZ-03	2909370.10	225.21	9102.79	1352.14	1530771.73	73.86	13729.82	1587.36	98.92
	DZ-04	2212760.97	226.53	6886.63	1350.11	1157061.57	72.17	10611.81	1589.25	99.08
	DZ-05	3115395.44	240.11	9206.49	1352.45	1537742.69	76.85	13277.75	1586.95	99.17
	DZ-06	2858010.35	243.12	8352.49	1350.90	1353586.08	73.03	12274.27	1588.14	99.01
	DZ-07	3603969.51	240.20	10646.89	1352.50	1771462.30	77.43	15185.21	1586.55	99.12
	DZ-08	2507366.40	217.15	8105.64	1352.30	1381623.67	72.60	12598.96	1587.26	98.74
	DZ-09	3056953.38	243.69	8915.15	1349.90	1424307.37	73.23	12877.62	1587.68	99.06
	DZ-10	1312436.48	153.25	5837.39	1354.28	1185027.89	64.75	12066.73	1591.53	97.20
	DZ-11	2681197.12	216.72	8683.37	1353.01	1520400.91	75.15	13412.65	1586.81	98.81
	DZ-12	2681197.12	216.72	8683.37	1353.01	1520400.91	75.15	13412.65	1586.81	99.01
	DZ-13	2925874.84	234.33	8835.77	1353.18	1501345.12	76.82	12969.00	1587.40	99.14
	DZ-14	1846637.88	198.72	6466.39	1345.89	1036033.25	66.01	10354.00	1590.03	98.35
	DZ-15	2909170.40	227.07	9035.91	1353.98	1588040.21	78.58	13422.33	1586.98	99.15
	DZ-16	2812309.18	212.55	9268.47	1353.44	1679282.81	76.57	14549.10	1586.58	98.63
	DZ-17	1911783.93	185.68	7122.92	1351.27	1223983.39	47.95	16683.43	1602.55	85.72
	DZ-18	2518775.78	223.13	7945.67	1349.58	1294042.10	72.45	11824.61	1588.34	99.00
	DZ-19	3524945.05	232.96	10698.87	1347.99	1736211.50	69.89	16422.60	1588.39	99.12
	DZ-20	2136548.23	228.05	6609.57	1349.73	1095515.11	72.37	10020.37	1588.41	99.03
陈工矿床围岩沥青	CG-B-01	13449600.00	184.85	50287.04	1330.12	7970873.34	101.12	52980.10	1580.58	96.96
	CG-B-02	13582400.00	204.75	46234.34	1287.48	12522900.00	223.94	39952.97	1533.36	95.01
	CG-B-03	15844300.00	192.44	57099.41	1327.98	9260323.77	115.92	54115.10	1577.41	95.24
	CG-B-04	15844300.00	192.44	57099.41	1327.98	9260323.77	115.92	54115.10	1577.41	96.81
	CG-B-05	6902569.08	162.90	28994.48	1330.75	4175449.41	111.93	25208.67	1573.87	95.05
	CG-B-06	12351800.00	200.35	42901.31	1317.23	7711794.46	140.46	37656.78	1566.89	96.32
	CG-B-07	11912300.00	178.88	45905.53	1336.32	7028064.01	84.14	55644.75	1587.15	96.38
	CG-B-08	12082600.00	201.01	41846.72	1322.86	7117737.79	127.68	37984.14	1570.79	96.66
	CG-B-09	5274937.10	181.38	20073.14	1340.89	3023239.75	72.92	27457.27	1590.55	95.79
	CG-B-10	6554597.88	166.53	26981.68	1340.36	3860157.35	91.99	28068.23	1583.07	95.80
	CG-B-11	4588197.50	194.77	16358.32	1337.32	2230249.01	40.02	36270.27	1604.17	98.17
	CG-B-12	13824600.00	191.84	49964.22	1327.99	7720811.65	116.06	45064.72	1576.73	96.50
	CG-B-13	9807562.20	182.78	37055.61	1335.96	6339945.36	89.70	47211.68	1581.78	96.64
	CG-B-14	13512000.00	214.02	44204.32	1309.56	8694248.14	171.53	35314.77	1556.58	95.80

样品性质	测试点号	D 峰拟合				G 峰拟合				拟合系数
		A_D	$FWHM_D$	I_D	W_D	A_G	$FWHM_G$	I_G	W_G	
	CG-O-01	1008078.71	201.66	3438.50	1350.59	513098.60	71.47	4736.49	1588.98	98.18
	CG-O-02	1266687.66	221.85	3958.20	1348.27	541783.50	70.34	5078.14	1588.16	98.22
	CG-O-03	1515746.55	222.77	4718.59	1348.24	675387.31	72.07	6184.40	1588.86	98.75
	CG-O-04	1200996.57	214.24	3874.78	1348.94	566740.04	70.44	5305.25	1589.19	98.53
	CG-O-05	1247169.95	213.87	4030.22	1349.53	588350.47	72.12	5383.56	1588.44	98.56
	CG-O-06	998205.94	218.79	3158.93	1347.63	467055.30	70.43	4372.95	1589.85	98.29
	CG-O-07	1099037.96	203.47	3717.57	1348.25	560618.09	66.80	5524.44	1590.63	98.26
	CG-O-08	1203906.41	210.60	3945.54	1348.79	581732.01	70.86	5414.85	1589.35	98.35
	CG-O-09	1408240.46	214.17	4544.74	1349.25	690304.22	69.07	6586.67	1591.21	98.50
	CG-O-10	1430539.26	212.46	4650.37	1348.08	675310.67	66.26	6707.09	1591.68	98.34
	CG-O-11	3970428.37	239.75	11569.12	1356.77	1792533.27	87.23	13657.06	1580.11	98.74
	CG-O-12	1408018.02	228.39	4286.34	1353.21	629415.90	76.75	5423.06	1584.54	98.23
陈工矿床矿石沥青	CG-O-13	2271698.42	221.62	7108.99	1356.27	1097041.66	87.22	8359.82	1581.74	98.58
	CG-O-14	2213305.56	222.93	6889.24	1356.30	1049091.92	86.21	8084.45	1581.31	98.63
	CG-O-15	874727.21	140.79	4174.63	1361.09	971027.07	82.81	7776.43	1581.36	91.08
	CG-O-16	3403708.58	242.33	9821.06	1354.77	1432828.91	86.54	10999.13	1580.03	98.75
	CG-O-17	1978690.88	214.81	6459.71	1354.18	1117970.42	77.25	9603.91	1584.93	98.22
	CG-O-18	2269683.88	243.60	6622.36	1353.57	1044812.10	79.42	8740.56	1584.52	98.70
	CG-O-19	2021609.57	223.95	6356.99	1352.66	1025184.67	76.30	8911.64	1584.67	98.20
	CG-O-20	2271347.89	233.73	6874.75	1351.88	1090284.04	76.48	9455.80	1584.59	98.34
	CG-O-21	2125031.96	220.39	6778.81	1352.09	1115062.93	74.93	9863.68	1585.68	98.16
	CG-O-22	4160508.26	249.41	11889.21	1354.31	1876990.75	83.30	14999.94	1581.86	98.74
	CG-O-23	2058638.73	234.67	6208.55	1351.52	963649.83	75.96	8413.13	1585.14	98.25
	CG-O-24	2568586.16	240.54	7578.83	1353.47	1179131.32	78.67	9953.94	1583.97	98.58
	CG-O-25	2459738.65	230.99	7524.23	1354.72	1219921.80	80.30	10097.53	1584.33	98.55
	CG-O-26	2824983.46	240.94	8322.80	1353.01	1329848.81	78.87	11198.95	1584.93	98.73

注：A 表示峰面积；FWHM 表示半高宽；W 表示峰位；I 表示峰高；下标 D、G 表示 D 峰和 G 峰。

四、C 同位素组成特征

陈工矿床围岩中沥青有机碳同位素分析结果表明，其 $\delta^{13}C_{PDB}$ 值为 $-31.20‰ \sim -29.17‰$，平均值为 $-30.10‰$（表 8-2）。

表 8-2 陈工矿床围岩沥青有机碳同位素分析结果

样品编号	样品性质	$\delta^{13}C_{PDB}/‰$
CG-1	围岩沥青	-31.20
CG-2	围岩沥青	-30.92
CG-3	围岩沥青	-30.00
CG-4	围岩沥青	-29.17
CG-5	围岩沥青	-30.11
CG-6	围岩沥青	-29.24

五、S 同位素组成特征

陈工矿床围岩沥青中黄铁矿的 S 同位素组成以及先前发表的矿石硫化物 S 同位素组成列入表 8-3 和图 8-5。由表 8-3 可见，牛角塘矿田各矿床矿石中硫化物均显著富集重 S 同位素，其 δ^{34}S 值介于 10.03‰～32.82‰，平均值为 26.84‰，其中闪锌矿、黄铁矿和方铅矿的 δ^{34}S 值分别介于 10.03‰～32.82‰（平均值为 27.25‰，n=41），21.53‰～29.04‰（平均值为 25.52‰，n=9）和 20.33‰～32.82‰（平均值为 26.03‰，n=6）。另外，786、马坡、独牛、双龙泉和菜园河矿床矿石硫化物的 δ^{34}S 值分别介于 29.27‰～32.82‰（平均值为 30.57‰，n=3），10.03‰～32.82‰（平均值为 25.38‰，n=34），28.67‰～29.65‰（平均值为 29.23‰，n=5），28.95‰～29.95‰（平均值为 29.33‰，n=7）和 21.53‰～31.25‰（平均值为 28.15‰，n=7）。陈工矿床围岩沥青中黄铁矿的 δ^{34}S 值为 28.15‰～44.12‰（平均值为 33.28‰，n=18），与牛角塘矿田总体硫同位素组成相近。

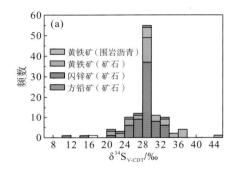 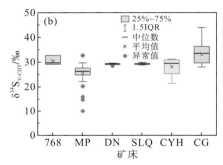

图 8-5　牛角塘矿田各类硫化物 S 同位素组成直方图(a)和各矿床不同类型硫化物 S 同位素组成范围(b)

MP.马坡；DN.独牛；SLQ.双龙泉；CYH.菜园河；CG.陈工

表 8-3　陈工矿床围岩沥青中黄铁矿硫同位素分析结果

矿床	矿物	δ^{34}S$_{V\text{-}CDT}$/‰	±2SE/%	平均	测试方法	备注
陈工	沥青中的黄铁矿	30.73	0.14	33.28	原位方法	本次工作
		36.46	0.17			
		30.01	0.14			
		29.37	0.14			
		36.73	0.15			
		30.83	0.13			
		29.78	0.13			
		29.03	0.12			
		28.05	0.19			
		37.47	0.18			
		44.12	0.18			

续表

矿床	矿物	δ³⁴S_{V-CDT}/‰	±2SE/%	平均	测试方法	备注
陈工	沥青中的黄铁矿	33.85	0.19	33.28	原位方法	本次工作
		37.17	0.21			
		33.12	0.19			
		34.91	0.21			
		34.24	0.18			
		29.31	0.18			
		33.80	0.17			
768	闪锌矿	29.27～32.82		30.57	全矿物法	叶霖等，2005
马坡	黄铁矿	22.60～29.04		26.10	全矿物法	叶霖等，2005
	闪锌矿	10.03～29.81		24.94		
	方铅矿	20.33～32.82		26.03		
独牛	闪锌矿	28.67～29.65		29.23	全矿物法	Zhou et al.，2022
双龙泉	闪锌矿	28.95～29.95		29.33	全矿物法	Zhou et al.，2022
菜园河	黄铁矿	21.53～25.44		23.49	全矿物法	Zhou et al.，2022
	闪锌矿	29.01～31.25		30.02		

六、Rb-Sr 同位素组成特征

闪锌矿样品的 Rb、Sr 含量及同位素组成的测定结果见表 8-4。样品中的 Rb 含量为 $0.1909×10^{-6}$～$0.3851×10^{-6}$，平均值为 $0.2869×10^{-6}$；Sr 含量为 $1.2533×10^{-6}$～$2.4087×10^{-6}$，平均值为 $1.8708×10^{-6}$；$^{87}Rb/^{86}Sr$ 为 0.3159～0.6207，平均值为 0.4504；$^{87}Sr/^{86}Sr$ 为 0.71177～0.71369，平均值为 0.71250。

表 8-4　大亮矿床 Rb-Sr 含量及其同位素组成

样品编号	Rb/10⁻⁶	Sr/10⁻⁶	$^{87}Rb/^{86}Sr$	±SE/%	$^{87}Sr/^{86}Sr$	±SE/%	1/Rb	1/Sr
DL1-3	0.2869	2.4087	0.3448	0.50	0.71218	0.0009	3.49	0.42
DL1-4	0.3851	1.9713	0.5655	0.50	0.71369	0.0012	2.60	0.51
DL2-8	0.3755	2.1166	0.5135	0.50	0.71248	0.0014	2.66	0.47
DL3-1	0.2683	1.6351	0.4751	0.50	0.71242	0.0013	3.73	0.61
DL3-2	0.3509	1.6369	0.6207	0.50	0.71351	0.0013	2.85	0.61
DL5	0.1909	1.7492	0.3159	0.50	0.71177	0.0013	5.24	0.57
DL5+6	0.2650	2.3171	0.3310	0.50	0.71186	0.0008	3.77	0.43
DL7	0.3023	1.9254	0.4545	0.50	0.71255	0.0013	3.31	0.52
DL9	0.2071	1.2533	0.4784	0.50	0.71200	0.0012	4.83	0.80
DL10+11	0.2367	1.6935	0.4045	0.50	0.71255	0.0015	4.23	0.59

在 $^{87}Rb/^{86}Sr$-$^{87}Sr/^{86}Sr$ 图解中［图 8-6(a)］，10 件闪锌矿样品的等时线年龄(Age)为 (447±210)Ma，$(^{87}Sr/^{86}Sr)_i$ 值为 0.7097±0.0013(MSWD=1993)。由于一些样品偏离了等时线的总体趋势，故获得的年龄误差与等时线的 MSWD 值均较大。因此，在处理年龄数据时不考虑有一定偏差的 6 件样品。剩余 4 件样品(DL3-2、DL5、DL5+6 和 DL7)显示了一致的线性相关关系，其等时线年龄为(398.0±4.7)Ma［图 8-6(b)］，$(^{87}Sr/^{86}Sr)_i$ 值为 0.709983± 0.000027(MSWD=0.66)。

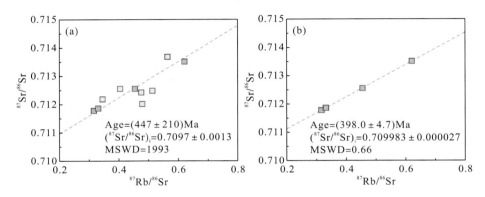

图 8-6　10 件闪锌矿样品 Rb-Sr 等时线年龄(a)和 4 件闪锌矿样品 Rb-Sr 等时线年龄(b)

七、Re-Os 同位素组成特征

丹寨古油藏沥青样品 Re-Os 同位素分析结果见表 8-5。丹寨古油藏沥青样品 Re 含量较低，范围为 $2.40×10^{-9}$～$6.73×10^{-9}$，平均值为 $3.92×10^{-9}$；普通 Os 含量为 $0.132×10^{-9}$～ $0.591×10^{-9}$，平均值为 $0.270×10^{-9}$；^{187}Os 含量为 $0.026×10^{-9}$～$0.126×10^{-9}$，平均值为 $0.055×10^{-9}$。

7 件沥青样品获得 $^{187}Re/^{188}Os$-$^{187}Os/^{188}Os$ 等时线年龄为(158±410)Ma(MSWD=9.3)，$(^{187}Os/^{188}Os)_i$ 为 1.42±0.51［图 8-7(a)］。很明显，7 个样品点较为分散，该年龄不具备地质意义。丹寨古油藏沥青样品点整体上未呈现良好的线性关系，说明部分样品可能并不满足 Re-Os 同位素等时线定年的条件。去除 3 个异常样品后，获得 $^{187}Re/^{188}Os$-$^{187}Os/^{188}Os$ 等时线年龄为(424±160)Ma(MSWD=1.3)，$(^{187}Os/^{188}Os)_i$ 为 1.08±0.19［图 8-7(b)］。

表 8-5　丹寨古油藏沥青样品 Re-Os 同位素测试数据

样品编号	Re /10^{-9}	1σ	普通 Os /10^{-9}	1σ	^{187}Os /10^{-9}	1σ	$^{187}Re/^{188}Os$	1σ	Os^{187}/Os^{188}	1σ
DZ-B1	2.96	0.10	0.289	0.021	0.053	0.002	48.15	3.78	1.43	0.02
DZ-B2	3.97	0.07	0.215	0.013	0.046	0.001	86.95	5.36	1.75	0.04
DZ-B3	4.56	0.07	0.242	0.014	0.049	0.002	88.85	5.32	1.61	0.03
DZ-B4	4.03	0.07	0.241	0.018	0.047	0.002	78.62	5.96	1.55	0.04
DZ-B5	2.40	0.14	0.132	0.005	0.026	0.000	85.86	6.09	1.61	0.04
DZ-B6	2.79	0.08	0.181	0.006	0.037	0.001	72.53	3.37	1.59	0.03
DZ-B7	6.73	0.21	0.591	0.051	0.126	0.006	53.58	4.95	1.72	0.02

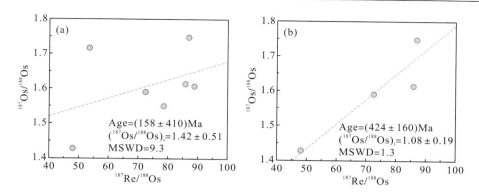

图 8-7　7 件沥青样品 Re-Os 等时线年龄(a)和 4 件沥青样品 Re-Os 等时线年龄(b)

八、沥青成熟度、来源及形成时代

1. 沥青成熟度

许多学者采用激光拉曼光谱参数两峰间距($W_G - W_D$)与峰强度比(I_D/I_G)来进行沥青成熟研究，并取得较好的应用效果(胡凯，1993；段菁春等，2002；王茂林等，2015；刘路等，2016；肖贤明等，2020)。应用于本书研究，丹寨古油藏沥青、陈工铅锌矿床围岩与矿石中的沥青几乎均落入过成熟区域[图 8-8(a)]，表明它们具有较一致的高的、热演化程度。

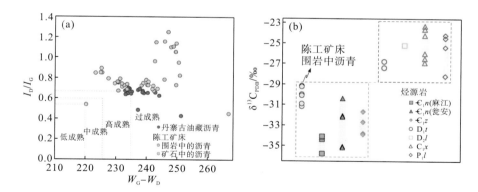

图 8-8　沥青两峰间距($W_G - W_D$)与峰强度比(I_D/I_G)关系图(a)和陈工矿床围岩沥青与潜在烃源岩的碳同位素对比图(b)

注：潜在烃源岩碳同位素数据引自贺训云等(2013)。

2. 源岩分析

已报道的碳同位素数据显示，下寒武统牛蹄塘组($\epsilon_1 n$)、渣拉沟组($\epsilon_1 z$)、下泥盆统塘丁组($D_1 t$)、中泥盆统罗富组($D_2 l$)、下石炭统祥摆组($C_1 x$)、下二叠统梁山组($P_1 l$)烃源岩的干酪根 $\delta^{13}C_{PDB}$ 值分别为 -35.8‰~ -30.4‰($n=9$)、-33.8‰~ -31.7‰($n=5$)、-27.4‰$\sim$ -26.8‰($n=2$)、-5.2‰($n=1$)、-26.9‰~ -23.3‰($n=6$)和 -28.2‰~ -24.2‰($n=4$)(贺训云

等，2013）。这些数据明显分为两组，其中下寒武统烃源岩（$\text{Є}_1 n$ 和 $\text{Є}_1 z$）碳同位素范围较接近（$\delta^{13}\text{C}_{\text{PDB}}$ 为 −30.40‰～−35.80‰，平均值为 −33.38‰），而明显区别于其他烃源岩（$\delta^{13}\text{C}_{\text{PDB}}$ 为 −23.30‰～−28.20‰，平均值为 −25.55‰）。陈工铅锌矿床围岩中沥青的有机碳同位素（$\delta^{13}\text{C}_{\text{PDB}}$ 为 −29.17‰～−31.20‰，平均值为 −30.10‰）与下寒武统烃源岩的十分接近 [图 8-8（b）]。综合分析认为，陈工铅锌矿床中固体沥青的源岩为下寒武统烃源岩。

此外，Os 同位素初始比值也可以进行源岩示踪。沥青 Os 同位素初始比值继承自烃源岩，其最初受控于沉积时海水的 Os 同位素比值。由于烃源岩中的 Os 经历了一定时期的放射性积累，沥青 Os 同位素初始比值一定大于烃源岩沉积时海水的 Os 同位素比值（李超等，2022）。丹寨古油藏沥青具有较高的初始 $^{187}\text{Os}/^{188}\text{Os}$（1.08±0.19）。与寒武纪至二叠纪海水 $^{187}\text{Os}/^{188}\text{Os}$ 演化曲线相比（李超等，2014），沥青 Os 同位素初始值范围接近于寒武纪海水的范围（图 8-9）。因此，丹寨古油藏沥青与陈工矿床中的沥青一样，均源于寒武纪烃源岩。

3. 古油藏的形成时代

前文分析表明，丹寨古油藏沥青与陈工矿床中的沥青具有相同的热演化程度和来源。热演化史表明研究区下寒武统泥岩于加里东期寒武纪末—早奥陶世进入生油门限，于晚奥陶世至早泥盆世进入生油高峰，至晚石炭世生油结束（胡煜昭等，2007；Fang et al.，2011）。

富有机质地质样品的 Re-Os 同位素已广泛应用于沉积地层、沉积盆地低温热液矿床和油气藏的地质年代学研究（Ravizza and Turekian，1989；Selby et al.，2005；Selby and Creaser，2005；Wang et al.，2017），但由于分析要求高，成功率较低，等时线往往误差较大（Finlay et al.，2012；Liu et al.，2018）。Ge 等（2016）对麻江—凯里—万山古油藏中不同类型沥青进行了 Re-Os 同位素分析，其中低熟沥青获得了（429±140）Ma 的 Re-Os 等时线年龄，并认为是早期原油的生成时间。结合地质背景及前人的研究，本次工作认为沥青 Re-Os 同位素年龄（424±160）Ma（MSWD=1.3）为丹寨油藏（$\text{Є}_3 y$）的形成时代，也大致代表了牛角塘矿田陈工铅锌矿床中油藏（$\text{Є}_1 q$）的形成时代。

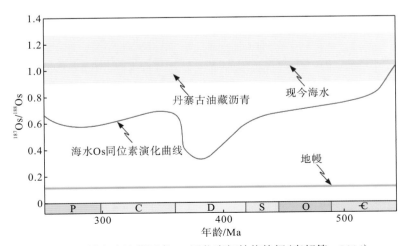

图 8-9　丹寨古油藏沥青 Os 同位素初始值特征（李超等，2014）

九、成矿时代及成矿物质来源

1. 成矿时代

闪锌矿 Rb-Sr 同位素定年是确定热液硫化物矿床成矿年龄的有效方法（Yang et al.，2017；Xiong et al.，2018；Chen et al.，2021）。闪锌矿样品在 1/Rb-^{87}Rb/^{86}Sr 关系图中［图 8-10（a）］和 1/Sr-^{87}Sr/^{86}Sr 关系图中［图 8-10（b）］并不存在线性相关关系，说明闪锌矿中的 Rb-Sr 同位素属于相对封闭且属同源的体系，且闪锌矿形成过程中的 (^{87}Sr/^{86}Sr)$_i$ 值不变（Petke and Diamond.，1996）。在图 8-10（c）中，样品的 Rb/Sr 与 ^{87}Rb/^{86}Sr 呈现出很好的正相关性。而在图 8-10（d）中，尽管 Rb/Sr 与 ^{87}Sr/^{86}Sr 总体上也正相关，但有 6 件样品稍微偏离了趋势线。这表明闪锌矿形成后同位素体系虽相对封闭，但部分样品存在 ^{87}Rb 丢失或 ^{86}Rb 增加的现象。

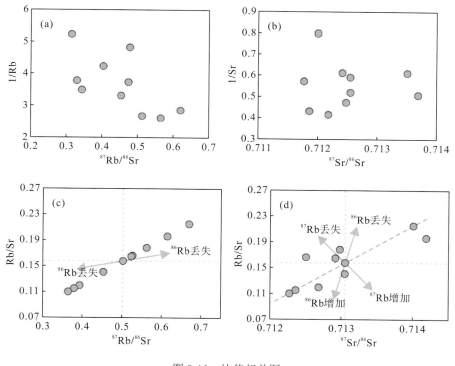

图 8-10　比值相关图

研究表明，Rb 主要分布在硫化物相中，而 Sr 还可能来自次生流体包裹体和碳酸盐包裹体（Petke and Diamond，1996；杨红梅等，2017；Chen et al.，2021）。因此，这可能是 6 件样品出现偏差的原因。另外的 4 件闪锌矿样品获得的等时线年龄［（398.0±4.7）Ma］不仅精度较高，其 MSWD 值（0.66）也显示了较高的可靠性。因此，该年龄可以代表闪锌矿的结晶年龄，即牛角塘矿田的成矿时代为早泥盆世。

2. 成矿物质来源

牛角塘矿田所在的湘西—黔东成矿带的矿床主要赋存于寒武系碳酸盐岩,其矿石硫化物以富含重硫为典型特征。与主要储库的对比表明,矿石硫化物硫同位素组成与蒸发硫酸盐的一致[图8-11(a)]。其中,牛角塘矿田硫化物 S 同位素组成范围略大(δ^{34}S 为 10.03‰~32.82‰,平均值为 26.84‰,n=56),成矿带的其他矿床的 S 同位素组成相对更为集中(δ^{34}S 为 24.53‰~36.17‰,平均值为 30.52‰,n=90)[图8-11(b)](蔡应雄等,2014;段其发,2014;李堃等,2017;于玉帅等,2017)。麻江古油藏沥青的 δ^{34}S 为 22.17‰~26.23‰(平均值为 24.05‰,n=5)(王华云和施继锡,1997),略低于陈工铅锌矿床围岩沥青中的黄铁矿的 δ^{34}S 值(28.15‰~44.12‰,平均值为 33.28‰,n=18)。这可能是整体分析获得的沥青硫同位素组成包含了其中黄铁矿和有机硫的硫同位素混合。

总体看来,沥青、沥青黄铁矿、矿石硫化物与寒武纪海水硫酸盐的 δ^{34}S 值范围(26.4‰~35.5‰,平均值为 30‰左右)一致(Claypool et al.,1980)。综上,硫同位素组成显示矿石中的硫与古油藏沥青中的硫为同一来源,且主要来源于地层中的海水硫酸盐,这与世界上大多数的 MVT 铅锌矿床中硫的来源是比较一致的。研究表明,湘西—黔东地区铅锌矿床的上覆地层中上寒武统是一套厚度达上千米蒸发相白云岩,其中含有大量的膏岩层,这可为成矿提供大量的硫源(李堃等,2021)。

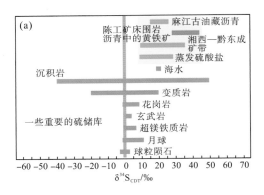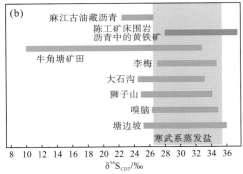

图8-11　湘西—黔东成矿带 S 同位素组成与主要储库(a)和寒武纪蒸发岩(b)的对比

注: 主要 S 储库(Li et al.,2021)。麻江古油藏沥青(王华云和施继锡,1997)。其他矿床:牛角塘(叶霖等,2005a),李梅(蔡应雄等,2014;段其发,2014;李堃等,2017),大石沟(李堃等,2017),狮子山(蔡应雄等,2014;段其发,2014),嗅脑(蔡应雄等,2014;李堃等,2017),塘边坡(于玉帅等,2017)

　　Sr 同位素组成常用来示踪成矿物质来源、岩浆流体及深源流体壳幔混染作用(Schneider et al.,2002;周云等,2017)。热液成因的铅锌矿床的 Sr 同位素组成除了受控于流体源区的性质外,还取决于运移过程中与流经各类地质体之间发生的水岩反应与同位素交换。在 Sr 同位素演化图解中,大亮锌矿床初始 ^{87}Sr/^{86}Sr(0.709983 ± 0.000027)分布于玄武岩区 Sr 同位素与大陆地壳 Sr 同位素增长曲线之间[图 8-12(a)]。矿石闪锌矿的 ^{87}Sr/^{86}Sr 明显高于幔源的(平均为 0.7035)(Palmer and Elderfield,1985)和寒武纪海水与碳酸盐岩的(约为 0.7090)(Denison et al.，1998)，而明显低于现今大陆地壳源 ^{87}Sr/^{86}Sr 平均值(0.7190)(Palmer and Edmond，1989)[图 8-12(b)]。此外，赋矿围岩具有低的 ^{87}Sr/^{86}Sr，如清虚洞组灰岩 ^{87}Sr/^{86}Sr 为 0.70885~0.70921(平均值为 0.70902，n=10)，白云岩除少数样品 ^{87}Sr/^{86}Sr 大于 0.710 外，主要为 0.7089~0.7096(平均值为 0.70916，n=12)(Schneider et al.，2002；马志鑫等，2015；周云等，2017)。下寒武统页岩具有较高的 ^{87}Sr/^{86}Sr，牛蹄塘组为 0.71823，耙郎组为 0.82733(Schneider et al.，2002)。矿石闪锌矿的 Sr 同位素组成介于下伏地层和赋矿围岩之间[图 8-12(b)]，可见成矿物质可能来源于下伏地层并混合有围岩物质。此外，一些研究表明牛角塘矿田成矿金属主要来自下伏沉积地层和基底变质岩(Ye et al.，2012；Zhou et al.，2022；程涌等，2022ab)。综上，牛角塘矿田成矿金属主要来自下伏地层和基底，硫主要来自中上寒武统地层硫酸盐，可能混有少量围岩物质。

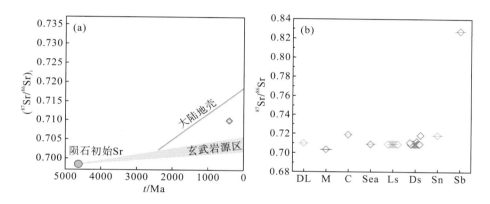

图 8-12　大亮矿床闪锌矿 ^{87}Sr/^{86}Sr 与 t 相关图(a)和 Sr 同位素对比图(b)

注：大亮矿床(DL，本次工作)；地幔(M，Palmer and Elderfield，1985)；地壳(C，Palmer and Edmond，1989)；清虚洞组灰岩(Ls)和白云岩(Ds)(Schneider et al.，2002；马志鑫等，2015；周云等，2017)；牛蹄塘组(Sn)和石牌组(Sb)页岩(Schneider et al.，2002)

十、成藏与成矿的耦合关系

1. 时空关系

在平面位置上，牛角塘铅锌矿田位于麻江古油藏区的范围内。本次工作在一些矿床矿石及围岩中发现了大量固体沥青(图 8-4)。微观上，成矿流体组分与油田卤水相似，且闪锌矿、方解石和白云石的包裹体中也含有一定量的有机气体组分(叶霖等，2000；刘劲松等，2012；谷团，2017)。这些证据说明烃类流体曾在矿区广泛活动并与成矿流体相互作用。

综合前人及本次的研究认为赋矿地层中的固体沥青(古油藏)与麻江古油藏均来源于下寒武统泥页岩(Fang et al.，2011；贺训云等，2013)，进而梳理出了成藏与成矿的时间演化关系(图 8-13)。

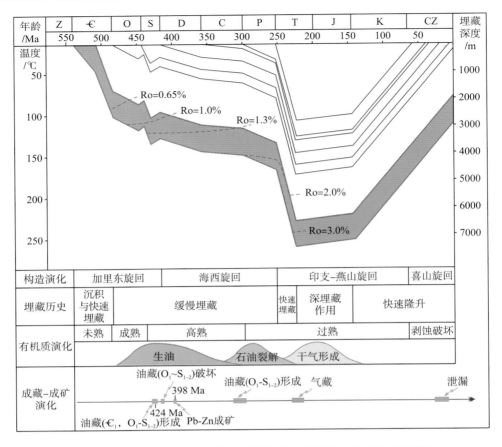

图 8-13　麻江地区下寒武统烃源岩埋藏史、热演化史及成藏-成矿事件

注：据胡煜昭等（2007）和 Fang 等（2011）修改。

下寒武统烃源岩于寒武纪末至早奥陶世进入生油门限，并于晚奥陶世至早泥盆世进入生油高峰（胡煜昭等，2007；Fang et al.，2011）。生成的原油向上运移，并分别于清虚洞组（$\mathbb{C}_1q$）、杨家湾组（$\mathbb{C}_3y$）和下奥陶—中下志留统（O_1-S_{1-2}）储层中形成油藏，但最后者被广西构造运动所破坏（高波等，2012；康建威等，2016）。随后，富 Pb、Zn、Cd 等金属的热液流体于早泥盆世（约 398.0Ma）与清虚洞组（$\mathbb{C}_1q$）的原油混合并沉淀形成铅锌矿床，其中的油藏后来因热裂解和破坏后残余了大量固体沥青。晚泥盆纪至早二叠纪的持续缓慢沉降使下寒武统烃源岩成熟并再次大量生烃，原油再次向上运移聚集形成了麻江古油藏（O_1-S_{1-2}）。可见，下寒武统主力烃源岩生成的原油曾经运移至不同层位的储集层，并分别聚集形成了多个油藏。其中，牛角塘矿田的铅锌成矿事件与寒武系清虚洞组（$\mathbb{C}_1q$）中的油藏具有密切的成因联系。

2. 有机质在成矿中的关键作用

沉积盆地中，油气藏可通过提供大量的还原硫从而在成矿中发挥重要的作用（Cheng et al.，2022）。目前，一般认为有机质转化硫酸盐为还原硫的机制主要有三种：①含硫有机化合物的热分解（TDS）；②细菌硫酸盐还原作用（BSR）和③热化学硫酸盐还原（TSR）（Machel，2001；Basuki et al.，2008；Luo et al.，2020）。

　　含硫有机化合物的热分解并不能产生大量的还原硫（Machel，2001），因此该机制不能用来解释牛角塘矿田中还原硫的形成作用。矿床闪锌矿中流体包裹体的均一温度显示，成矿早阶段为117～172℃，平均值为137.4℃，且成矿晚阶段为101～143℃，平均值为124.6℃（叶霖等，2000）。此外，矿石具有富含重硫的特征。这表明硫酸盐还原的机制并非低温（60～80℃）的BSR作用而是较高温度（80～100℃）的TSR作用（Machel et al.，1995）。

　　烃类作为还原剂通过 TSR 反应将硫酸盐中的SO_4^{2-}转化成为还原硫（H_2S/HS^-）并生成固体沥青，即：烃类+SO_4^{2-}——→蚀变的烃类+固体沥青+$H_2S[HS^-]$+$CO_3^{2-}[CO_2]$+H_2O+热量（Machel et al.，1995；Wang et al.，2017）。因此，牛角塘矿田中的烃类流体为成矿提供了大量的还原硫，有利于矿石从热液中沉淀。

3. 构造格架及物质运移通道

　　反射地震是揭示矿区盆地尺（深）度的精细结构的有力手段，在金属矿床的勘探和研究中发挥着重要的作用（Malehmir et al.，2012；Hu et al.，2017；周亮等，2021）。经过牛角塘矿田北部的 2D 反射地震资料表明，其深部构造均表现为逆断层（图8-14）。控矿的早楼断层（F_2，施洞口断层的南端）为切穿新元古界基底的深大断裂。研究表明，该断层在震旦纪晚期和早古生代早期是同生正断层，在后期才逐渐反转为逆断层（徐政语等，2010；吴根耀等，2012）。

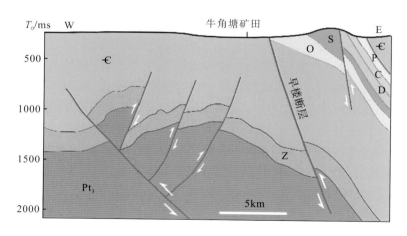

图8-14　2D反射地震资料揭示牛角塘矿田深部的构造格架

　　在大亮锌矿矿区的地表地质调查中也发现了早楼断层（F_2）早期拉张活动的证据。例如，与F_2伴生的小型正断层，产状为288°∠75°，上盘相对下降出露清虚洞组白云岩，而下盘相对上升，出露更老的乌训组泥岩[图8-15（a）]。而且断层角砾岩十分发育，其角砾成分来自乌训组细碎屑岩[图 8-15（b）]或清虚洞组白云岩[图8-15（c）]。角砾大小以厘米级为主，也可见巨大的漂砾[图8-15（d）]。角砾往往发生了明显的塑性变形，表明其沉积时尚未完全固结[图 8-15(e)]。此外，在清虚洞组白云岩中也发育滑塌构造[图 8-15(f)]，其滑动方向大致与 F_2 倾向一致。滑塌体的挤压作用使地层产生了同沉积褶皱。

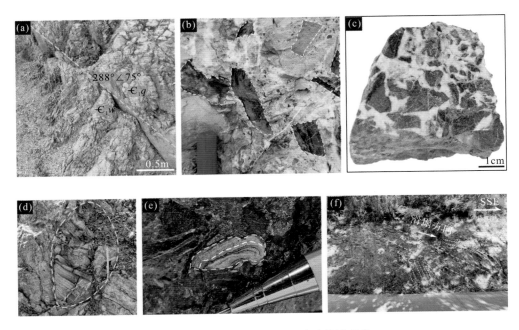

图 8-15　大亮矿床早楼断层(F_2)构造现象

(a)与 F_2 相关的小型正断层，透镜体方向为 22°；(b)构造角砾岩，成分为乌训组泥岩；(c)构造角砾岩，成分为清虚洞组白云岩，被热液白云石胶结；(d)乌训组粉砂质页岩中的椭圆形砾石；(e)砾石为页岩碎屑，塑性变形明显；(f)清虚洞组滑塌构造

　　研究表明，麻江背斜的雏形形成于中奥陶世末的都匀运动，之后加里东末期的广西运动(S_4-D_1)使褶皱幅度增大，最终成为良好的构造圈闭(王守德等，1997)。从本次工作获得的成矿年代学数据来看，牛角塘矿田的 Pb、Zn 金属成矿主要与广西运动相关，这与前人报道湘西南—黔东南地区金矿与湘西—黔东地区的铅锌矿的成矿背景一致(李堃等，2021)。由于远离板块碰撞带，广西运动在研究区表现为大幅隆升活动并产生大量脆性断裂(徐亚军和杜远生，2018)。在广西运动引起区域挤压作用之后的伸展阶段，早楼断层(F_2)强烈活动，诱发深部的盆地成矿流体向上运移并与烃类流体相互作用而成矿。

4. 成藏—成矿模式

　　基于以上分析，我们建立了牛角塘矿田的油气成藏与铅锌成矿的综合模式(图 8-16)。在寒武纪时期，扬子古陆与华夏古陆之间发生强烈的裂陷作用，伴随着全球海平面上升，形成了优质的烃源岩、白云岩和膏盐岩。晚志留世至早泥盆世，下寒武统烃源岩已成熟。大量生成的原油向清虚洞组($\epsilon_1 q$)运移。清虚洞组下部和上部均为较为致密的泥质白云岩或细粒白云岩，可作为烃类流体及成矿流体的遮挡层。清虚洞组中部为孔隙度较大的中晶鲕粒白云岩，可作为良好储集空间。地层中的建造水和下渗的大气降水在运移过程中，溶解了围岩地层碳酸盐岩及其中的蒸发岩。硫酸盐被烃类物质通过 TSR 反应还原并持续生

成 H_2S/HS^-、CO_2 和固体沥青。下寒武统烃源岩持续生成的原油继续向上运移至下奥陶—中下志留统（O_1-S_{1-2}）储层中形成油藏。

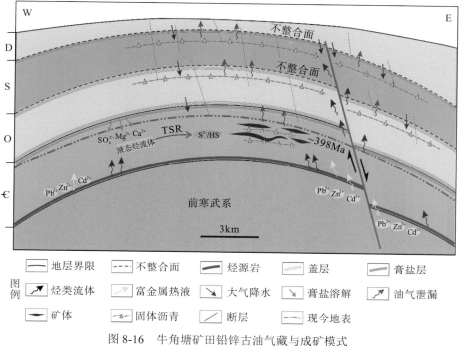

图 8-16　牛角塘矿田铅锌古油气藏与成矿模式

　　加里东晚期的广西构造运动导致雪峰地区快速隆升，造成红花园组油藏的破坏。研究区的断层活化并诱发盆地深部热液流体对下寒武统及新元古界基底中铅锌等元素的萃取，形成了富含 Pb^{2+}、Zn^{2+}、Fe^{2+}、Cd^{2+} 等金属的热液流体。富金属的流体沿断裂带向上迁移，在清虚洞组中部与富含 H_2S、CO_2、Ca^{2+} 和 Mg^{2+} 的烃类流体相遇而成矿。

　　海西运动以缓慢沉降为主，有利于下寒武统烃源岩的热演化，进而大规模的油气聚集形成了麻江古油藏（O_1-S_{1-2}）。印支运动表现为快速沉降的特征，下寒武统烃源岩演化到了生气的阶段，油藏也发生了高温裂解。燕山期以来，研究区处于近 EW 向强烈挤压应力场中，使得这些原有区域张性大断裂构造反转并造成了麻江古油藏的剥蚀破坏。

第二节　成矿规律与控矿因素

一、空间分布规律

　　研究区内分布众多铅、锌、汞、锑、重晶石等矿床（点），是华南大面积低温成矿域的重要组成部分之一。研究区内以碳酸盐岩为容矿岩石的铅锌矿床分布广泛（图 8-17），矿床（点）赋存于震旦系、寒武系、奥陶系和泥盆系碳酸盐岩中，其中产于寒武系中的牛角塘矿田，在纳雍枝铅锌矿床和猪拱塘铅锌矿床发现以前，一直是贵州省规模最大的铅锌矿床，是省内铅锌矿代表性矿床之一。

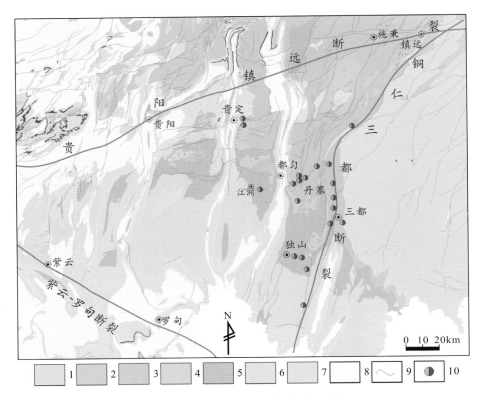

图 8-17　研究区铅锌矿床(点)分布图

1.上板溪群；2.寒武系；3.奥陶系；4.志留系；5.泥盆系；6.石炭系；7.二叠系；8.三叠系；9.断裂；10.铅锌矿床(点)

　　统计显示，研究区内铅锌矿床(点)有 4 个产出于震旦系，18 个产出于寒武系，4 个产出于奥陶系，5 个产出于泥盆系，可见寒武系是区内铅锌矿床集中产出的地层区段，其中赋矿围岩主要为浅海台地相碳酸盐岩建造的下寒武统清虚洞组中发育的铅锌矿床目前探明储量最大，是区内成矿条件最为有利的层位。此外，从区域地层展布和矿点的位置结合来看，不难看出自研究区东侧，铅锌矿床(点)主要产出于震旦系当中，往西赋矿地层依次为寒武系、奥陶系、泥盆系，赋矿地层逐渐变新。结合同位素年代学研究资料，湘西—黔东地区铅锌矿床成矿时代对应加里东构造事件，表明其与区内铅锌成矿作用的形成、发展与集中具有密切联系。

　　从铅锌矿床(点)产出的空间分布来看(图 8-17)，区内铅锌矿床集中产出的地段，为区域性深大断裂旁侧，旱楼断裂(蔓洞断裂)东南侧发育有老东寨、乌龙沟铅锌矿床，西侧则有牛角塘、龙井街、叶巴硐等铅锌矿床；黄丝断裂旁侧有半边街、竹林沟、山帽山铅锌矿床，江洲断裂旁侧有江洲铅锌矿床。由此可见，深大断裂的形成、发展与演化与铅锌成矿关系密切。

研究区内的铅锌矿床(点)从矿床地质特征上可大致分为三类。

第一类赋存于震旦系陡山沱组碳酸盐岩建造当中,位于铜仁—三都断裂旁侧,早楼断裂以东的地区(如老东寨、乌龙沟等),矿床规模以小型居多,少有中型,其典型特征是矿体产出往往与 NE、NNE 向断层关系密切且铅含量明显高于研究区其他铅锌矿床,部分矿床微量元素中还有 Cu 等富集(田亚江等,2018),表明该类型铅锌矿床的成矿温度近于中温,与本次研究当中通过硫化物矿物所计算出的成矿温度基本符合(温度超 300℃);

第二类赋存于早楼断裂西侧寒武系地层当中(如牛角塘、龙井街、叶巴硐等),矿物组成较第一类铅锌矿床更为简单,以闪锌矿、黄铁矿为主,方铅矿较少,其闪锌矿颜色也较第一类铅锌矿床更浅。第二类矿床矿体特征是矿体多呈层状、似层状、透镜状发育于赋矿围岩中,元素组成上以富 Zn、Cd、Sr 和 Ba 等为特征,亏损 Cu 和 Ga 等,暗示该类铅锌矿床形成温度要比第一类更低,结合针对成矿流体及成矿温度方面的研究,表明此类铅锌矿床的成矿温度为 140～170℃,与矿床地质特征及元素富集特点相符合。

第三类赋存于泥盆系生物礁滩相碳酸盐岩建造当中(如半边街、竹林沟等),矿石矿物以闪锌矿、黄铁矿为主,方铅矿极少发育,闪锌矿颗粒极细,微观上表现为碎粒结构,闪锌矿颜色较浅,矿体形态以似层状、透镜状为主,结合地球化学特征认为,该矿床的成矿温度低于 140℃。

综上,研究区铅锌矿床(点)在空间分布和地质特征方面,有三点特征:①成矿温度由东至西依次降低趋势(超 300℃＞170℃＞140℃);②赋矿层位由东至西依次变新(震旦系→寒武系→泥盆系);③矿床的成矿元素组成,尤其是 Pb,由东向西逐渐减少。

二、控矿因素

通过对研究区内典型矿床地质背景、矿床地质特征、矿床地球化学以及前人研究成果的归纳,认为本区铅锌矿床最为主要的控矿因素为岩性和构造。研究区内的铅锌矿床绝大多数含矿地层为碳酸盐岩,几乎所有矿床的产出均与构造关系密切。区域性断裂是大规模流体活动与运移的通道,从空间上控制了矿集区的分布,次一级的矿田构造则是成矿物质运移的主要通道,其活动过程中所形成的滑脱、层间破碎为流体混合沉淀提供了良好的场所;以碳酸盐岩为主的台地及礁滩相沉积建造具有较高的渗透率,是含矿流体能在区域上大规模活动和运移的关键,而赋存于碳酸盐建造中的硫酸盐矿物,则是硫化物矿床中还原 S 的主要来源。

1. 岩性

与低温热液有关且赋存于碳酸盐建造中的铅锌矿床往往分布于一套固定的层位当中,而在一个特定的构造单元或矿集区内,通常出现多个层位的矿化,但仅有一个或少数几个主要含矿层位,如美国三州地区的矿化集中于密西西比系碳酸盐岩建造当中,波兰上西里西亚矿集区主要含矿层位为泥盆系和三叠系,中国川滇黔地区则以震旦系灯影组、寒武系清虚洞组以及石炭系为主。含矿建造通常以发育碳酸盐岩为特征,通常为白云岩,少数为灰岩，地层层序中存在下部隔水层与上部遮挡层的岩性组合。因此，赋矿层位不同，但含矿岩性具有高度的相似性是研究区内低温热液型铅锌矿床的一个重要特征。此外，铅锌成矿对岩性的选择性明显要大于对层位的选择性，故而对赋矿围岩控矿的进一步探讨对进一步总结成矿规律具有积极的意义。综上，后文将从岩性组合、岩相和水岩反应三个方面阐述岩性对成矿的影响与控制。

1）岩性组合对成矿的控制作用

总体而言，研究区矿床具有下部隔水层、上部遮挡层以及中部含矿层的三层式岩性组合特征（图8-18），如牛角塘赋矿地层上部为寒武系高台组泥质页岩，下部为乌训组泥质粉砂岩夹泥质岩（图3-19）；半边街含矿地层上部为高坡场组上部的黑色泥质岩，下部为泥盆系蟒山组砂岩；乌龙沟含矿地层上部为留茶坡组碳质页岩，下部为南沱组冰积砾岩、泥砾岩。这类岩性组合与世界上其他赋存于碳酸盐建造中的低温热液矿床具有一定的相似性，如美国密苏里地区的Viburnum铅锌矿带赋矿地层为白云岩，下伏地层为拉莫特组的一套中细粒石英砂岩组成的红色碎屑岩，其上覆地层为戴维斯组页岩；爱尔兰中部的纳文铅锌矿床的赋矿地层为纳文群中的碳酸盐岩，下伏地层为巴伦斯镇组红色砂岩，上覆地层为纳文群上部钙质泥岩及泥灰岩。秘鲁Bongara铅锌矿带赋矿地层为上三叠统—下侏罗统普卡拉群的碳酸盐岩，下伏地层为米图群的红色砂砾岩，其上覆地层为中侏罗统Corontochaca组的砂砾岩及粉砂岩，以及Sarayaquillo组的红色页岩夹泥灰岩。川滇黔地区铅锌矿床赋矿地层主要为震旦系灯影组、寒武系清虚洞组和石炭系，典型矿床中亦存在此类特定岩性组合（Zhou et al.，2018a，2018b；周家喜等，2022）。

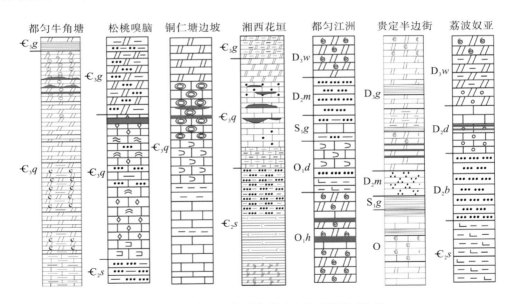

图8-18　研究区及邻区典型矿床含矿岩系对比图

对于特定岩性的叠置与铅锌成矿的关系，主要有以下两种观点：①下部碎屑岩层为热液流动的通道，在靠近构造的部位物理化学条件改变，打破热液体系的地球化学平衡，从而金属矿物从中分离并结晶成矿，如李堃等（2018）认为湘西—黔东地区清虚洞组下部的碎屑岩是成矿流体运移的通道，并提供部分成矿金属物质；韩英等（2011）通过对凡口铅锌矿床下覆地层的蚀变现象进行研究，认为成矿流体在赋矿层位下伏紫色砂岩中运移，并在运移的过程中交代了其中碳酸盐胶结物；Garven 等（1993）认为美国中部 MVT型铅锌矿床赋矿地层下部的拉莫特砂岩是成矿流体的主要通道，并且也是铅锌金属成矿物质的主要来源。②不同岩性间的界面存在渗滤体系的差异，这种差异是流体运移的一种内动力，铅锌金属物质被带入更易发生渗滤作用的层位，进而沉淀成矿。一般而言，热液体系内物质的运移和分离主要分为扩散作用和渗滤作用，扩散作用指体系内存在浓度梯度的情况下，在一个体系内的不同区段，若某元素浓度不同，则该元素质点趋向于由高浓度往低浓度迁移，直到各处浓度相等为止，质点扩散的方向与溶液流动无关，只与浓度梯度差有关；渗滤作用则与岩石本身的性质有关，孔隙度越高的岩石越易进行渗滤作用。总体而言，成矿物质在热液流动的方向上，以渗滤作用为主，在断层等构造附近，则以扩散作用为主。

在研究区典型矿床研究中，第一种观点难以解释研究区赋矿地层下伏的碎屑岩矿化现象较少甚至没有蚀变现象。在控矿层位的组合当中，上覆孔隙度小、渗透性差的岩性段与下伏孔隙度大、渗透性好的岩性段相互组合，往往是铅锌矿形成的重要条件（付胜云等，2018；张长青等，2009），前人研究表明，沉积建造的突然变化产生了渗透率的反差，是导致矿物沉淀的有利条件（Leach et al.，2005），运移过程中的热液不再向渗透率低的岩层中进一步渗透，继而在有利层位内循环，进而结晶成矿。综上，渗透率的差异是使得研究区内热液流体得以在赋矿层位中留存并使得沉淀的重要因素，在铅锌成矿作用演化的过程中，起到了积极的作用。

2）岩相对成矿的控制作用

本书系统收集了前人有关研究区及邻区沉积相特征方面的研究，显示研究区及其周缘是一个以缓坡型碳酸盐岩沉积为主的地区，从空间上由 NW 向 SE，沉积古地理环境由浅变深（图 8-19）。据此，从地层岩性变化、古生物、矿物组合等方面及沉积相地层分布特征，大致可以将研究区及邻区划分为五个相带。

（1）混积潮坪相带：SE 界限为镇雄—南川—万州一带。以潮坪相沉积及潟湖相沉积为主，在潮上带发育含石膏白云岩等，在潮间带发育泥晶白云岩、藻白云岩；潟湖中以泥晶白云岩和纹层状白云岩为主，局部形成潜水蒸发岩。

（2）浅缓坡相带（缓坡内带）：该相带为次要赋矿沉积相带，为典型的近岸鲕粒礁滩复合体类型，SE 界线大致在都匀—重庆秀山—湖南花垣—石门一带。可以划分出局限台地亚相和高能滩亚相。都匀—凯里—松桃至湖南花垣—保靖一带北部的浅滩呈不连续分布。

（3）中缓坡相带（缓坡中间相带）：是主要赋矿沉积相带，沿都匀—凯里—铜仁卜口场—岑巩—松桃至湖南花垣—保靖—石门一带，其东侧发育微晶藻丘，多被推进滩所覆盖。

（4）深缓坡相带（缓坡外带）：沿玉屏—湖南吉首—张家界一带展布。以纹层泥晶灰岩、生物碎屑泥岩发育为特征，表现为粉砂屑灰岩—细砂屑灰岩—球状泥晶灰岩团块的深水不对称型米级旋回，发育具不完整鲍马序列的浊积岩（匡文龙等，2008）。

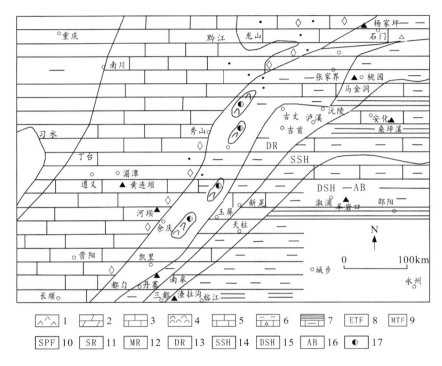

图 8-19　研究区及邻区早古生代沉积相图

1.白云岩和蒸发岩；2.白云岩；3.灰岩；4.生物丘；5.砂砾屑粉晶灰岩；6.生物碎屑灰岩；7.泥晶灰岩和泥质灰岩；8.蒸发潮坪相；9.潮坪相；10.台地边缘浅滩相；11.浅缓坡；12.中缓坡相；13.深缓坡相；14.浅水陆棚相；15.深水陆棚相；16.盆地相；17.微晶丘及铅锌矿点

（5）浅陆棚-盆地相带：主要位于湖南吉首—张家界之南安化—城步地区。从浅海陆棚相逐渐过渡到盆地相的含陆源碎屑沉积区，以泥质含量增加的泥晶灰岩、泥质条带灰岩、泥岩和暗色页岩、黑色碳质页岩、硅质岩为主体，页岩中含硅质、钙质海绵骨针，以等深流沉积发育为特征（郑秀才等，1992）。

从沉积相与铅锌矿的空间展布可以看出，研究区内铅锌矿床主要分布于台地边缘缓坡相带内，包括浅缓坡相、中缓坡相和深缓坡相，铅锌成矿与该类型相带的岩石物理化学性质具有密切关系，为铅锌金属物质的沉淀提供了良好的反应环境，因此，对于赋存于寒武系中的铅锌矿床而言，台地边缘缓坡相是该地区最为主要的控矿岩相。

广西运动是加里东晚期一次重要的构造运动，其结果表现为黔南地区志留系与泥盆系的不整合，同时对沉积相产生了一定影响。因此，对于赋存在泥盆系中的铅锌矿床，沉积相的控矿特征应与早古生代有所差异。

　　贵定半边街、竹林沟等矿床位于黔南—桂北晚古生代沉积盆地北缘，矿床北侧邻近古陆，南侧为陆表海。据前人对区域中泥盆世岩相地理的研究，在矿床东南谷硐—乐坪一带存在一个古岛屿，因而矿床附近是一个北西、南东两侧为陆地，陆源碎屑自南被两个方向补给，海水自西南方向侵入的古海峡。

　　由于近东西向黄丝正断层的活动，区内泥盆系在其两侧发生沉积相分异，分别沉积了北部高坡场组和南部水体相对较深的望城坡组、尧梭组、者王组。但这种沉积分异在早期并不明显，半边街及竹林沟矿床在含矿层的岩性、沉积构造和生物组合方面存在一定的相似性（图 8-20）。据前人研究认为，这一特征可能是早期蟒山组碎屑岩快速填充，使得黄丝断层两侧沉积基底相对高差减小，早期沉积环境相似所致。

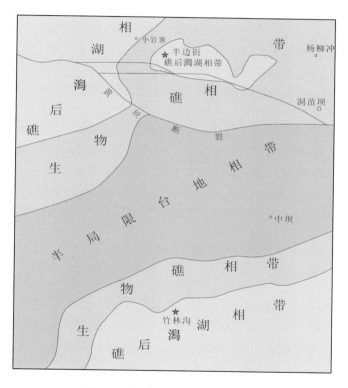

图 8-20　半边街地区沉积相分布图

　　根据岩石成分、结构、构造、生物组合及生态等特征，将区内晚泥盆世望城坡早期中阶段局限台地碳酸盐细分为礁后潟湖、生物礁（滩）及半局限台地等几个相带。这些相带呈 NE 向展布，中部为开阔台地相带，两侧对称一次分布生物礁（滩）相带及礁后潟湖相带。

　　半局限台地相带：为与洞苗坝—二土地一线以南和大硐—中坝一线以北。沉积物以生物碎屑白云岩为主，生物种类主要见苔藓虫、球状层控虫、腕足等，含量为 5%～20%，常见燧石条带。岩层中夹 1 或 2 层石英砂岩，可见砂、砾屑白云岩和鲕粒白云岩。

　　生物礁（滩）相带：位于半局限台地相带两侧杨柳冲—瓦厂北一带及史家屋—笋子坡—

青菜塘—蜂子岩一带。沉积物主要为生物白云岩、生物碎屑白云岩，常见燧石条带，并夹1 或 2 层石英砂岩。砂、砾屑白云岩或鲕状白云岩常见。生物种类以层控虫、苔藓虫为主，层控虫常呈板状-块状及枝状构成典型的格架岩、包黏岩、障积岩，生物含量为 30%～70%，并常见藻纹层。

礁后潟湖相带：位于生物礁(滩)相带向陆一侧，沉积物以生物白云岩，生物碎屑白云岩为主，含大量灰黑色有机质，常见燧石条带，局部见硅质岩，部分地段见石英砂岩、白云质石英粉砂岩夹层。生物含量为 10%～30%。生物种类主要见原地生长的枝状层控虫、透镜状层控虫，另见苔藓虫、腕足类等，多为碎屑。半边街、竹林沟铅锌矿床均产出于该相带内。

3) 水岩反应对成矿的控制作用

研究区内铅锌成矿作用与热液活动密切相关，经热液作用产生的方解石化、白云石化等标志蚀变往往可作为重要的找矿标志(张长青等，2005；文德潇等，2014)。据本次研究及前人研究的成果，研究区铅锌矿床产出围岩主要为藻灰岩(铜仁卜口场、松桃嗅脑等)和角砾状及蚀变白云岩(牛角塘等)、生物碎屑白云岩(半边街等)，其中嗅脑铅锌矿成矿温度为 114～164℃，卜口场矿床成矿温度为 80～240℃，牛角塘铅锌矿成矿温度约为 170℃，流体盐度范围为 10.49%～17.19%(蔡应雄等，2014)，其盐度超过原始海水约 2～4 倍。因此，碳酸盐脉石矿物的形成与热液活动关系密切。已有大量研究表明，热液碳酸盐矿物的沉淀与成矿作用呈正相关关系，同时也是碳酸盐建造中低温热液铅锌矿床的显著特征之一。碳酸盐矿物的沉淀与水岩反应的过程往往指示成矿作用方面的重要信息。

2. 构造

1) 大地构造对成矿的控制

大地构造运动是岩石圈深部，尤其是软流圈热动力显著变化导致的地质体大规模运动。这种运动引起地球上部全程的物质移动、能量交换和能量传递，推动着岩石圈的演化。从区域性层次看，构造运动常能与沉积相转变、岩浆、变质作用及流体活动等事件联系起来。在一定的时空区域中，一定性质的构造环境和构造运动，对于成岩和成矿来说，均有其特定的物源、热源、物理化学以及动力学条件(翟裕生等，1999)。

对于壳源内生成矿的矿床而言，具有较高背景值的壳内成矿元素，经构造、流体等内生作用迁移富集成矿，大型构造在使成矿元素从母岩中萃取、迁移、沉淀和富集过程中起着中介场和储矿场的作用，如黔西北地区紫云—垭都断裂带旁侧展布的众多铅锌矿、川滇黔地区由小江断裂、康定—水城断裂、弥勒—师宗断裂所围限的 MVT 铅锌成矿域、山东的胶东金矿聚集区等。大型构造对于成矿的控制作用，主要体现在大型构造活动的长期性、脉动性和继承性上，大型构造的活动有利于维持一个时间足够长且相对较稳定的热液对流系统、稳定的地球化学环境和稳定的成矿环境。区域性构造的多期活动和不同层次的叠加，有利于成矿物质的反复叠加富集，汇聚在同一有限空间而形成具有一定规模的矿床(陈毓川等，1993；翟裕生和王建平，2011)。

　　研究区构造十分发育，沿大型构造带旁侧发育众多铅锌矿床，表明铅锌成矿与大型断裂具有明显的相关性，如松桃嗅脑铅锌矿床位于松桃—水田断裂东侧，铜仁卜口场铅锌矿床位于铜仁—三都断裂西侧，都匀牛角塘矿田位于早楼断裂西侧，贵定半边街矿床位于黄丝断裂北侧，江洲矿床位于江洲断裂北侧。区内深大断裂的活动对成矿的控制主要体现在两方面：①在成矿之前深大断裂控制着对成矿有利的沉积建造的分布；②在成矿期可能为来自深源的成矿流体提供了运移通道作用。

　　（1）深大断裂对于沉积相的优选控制。区域性断裂控相进而控矿的这一特征，在半边街地区表现最为突出。进入泥盆纪后，前期对贵州省沉积和成矿作用具有重要意义的铜仁—三都断裂的影响已经减弱，但紫云—水城断裂则进一步活动，同时产生了与之平行的一系列断层，控制了贵州省的沉积和成矿作用，特别是控制了黔南拗陷的发生和发展。安顺—贵阳—黄平深大断裂其北侧缺失泥盆系沉积，但南侧较为发育。垭都—紫云—罗甸深大断裂中泥盆世沉积建造的控制作用十分明显，使海盆做 ES-NW 的拉伸，沿垭都—紫云—罗甸以北地表出露泥盆系，南西侧则为三叠系。此外，沿该断裂两侧构造形迹和沉积相也存在明显差异，北东侧构造以 NS 向为主，南西侧则以 EW 向、NW 向、NE 向为主；北东侧为台地相区，由浅色碎屑岩及碳酸盐岩组成，产腕足类、珊瑚、层控虫等底固着生物，南西为盆地相区，由深色碎屑黏土岩、碳酸盐岩及硅质岩组成，产竹节石、三叶虫、菊石等游泳、漂浮生物。

　　半边街矿床的直接容矿岩性为局限台地相之礁后潟湖相，为封闭或半封闭的环境，其间存在的生物主要为珊瑚、腕足类、层控虫、三叶虫、苔藓、有孔虫等，这些生物相对于震旦纪、寒武纪时期的藻类生物而言，对台地边缘生物礁、滩的形成具有积极意义，生物活动所形成的封闭和半封闭环境为铅锌成矿作用提供了有利环境。因此，区域性断裂的活动对成矿有利的沉积相的控制是显而易见的。

　　（2）深大断裂为金属物质的运移提供通道。深大断裂为成矿金属物质的运移起到了通道的作用，金属元素以卤化物或络合物的形式在流体中运移至有利岩性地段后，与地层中的还原 S 结合形成金属硫化物矿床(李堃，2018)。一方面，深大断裂的活动会发育众多次级构造，这些次级构造所形成的虚脱空间能迅速改变流体物理化学性质，使金属物质沉淀；另一方面，区内绝大多数铅锌矿床均赋存于碳酸盐建造当中，这类沉积岩的物理性质多为刚性，受构造应力作用多表现为破碎而非揉皱，这个过程中所形成的角砾岩也是成矿流体聚集和沉淀的良好场所。对早楼断层旁侧构造岩样品微量元素分析结果显示，区域性成矿流体的运移与早楼断裂的活动具有地球化学方面的一致性，表明早楼断裂很有可能为区域性流体的运移起到了通道的作用。

　　2）矿田构造样式对成矿的控制

　　从前述构造与成矿的关系中可以看出，构造是成矿的基本控制因素。如果说研究大区域的构造控矿作用和矿床空间分布规律，对区域矿产预测和普查找矿有战略指导意义，那么研究矿田和矿床构造则可更具体地认识和掌控矿床(体)形成、改造和分布的控制因素，对于大比例尺矿床预测、找矿以及地质勘查工作的开展均有实际意义。

　　前人在研究构造与铅锌成矿的关系时，认为构造对铅锌成矿具有显著的控制作用(柳贺昌和林文达，1999；韩奎等，2012；张长青等，2008)。从矿田尺度来看，控矿构造主要有三类：①与压扭性断裂有关的虚脱空间、背斜核部的虚脱部位以及形成的角砾岩带(孙家骢，1984；吴越等，2013；吕昶良等，2013)；②张性断裂构造带以及形成的角砾岩带(柳贺昌和林文达，1999；金灿海等，2015)；古溶洞构造的溶洞坍塌空间及坍塌角砾岩带等(张洪瑞等，2012；刘英超等，2019)。在半边街矿床取得找矿突破之前，前人往往将黔南地区的铅锌矿床与湘西花垣一带的铅锌矿床类比，并开展相应的构造控矿研究(李宗发，1991；刘文均和卢家烂，2000)，研究表明湘西—黔东地区的铅锌矿床具有相似的构造控矿特征。与此同时，不断推进的地勘工作和找矿成果表明研究区相较于湘西地区，构造控矿方面具有一定的独特性，本次工作从研究区典型矿床的构造控矿特征出发，提出本区构造控矿主要受两类构造样式的控制。

　　(1)逆冲断层下盘和与之配套的层间破碎带对成矿的控制。逆冲断层在牛角塘地区特点较为显著，牛角塘地区绝大多数铅锌矿床均产于逆冲断层下盘(图8-21)，其中较为典型的则是大梁子锌矿。

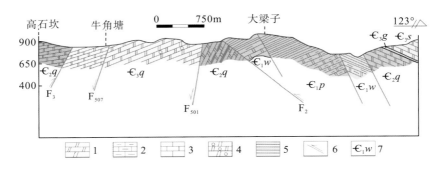

图 8-21　大梁子锌矿"陡倾斜带"构造控矿示意图

1.白云岩；2.泥质灰岩；3.灰岩；4.生物碎屑白云岩；5.页岩；6.断层及运动方向；7.地层

　　由图8-21可知，早楼断裂(F_2)与旁侧 F_{501} 之间存在一个地层产状近乎陡倾的"陡倾斜带"，"陡倾斜带"中保存较完整的赋矿地层——清虚洞组，岩层总体倾向 NW，走向 NW-SW，倾角为 60°~75°，局部直立甚至反倾斜，构造裂隙及断裂十分发育。发育于白云岩中的压性层间断裂控制了主要矿体的产出。此外，通过坑道编录以及野外调研认为：目前开采的矿体主要呈囊状、透镜状、脉状产出，在采场富集发育大量的断层角砾岩，说明矿体与构造活动密切相关，在构造减弱地带多为无矿带。尤其是在采场附近，多为 NE 向断裂与近 EW 向断裂的交汇位置。因此，认为 NE 向的断裂构造与矿体的产出密切相关，近 EW 向断裂构造与 NE 向断裂构造交会位置形成扩容减压空间，有利于含矿热液聚集，沉淀富集成矿，使得矿体多沿构造呈囊状、透镜状产出，局部富集形成厚大品位高矿体。

　　(2)区域性断裂旁侧陡倾走滑断裂对成矿的控制。区域性断裂旁侧的次级断裂往往是控制矿体产出和形态的构造要素(翟裕生和林新名，1993)，这一特点伴随着半边街铅锌矿床地勘工作的不断推进逐渐显现。以往研究认为，包含黄丝断裂在内的一系列 EW 向断层组对矿区岩相古地理环境起着重要的控制作用，形成了一系列层状矿体以及层纹状构造的矿石（陈国勇等，2006）。随着该地区地质工作的不断推进，在深部发现了近似穿层的脉状矿体，这对半边街地区控矿构造的认识提出了新的疑问。通过野外调研和坑道编录，本书认为在石炭系以下存在一系列陡倾斜的 NW 向构造组，靠近该组构造的地段往往形成品位较高的矿体，且断层内及旁侧有强烈的蚀变现象（图 8-22）。

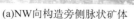

(a)NW向构造旁侧脉状矿体　　　　　(b)NW向构造与矿体的关系

图 8-22　半边街 NW 向构造控矿特征

该组 NW 向构造整体走向约 320°，倾向为 50°，倾角一般大于 80°，通常表现为走滑，断距较难判断。据野外调研的情况来看，该方向构造广泛发育于石炭系以下地层，除半边街铅锌矿床外，山帽山铅锌矿点观察到该组构造旁侧存在一定规模的矿化现象，在矿区东侧朱荡田附近娄山关组地层中亦发现该组构造旁侧的矿化现象，矿化较好的地段中 Pb+Zn 品位约为 0.1%，此外广泛发育黄铁矿化以及沥青等热液蚀变特征矿物。综上，其旁侧的蚀变现象以及矿体的富集现象表明该组构造对成矿具有显著的控制作用，推测可能是深源含金属流体运移的通道（图 8-23）。

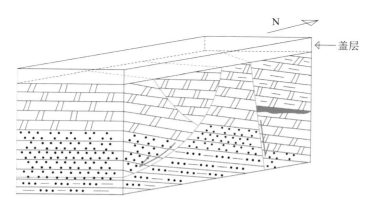

图 8-23　半边街 NW 向陡倾构造控矿示意图

第三节　成矿模式与找矿预测

一、成矿物质运移及沉淀机制

目前针对低温热液硫化物矿床的矿石沉淀机制提出了三种模式：①流体混合模式（Beales，1975），认为还原硫来自细菌还原的膏岩层，深部来源的含矿金属流体与本地含还原硫的流体进行混合导致金属硫化物的沉淀；②硫酸盐还原模式（Barton，1967），认为成矿流体中的金属以硫酸盐方式搬运，当遇到有机质则被还原成硫酸根，再与流体中的金属离子结合发生沉淀；③还原硫模式（Ohmoto and Rye，1979），认为金属离子与还原硫在同一流体中共同迁移，由于物理化学条件的变化，平衡被打破导致硫化物沉淀。

流体混合模式通常不考虑有机质在成矿中起到还原剂作用，研究区部分铅锌矿发育沥青等有机质，因而不能完全忽视有机质在成矿作用过程中的作用，有可能是作为金属元素运移的载体（叶霖等，2005a，2005b）。硫酸盐还原模式肯定了有机质在成矿中的作用，但认为硫化物的沉淀并非是一个生酸的过程（Corbella et al.，2004），硫化物的主要形成反应式可以表示为：$SO_4^{2-}(aq)+Zn^{2+}+CH_4 \Longrightarrow ZnS+2H_2O+CO_2(aq)$，难以产生碳酸盐溶解现象，这与研究区内广泛发育热液碳酸盐矿物的地质事实不符。还原硫模式认为铅锌金属离子与还原硫共存于同一流体，而这种情况对成矿地质条件及环境的要求较高，流体的 pH 范围严格限制在 4～5，且成矿金属浓度必须低于还原 S 浓度，上述条件表明了这种流体不可能发生大范围、长距离的运移，很难形成较为密集的成矿区带。综上所述，流体混合模式能较好地解释区内铅锌成矿作用过程中金属物质的沉淀机制。

研究区不仅铅锌矿床（点）分布广泛，研究区下古生界地层中有大量的古油藏分布，如麻江古油藏、丹寨古油藏以及铜仁—万山古油藏。下寒武统清虚洞组不仅是铅锌矿床的重要赋矿层位，也是古油藏储层之一（刘劲松等，2012）。据叶霖等（2005a）针对牛角塘地区矿石伴生沥青的相关研究，表明牛角塘矿床中沥青含有大量成矿物质，其中 Zn 含量为 0.08%～0.26%，平均值为 0.18%；Pb 含量为 0.30%～0.97%，平均值为 0.64%；Fe 含量为 0～0.18%，平均值为 0.05%；Cd 含量为 0.03%～0.11%，平均值为 0.08%，表明古油藏卤水中含有丰富的成矿元素。因此，成矿物质有部分可能以有机络合物的形式进行运移。

研究区铅锌矿床众多，牛角塘、半边街—竹林沟等矿田总储量均超 50 万 t，暗示需要大量的金属成矿元素参与，因此金属元素除以有机络合物形式运移之外，应存在其他结合形式。前人研究表明，赋存于碳酸盐建造中的低温热液铅锌矿床，金属离子多以氯化络合物、硫氢络合物形式存在（Barnes and Duncan，1972），络合物分解时可发生类似如下反应：

$$ZnCl_2+H_2O+FeS_2 \Longrightarrow ZnS\downarrow+FeCl_2+\frac{1}{2}O_2+H_2S \tag{8-1}$$

$$PbCl_2+H_2O+FeS_2 = PbS\downarrow+FeCl_2+\frac{1}{2}O_2+H_2S \tag{8-2}$$

$$Zn(HS)_2 = ZnS\downarrow+H_2S；Pb(HS)_2 = PbS\downarrow+H_2S \tag{8-3}$$

$$H_2S = H^++HS^-；HS^- = H^++S^{2-} \tag{8-4}$$

从上述反应可知，要使金属络合物分解，必须满足以下条件：温度降低、还原硫和 Cl^- 的浓度降低、pH 升高和氧逸度降低。其中，以温度和 pH 的影响最大。

前已述及，流体混合模型能较好地解释研究区内硫化物的沉淀现象。流体混合作用第一个结果便是高温流体温度的降低（$300\sim400℃\rightarrow150\sim250℃$）；由于大多数 Pb、Zn 络合物的溶解度为温度的函数，因此温度降低必然导致溶解度降低从而使部分成矿元素从流体中沉淀出来；由于温度为逐渐下降，因此出现了不同温度下的矿物共生组合。混合作用的第二个结果是流体 pH 的升高（弱酸性→中性或弱碱性），pH 升高主要是通过两种途径来实现的：①流体混合导致高盐度流体被稀释，降低 H^+、Cl^- 等离子的浓度；②水/岩反应，即通过矿物的蚀变作用消耗掉部分 H^+。流体包裹体研究结果表明（程涌，2022），随温度的降低，流体 pH 逐渐升高。pH 的升高导致金属络合物（氯化物、硫氢化物）的稳定性下降而分解，使金属矿物得以形成并沉淀下来。混合作用的第三个结果是流体的稀释。流体稀释后，其中的 H^+、Cl^- 和还原硫浓度降低，导致上述反应能够顺利向右进行。

综合以上分析认为，研究区矿石矿物沉淀机制为有盆地卤水参与的流体混合模式，该地区铅锌成矿作用过程中至少应存在两种流体，一种为来自上地壳深部富含 Zn、Pb 等成矿元素的盆地卤水，另一种可能为来自古油藏形成的油田卤水。

二、成矿机制

关于研究区铅锌矿床的成因的讨论一直以来都是众多学者关注的焦点。根据研究区内的成矿构造背景和有关成矿物质来源方面的研究，最早有学者认为区内铅锌矿床空间上离贵州省火成岩地区较远，因而认为其成因类型为盆源热液铅锌矿床（王华云，1993），其主要证据是成矿所需的还原硫来自地层中的硫酸盐，而成矿金属物质来源于上地壳浅变质岩系以及深海相的古老页岩。同时区内铅锌矿床矿体产出多呈层状、似层状，使得一些学者将区内铅锌矿床的成因类型归为沉积改造型（金灿海等，2014）。此外，有学者认为研究区内铅锌矿床属于赋存与碳酸盐建造中的后生层状铅锌矿床，即 MVT 铅锌矿床（刘文均和郑荣才，1999；刘文均等，1999；刘文均和卢家烂，2000；刘文均和郑荣才，2000a；刘文均和郑荣才，2000b；杨绍祥和劳可通，2007；蔡应雄等，2014；周云等，2014；赵征等，2018a，2018b；An et al.，2022；Zhou et al.，2022）。

由此可见，研究区铅锌矿床成因一直存在争议，因此没有建立一个统一的成矿模式，其原因是研究区内铅锌矿床虽然在空间上较为集中，但由于含矿层序、矿床地质特征、控矿构造的不同，导致地球化学特征和成因解释存在较为明显的差异。本书研究的过程中，通过对典型矿床地质特征的剖析，以及对前人研究成果以及数据的规律进行统计、汇总、总结，将研究区铅锌矿床特征进行归纳，得到表 8-6。

表 8-6　研究区铅锌矿床(点)成矿要素表

成矿要素	主要特征	备注
地层	Z、ϵ_1、O、D_3	以 Z、ϵ_1、D_3 为重点
岩性	碳酸盐岩建造,硅化白云岩、粗晶白云岩、白云质灰岩、生物碎屑白云岩最有利	少数矿床产自碎屑岩系中
构造	褶皱+逆冲推覆断层+次级断裂,深大断裂旁侧的次级断裂展布区,层间挤压破碎带,牵引褶皱是良好的赋矿空间	断裂构造是重要找矿标志
沉积环境	相对封闭的局限-半局限坳陷潟湖沉积环境或者水下脊伏隆起内侧	有利于 Pb、Zn 矿质的沉淀
岩相组合	上泥质(页)岩相+中碳酸盐岩相+下碎屑岩相	上为较好的屏蔽层,下为储矿层
蚀变	网脉状碳酸盐化+硅化+黄铁矿化、重晶石化、石膏化、褐铁矿化	近矿-中近矿蚀变标志,地表找矿的有利标志
物探异常	激电:$\eta s=2\%\sim4\%$,异常形态呈椭圆状、条带状,梯度变化明显,无干扰地层,与含矿断裂关系密切。TEM:平面上异常强度高、规模大,剖面上多点连续,与断裂空间关系密切。EH-4:与激电、TEM 异常在空间上吻合较好,主要沿断裂带或断层下盘分布	矿致异常标志,典型"局部导电体"异常
化探异常	水系沉积物异常选择找矿靶区。形态规则,分布范围与含矿断裂关系密切,且与物探异常套合好的原次生晕 Pb-Zn-Ag-Sb-As-Cd 异常具直接找矿意义	多为矿致异常
遥感影像	与区内主要导矿构造和含矿层位分布吻合好,影像异常浓集中心突出,并与多组断裂交汇关系密切,环状构造明显	具找矿指示意义
岩浆岩	岩浆岩不发育,空间上与铅锌矿化关系不明显	
矿体形态	地表矿呈面状分布,氧化矿多沿断层呈脉状产出,硫化矿多沿层间断裂破碎带、滑动面及主断层下盘呈层状、似层状产出,产状与地层一致	地表面状-浅表至中等深度(<500m)脉状、层状、似层状-深部层状、似层状
矿石类型	主要为浸染状、角砾状、层纹状	

　　从表中所归纳的成矿要素,提出了研究区的成矿模型:四堡运动之后,研究区内古元古代—中元古代地层接受广泛的区域变质作用,形成变质基底,新元古代早期—早古生代逐渐裂陷、海侵形成被动大陆边缘盆地,同时广泛接受陆源物质补给并发育较厚的海相碳酸盐岩沉积,为成矿提供了良好的岩性环境。

　　后志留世受陆块联合碰撞的影响,黔南坳陷区转化为以海相为主的前陆盆地,同时加里东期剧烈的 NS 向挤压使得盆地内岩石建造水转化为盆地卤水,内动力的增强同时促进了成矿金属进入卤水中形成含矿流体,含矿流体延构造运移至对成矿有利的碳酸盐建造当中,流体与前期已经细菌硫酸盐还原作用形成的流体发生混合,同时热液还与围岩发生反应,一方面经热还原作用将地层中硫酸盐矿物大量转换为 S^{2-},另一方面与大气降水下渗流体、油田卤水混合,使得温度降低、pH 降低,促进矿石矿物的沉淀和结晶,三丹地区铅锌矿以及牛角塘等即是在该时期形成,与成矿年代学的研究结果相吻合。在经历短暂的海退之后,区域应力由于受到加里东期挤压作用后张弛的影响,形成一系列 EW 向的正断层,这类正断层控制了部分地区沉积相的发育,在海西期盆地进一步拉张裂陷的构造背景下，形成一系列 NW 向构造以及走滑断层，成矿流体经断层运移至对成矿有利的局限海潟湖相区地层当中成矿（图 8-24）。

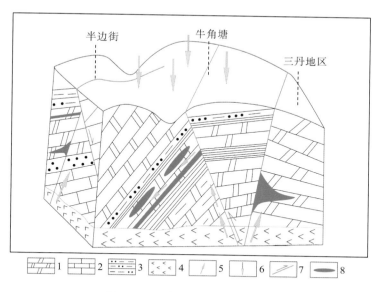

图 8-24　研究区铅锌成矿模式图

1.白云岩；2.灰岩；3.泥质粉砂岩；4.变质基底；5.流体运移方向；6.大气降水；6.断裂及性质；8.矿体

综上所述，区内铅锌矿床形成均晚于围岩，成矿时代主要为加里东期，与加里东运动所引起的盆地流体运移关系密切，研究区铅锌矿床与 MVT 矿床具有较为显著的相似性，其矿床成因属于 MVT 铅锌矿床。

三、找矿方向和靶区圈定

1. 找矿方向

1）区域地球化学异常空间展布

前人研究表明，研究区主要含矿层序震旦系（Z）、寒武系（Є）中 As、Pb、Zn 均具有较高的背景值，泥盆系（D）中具有 Hg、Sb、As、Pb、Zn 的高背景值，由此可见研究区具有较好的 Pb-Zn 成矿潜力。从元素异常矿点空间分布来看（图 8-25），地球化学异常与区域性大断裂展布方向基本一致，且往往一侧较弱，一侧较强，反映深大断裂所控制的沉积盆地中成矿作用有所区别。此外，研究区内半边街和江洲等均落在低背景区，推测是地球化学勘查工作方面的原因，该地区仍有较大的找矿空间。

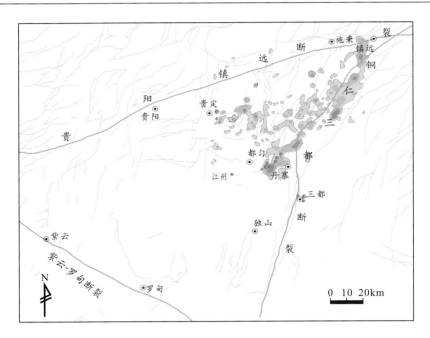

图 8-25　研究区 Pb+Zn 组合异常空间展布示意图

2）找矿标志

（1）地层。主要赋矿地层为震旦系陡山沱组、寒武系清虚洞组和泥盆系高坡场组。

（2）岩性。碳酸盐岩建造，硅化白云岩、粗晶白云岩、白云质灰岩、生物碎屑白云岩最有利。

（3）构造。逆冲推覆断裂下盘、深大断裂旁侧次级断裂或是褶皱+逆冲推覆断层+次级断裂，层间挤压破碎带，牵引褶皱是良好的赋矿空间。

（4）岩相。相对封闭的局限—半局限坳陷潟湖沉积环境或者水下脊伏隆起内侧。

（5）蚀变。网脉状碳酸盐化+硅化+黄铁矿化、重晶石化、石膏化、褐铁矿化。

（6）物探异常。矿石与岩石激电物理性质差异较大，矿石电阻率低而灰岩、白云岩电阻率高；矿石极化率高而灰岩、白云岩极化率较低。

（7）化探异常。化探异常与已发现铅锌矿床（点）以及深大断裂的空间展布基本一致，矿致异常通常沿断裂走向呈带状展布，少数呈透镜状展布。

（8）遥感异常。在线环构造交汇与热液蚀变碳酸盐矿物叠合区域。

（9）构造分形。黔东地区构造分形解析容量维、信息维和关联维三者重叠区域。

2. 靶区圈定及分类

结合前文研究、成矿地质条件、矿产分布信息和物化探异常特征开展找矿靶区的优选和圈定。本书初步圈定了早楼断裂旁侧的牛角塘矿田深部及外围、独牛背斜核部，黄丝断裂旁侧的半边街—竹林沟矿田深部及外围找矿靶区和三都—丹寨地区朱砂场找矿靶区等。将成矿地质条件优越，控矿因素清楚，与铅锌矿化有关的蚀变强烈，有已知铅锌矿床产出或新发现了铅锌矿产地，物化探异常规模大且矿致异常特征明显，遥感异常或蚀变异常与已知铅锌矿床具有可比性的靶区划分为 A 类；将成矿地质条件有利，控矿因素较清楚，与铅锌矿化有关的蚀变强烈，但规模小、分带欠佳，有已知铅锌矿点产出或新发现了铅锌矿点，物化探异常可能为矿致异常，有遥感异常或蚀变异常、但与已知铅锌矿床可比性差的靶区确定为 B 类；将成矿地质条件较有利，控矿因素不甚清楚，有铅锌矿点产出，与铅锌矿化有关的蚀变较弱，物化探异常弱、与已知铅锌矿床（点）相关性不高、遥感异常不明显的靶区化为 C 类。

1）牛角塘矿田深部及外围找矿靶区

牛角塘矿田深部及外围找矿靶区位于王司背斜核部，面积为 $102.55km^2$，出露寒武系杷榔组至娄山关组，早楼断层及其分支断层构成"帚状"断层系分布全区。该区位于区域Pb、Zn 元素化探异常浓集中心部位，以往工作中发现中型锌矿床 2 处，小型矿床及矿点若干，本次工作发现中型矿床 1 处、小型矿床（点）1 处，成矿条件极为有利，其深部及外围具有找矿潜力，划分为 A 类重点找矿靶区。目前区内采矿权、探矿权密布，宜在矿业权深部及各矿业权之间空白地段开展探矿工作，以扩大矿床规模，延长矿山服务年限。

2）独牛背斜核部找矿靶区

独牛背斜核部找矿靶区位于王司背斜的次级褶皱——独牛背斜(即区域宣威背斜)核部，早楼断层北东段旁侧，面积为 $15.08km^2$，背斜核部出露地层为石冷水组，两翼出露娄山关组地层。本区位于区域 Pb、Zn 元素化探异常浓集中心部位，相邻的黔兴铅锌矿施工大量钻孔见矿，矿床规模已达中型，其成矿条件有利，推测矿体埋深为 800～1200m，故划分为 B 类找矿靶区。

3）半边街—竹林沟矿田深部及外围找矿靶区

半边街—竹林沟矿田深部及外围找矿靶区位于黄丝背斜核部的半边街—竹林沟矿田深部及外围，出露赋矿地层为上泥盆统高坡场组和望城坡组，背斜核部出露黄丝深大断裂及多组次级断层，目前半边街—竹林沟矿田 Zn 金属资源量超过 66 万 t，达大型矿床规模，Ge 金属资源量超过 1300t，达超大型规模，其深部及外围成矿条件极为有利，划分为 A 类重点找矿靶区。

4）三都—丹寨地区朱砂场找矿靶区

三都—丹寨地区朱砂场找矿靶区位于研究区东侧，黔南坳陷与江南造山带结合部位，出露震旦系、寒武系、奥陶系、志留系、泥盆系。Cu、Pb、Zn、Sb、Hg、As 等异常沿朱砂场断层呈带状展布，异常强度高，有多个浓集中心，异常总面积为 $70km^2$，异常群带内与已发现的一些铅锌矿床套合较好，成矿条件有利，具有远景价值，故划分为 C 类找矿靶区。

第九章　结　　论

一、主要认识

(一)理论研究认识

1. 典型矿床地质特征

(1)黔东地区铅锌矿床(点)主要赋存于震旦系—泥盆系碳酸盐岩中，具有后生多层位产出特征，其中富含有机质的寒武系是铅锌矿床的主要赋矿层位，暗示具有特定层位(发育有机质+膏盐岩+碳酸盐岩有利岩石组合)控矿特征。

(2)黔东地区铅锌矿床(点)赋矿围岩主要为泥灰岩、礁灰岩、生物碎屑灰岩、白云质灰岩和白云岩等碳酸盐岩，显示铅锌矿化对碳酸盐岩具有选择性，赋矿地层中通常富含有机质、膏盐岩等，上覆碎屑岩，下伏基底变质岩，具有明显的有利岩性(石)组合控矿特征。

(3)黔东地区铅锌矿床(点)围岩蚀变相对微弱，主要发育碳酸盐化(包括方解石化、白云石化和铁锰碳酸盐化)、黄铁矿化、重晶石化、硅化和有机碳化/沥青化等，其中碳酸盐化和黄铁矿化与铅锌矿化关系最为密切。

2. 区域成矿规律

(1)赋矿层位由东至西依次变新(震旦系→寒武系→泥盆系)；矿床的成矿元素组成，尤其是 Pb，由东向西逐渐减少。铅锌矿床(点)普遍富集稀散金属，其中半边街—竹林沟锌矿田富锗、牛角塘锌矿田富镉，并在半边街—竹林沟锌矿田发现锗的显著超常富集现象，其中半边街备案锗金属资源量超过 900t，竹林沟备案锗金属资源量超过 400t，分别达到超大型和大型共/伴生锗矿床规模。

(2)铅锌矿床(点)的分布明显受构造控制，特别是区域性构造控制矿田展布，次级构造及其派生构造控制矿体产出，具有断层+褶皱构造组合控矿特征，特别是 NE 断层与近 SN 向、NNE 向宽缓背斜的交会部位是区域内铅锌矿床集中产出的地段。

(3)黔东地区铅锌矿化与古油藏关系密切，许多铅锌矿床(点)位于古油藏范围内(如麻江古油藏、丹寨古油藏和铜仁—万山古油藏等)，矿床(点)及外围常含有固体沥青，矿石中成矿期热液矿物与固体沥青共生。

3. 热液碳酸盐矿物特征

(1)贵定—都匀地区铅锌矿田白云石化可以划分为三期，即成矿期前(Dol1)、成矿期(Dol2～Dol4)和成矿期后(Dol5)，其中成矿期可进一步划分成矿早期(Dol2)、主成矿期

（Dol3）和成矿晚期（Dol4）。

（2）贵定—都匀地区铅锌矿田成矿期前（Dol1）白云石呈细脉穿插围岩，常被后期白云石脉、硫化物脉穿切或包裹；成矿早期（Dol2）白云石与少量细粒闪锌矿（黄铁矿）共生；主成矿期（Dol3）白云石呈脉状、团块状产出，与大量硫化物共生，部分包裹白云岩围岩角砾；成矿晚期（Do14）白云石呈团块状生长于矿石或围岩间隙；成矿期后（Dol5）呈脉状穿插、包裹早期白云石或硫化物脉。

（3）贵定—都匀地区铅锌矿田成矿期前（Dol1）白云石呈暗—暗红色；成矿早期（Dol2）白云石表现为暗红色—亮红色；主成矿期（Dol3）白云石显亮红色；成矿晚期（Dol4）白云石呈暗红—亮红色；成矿期后（Dol5）白云石主要为棕红色。

4. 矿床地球化学及成因

（1）贵定—都匀地区铅锌矿田成矿流体是中低温深循环卤水，成矿流体中还原硫主要来自赋存于地层中的膏盐岩，还原硫形成机制包括细菌硫酸盐还原作用（BSR）和热化学硫酸盐还原作用（TSR），其中 BSR 发生在成矿前，有机质在 TSR 中充当还原剂；成矿流体中金属主要来自基底岩石，部分来自赋矿地层；流体混合作用是硫化物沉淀的主要机制。

（2）整个热液成矿过程中，成矿流体经历了还原→氧化的过程，碳酸盐矿物充当缓冲剂，流体维持弱酸性（低 pH），利于硫化物沉淀，直至被围岩碳酸盐岩中和。

（3）黔东地区铅锌矿床是低温热卤水—构造组合—岩石组合耦合成矿作用的产物，成因类型上可与密西西比河谷型（MVT）铅锌矿床对比，成矿流体很有可能是由 SW 向 NE 沿着区域性构造运移，具有多个流体混合汇聚中心，找矿潜力巨大。

5. 锗赋存状态及富集机制

本书首次揭示锗在半边街—竹林沟锌矿田的两种赋存状态，即类质同象和微纳米独立锗矿物包体，提出闪锌矿矿物结构（指矿物形态并非晶体结构）制约锗的最终富集，而 pH 和矿物生长速率是关键制约因素。

（二）成矿预测认识

1. 找矿标志

地层：主要赋矿地层为震旦系陡山沱组、寒武系清虚洞组和泥盆系高坡场组。

岩性：赋矿标志岩性为粗晶含白云岩或含藻、生物碎屑白云岩，赋矿层位上、下部存在泥质或碎屑岩与碳酸盐岩组成"三明治"有利岩性组合。

构造：逆冲推覆断裂下盘、深大断裂旁侧次级断裂或是褶皱+逆冲推覆断层+次级断裂，层间挤压破碎带，牵引褶皱是良好的赋矿空间。

岩相：相对封闭的局限—半局限坳陷潟湖沉积环境或者水下脊伏隆起内侧。

围岩蚀变：碳酸盐化、黄铁矿化、重晶石化、褐铁矿化、沥青化、石膏化等。

物探异常：矿石与岩石激电物理性质差异较大，矿石电阻率低而灰岩、白云岩电阻率高；矿石极化率高而灰岩、白云岩极化率较低，物性差异导致的地球物理异常不同可作为找矿标志之一。

化探异常：化探异常与已发现铅锌矿床(点)以及深大断裂的空间展布基本一致，未发现铅锌矿床(点)区域化探异常与深大断裂叠合区域。

遥感异常：在线环构造交会与热液蚀变碳酸盐矿物叠合区域。

构造分形：黔东地区构造分形解析容量维、信息维和关联维三者重叠区域。

2. 找矿靶区

(1)黔东地区遥感地质解译环形构造呈链条状沿断裂构造展布，且多位于断裂构造夹持区域，构成良好的环形构造组合体系，是有利的成矿构造体系；热液蚀变碳酸盐矿物主要分布在断裂构造附近且线环构造发育的区域，热液蚀变碳酸盐矿物分布更为集中，表明热液蚀变与有利成矿构造体系关系密切；在线环构造交汇与热液蚀变碳酸盐矿物叠合区域，推测有较好的成矿与找矿潜力。

(2)黔东地区构造分形解析容量维、信息维和关联维三者重叠区域即为分维值分析综合有利成矿区，结果显示贵定—都匀地区成矿条件十分优越，具有良好的成矿与找矿前景，成矿与区域性深大断裂密切相关，应围绕其开展找矿预测。

(3)在包括贵定—都匀地区在内的黔东地区划分三类找矿靶区，其中 A 类共 2 个(牛角塘矿田深部及外围和半边街—竹林沟矿田深部及外围)；B 类 1 个(独牛背斜核部)；C 类 1 个(三都—丹寨地区朱砂场)。

二、建议

(1)贵定—都匀地区铅锌成矿地质条件优越，找矿潜力大，建议贵州相关地勘单位在新一轮找矿突破战略行动和"富矿精开"战略部署中，加强 A 类靶区的验证和 B 类靶区的进一步研究、找矿勘查部署，扩大该区的找矿成果。

(2)加强贵定—都匀地区铅锌矿床中锗超常富集机理、赋存状态及就地选冶分离、综合利用的关键技术攻关，提高铅锌矿中伴生关键金属的综合利用率和附加值，助推资源高端化利用、企业高质量发展。

参 考 文 献

蔡应雄, 杨红梅, 段瑞春, 等. 2014. 湘西-黔东下寒武统铅锌矿床流体包裹体和硫、铅、碳同位素地球化学特征[J]. 现代地质, 28(1): 29-41.

陈国勇, 钟奕天, 黄根深, 1992. 都匀牛角塘锌矿床地质特征及成矿控制条件初探[J]. 贵州地质, 9(3): 203-212.

陈国勇, 安琦, 范玉梅, 2005. 黔东地区铅锌矿地质特征及成矿作用分析[J]. 贵州地质, 22(4): 252-259.

陈国勇, 安琦, 王敏, 2006. 贵州南部"半边街式"铅锌矿地质特征及其成因探讨[J]. 地球学报, 27(6): 570-576.

陈建书, 代雅然, 唐烽, 等. 2020. 扬子地块周缘中元古代末—新元古代主要构造运动梳理与探讨[J]. 地质论评, 66(3): 533-554.

陈军, 吉彦冰, 杜丽娟, 等, 2022. 黔东南坑头金矿床热液蚀变特征及成矿过程研究[J]. 地质学报, 96(7): 2479-2493.

陈兴, 薛春纪, 2016. 西天山乌拉根大规模铅锌成矿中 H_2S 成因: 菌生结构和硫同位素组成约束[J]. 岩石学报, 32(5): 1301-1314.

陈毓川, 朱裕生, 等, 1993. 中国矿床成矿模式[M]. 北京: 地质出版社.

成秋明, 2003. 非线性矿床模型与非常规矿产资源评价[J]. 地球科学, 28(4): 445-454.

成秋明, 2006. 非线性成矿预测理论: 多重分形奇异性-广义自相似性-分形谱系模型与方法[J]. 地球科学, 31(3): 337-348.

成秋明, 2007. 成矿过程奇异性与矿产预测定量化的新理论与新方法[J]. 地学前缘, 14(5): 42-53.

成秋明, 2021. 什么是数学地球科学及其前沿领域? [J]. 地学前缘, 28(3): 6-25.

成永生, 2010. 九万大山地区断裂构造分形特征及其地质意义[J]. 中国地质, 37(1): 127-133.

程涌, 2022. 黔东牛角塘大亮锌矿矿物学与成矿温度研究[J]. 有色金属(矿山部分), 74(2): 93-102.

程涌, 崔苗, 许赛华, 等, 2022a. 贵州都匀大亮锌矿床闪锌矿稀土元素地球化学特征及其指示意义[J]. 地质与勘探, 58(3): 465-474.

程涌, 胡煜昭, 崔苗, 等, 2022b. 黔东柏松铅锌矿床矿物特征及地质意义[J]. 有色金属(矿山部分), 74(5): 160-172.

崔敏, 汤良杰, 郭彤楼, 等, 2009. 黔南地区古生代正断层对构造特征的制约[J]. 现代地质, 23(3): 409-413.

崔中良, 孔德坤, 2021. 河南熊耳山矿集区及其邻区分形特征与找矿方向探讨[J]. 化工矿物与加工, 50(11): 1-7.

崔中良, 刘祥云, 周家喜, 2021. 川滇黔接壤铅锌矿集区断裂构造分形特征及其地质意义[J]. 世界地质, 40(1): 75-92.

崔中良, 郭心雨, 杨睿昕, 2022a. 分形理论在矿产资源勘查领域的应用研究进展[J]. 化工矿物与加工, 51(11): 46-51, 64.

崔中良, 姚艳领, 程金华, 等, 2022b. 黔西北垭都-蟒硐成矿带构造分形结构特征及找矿意义[J]. 高校地质学报, 28(4): 592-605.

崔中良, 周家喜, 罗开, 2022c. 赣南兴国—宁都萤石成矿带分形结构分析及成矿与找矿前景浅析[J]. 吉林大学学报(地球科学版): 1-18.

代传固, 2010. 黔东及邻区地质构造特征及其演化[D]. 北京: 中国地质大学.

代雅然, 张嘉玮, 彭松柏, 等, 2019. 贵州梵净山地区新元古代拉伸纪岩浆演化时序[J]. 地质通报, 38(SI): 360-370.

代志杰, 2016. 金顶超大型铅锌矿床硫化物菌生结构和细菌化石及成矿学意义[D]. 北京: 中国地质大学.

戴传固, 陈建书, 卢定彪, 等, 2010a. 黔东及邻区武陵运动及其地质意义[J]. 地质力学学报, 16(1): 78-84.

戴传固, 陈建书, 卢定彪, 等, 2010b. 黔东南及邻区加里东运动的表现及地质意义[J]. 地质通报, 29(4): 530-534.

戴传固, 王敏, 陈建书, 等, 2013. 贵州构造运动特征及其地质意义[J]. 贵州地质, 30(2): 119-124.

戴传固, 张慧, 陈建书, 等, 2016. 贵州若干基础地质问题的思考及建议[J]. 贵州地质, 33(2): 83-90.

邓飞, 贾东, 罗良, 等. 2008. 晚三叠世松潘甘孜和川西前陆盆地的物源对比: 构造演化和古地理变迁的线索[J]. 地质论评, 54(4): 561-573.

丁道桂, 潘文蕾, 黄继文, 2012. 楚雄前陆盆地的改造变形[J]. 石油实验地质, 34(4): 345-351, 356.

丁式江, 2004. 海南岛中西部金矿集中区断裂构造的分形研究[J]. 地学前缘, 11(1): 189-194.

丁式江, 翟裕生, 2000. 胶东焦家金矿田构造形迹的分形研究[J]. 地球科学, 25(4): 416-420.

董富权, 2012. 西藏古堆—隆子地区断裂构造分形特征及其地质意义[J]. 黄金科学技术, 20(6): 41-45.

董连科, 1994. 分形动力学[M]. 沈阳: 辽宁科学技术出版社.

董瑞鑫, 申向东, 薛慧君, 等, 2022. 风积沙混凝土的气泡参数对其强度的影响[J]. 材料导报, 36(12): 105-109.

杜胜江, 温汉捷, 朱传威, 等, 2019. 扬子板块西缘稀散金属超常富集的地球化学背景[J]. 岩石学报, 35(11): 3355-3369.

杜远生, 黄虎, 杨江海, 等, 2013. 晚古生代一中三叠世右江盆地的格局和转换[J]. 地质论评, 59(1): 1-11.

段菁春, 庄新国, 何谋春, 2002. 不同变质程度煤的激光拉曼光谱特征[J]. 地质科技情报, 21(2): 65-68.

段其发, 2014. 湘西-鄂西地区震旦系-寒武系层控铅锌矿成矿规律研究[D]. 武汉: 中国地质大学.

段其发, 曹亮, 曾健康, 等, 2014. 湘西花垣矿集区狮子山铅锌矿床闪锌矿 Rb-Sr 定年及地质意义[J]. 地球科学(中国地质大学学报), 39(8): 977-986, 999.

方维萱, 胡瑞忠, 苏文超, 等, 2002. 贵州镇远地区钾镁煌斑岩类的侵位时代[J]. 科学通报, 47(4): 307-312.

付绍洪, 2004. 扬子地块西南缘铅锌成矿作用与分散元素镉镓锗富集规律[D]. 成都: 成都理工大学.

付绍洪, 顾雪祥, 王乾, 等, 2004. 扬子地块西南缘铅锌矿床 Cd、Ge 与 Ga 富集规律初步研究[J]. 矿物岩石地球化学通报, 23(2): 105-108.

付胜云, 张丰, 曾健康, 等, 2018. 湘西—黔东下寒武统清虚洞组藻灰岩沉积特征及其找矿意义[J]. 中国地质调查, 5(3): 56-65.

甘甫平, 王润生, 2004. 遥感岩矿信息提取基础与技术方法研究[M]. 北京: 地质出版社.

高波, 沃玉进, 周雁, 等, 2012. 贵州麻江古油藏成藏期次[J]. 石油与天然气地质, 33(3): 417-423.

高波, 周雁, 沃玉进, 等, 2015. 凯里残余油气藏多期成藏的地球化学示踪研究[J]. 西南石油大学学报(自然科学版), 37(2): 21-28.

高军波, 杨瑞东, 陶平, 等, 2015. 贵州西北部泥盆系镁菱铁矿床成因研究[J]. 地质论评, 61(6): 1305-1320.

高林志, 戴传固, 刘燕学, 等, 2010. 黔东地区下江群凝灰岩锆石 SHRIMP U-Pb 年龄及其地层意义[J]. 中国地质, 37(4): 1071-1080.

高林志, 戴传固, 丁孝忠吗, 等, 2011. 侵入梵净山群白岗岩锆石 U-Pb 年龄及白岗岩底砾岩对下江群沉积的制约[J]. 中国地质, 38(6): 1413-1420.

高林志, 陈建书, 戴传固, 等, 2014. 黔东地区梵净山群与下江群凝灰岩 SHRIMP 锆石 U-Pb 年龄[J]. 地质通报, 33(7): 949-959.

谷团, 2017. 牛角塘伴生型镉矿床特殊的成矿环境[J]. 吉林大学学报(地球科学版), 47(2): 464-476.

谷团, 李朝阳, 1998. 分散元素镉的资源概况及其研究意义——来自牛角塘铅锌矿的线索[J]. 地质地球化学, 26(4): 38-42.

顾雪祥, 章永梅, 李葆华, 等, 2010. 沉积盆地中金属成矿与油气成藏的耦合关系[J]. 地学前缘, 17(2): 83-105.

韩奎, 罗金海, 王宗起, 等, 2012. 川滇黔交界地区铅锌矿床含矿角砾岩特征及其构造意义[J]. 矿床地质, 31(3): 629-641.

韩世庆, 王守德, 胡惟元, 2012. 黔东麻江古油藏的发现及其地质意义[J]. 石油与天然气地质, 3(4): 316-326.

韩喜彬, 梁金城, 冯佐海, 等, 2003. 桂东南地区断裂构造分形特征与金银成矿关系研究[J]. 广西科学, 10(2): 117-121.

韩喜彬, 李家彪, 冯佐海, 等, 2010. 云开隆起西、北缘金银矿床的空间分形特征[J]. 桂林理工大学学报, 30(1): 15-20.

韩吟文, 马振东, 张宏飞, 等, 2003. 地球化学[M]. 北京: 地质出版社.

韩英, 王京彬, 祝新友, 等, 2011. 广东凡口铅锌矿碳、氧同位素地球化学特征及其地质意义[J]. 地质与勘探, 47(4): 642-648.

何雅枫, 何政伟, 赵银兵, 等, 2015. 地质构造与遥感蚀变的相关性分析[J]. 地理空间信息, 13(2): 91-93, 13.

贺训云, 蔡春芳, 姚根顺, 等, 2013. 黔南坳陷油苗来源: 碳、硫同位素及生物标志物证据[J]. 岩石学报, 29(3): 1059-1072.

胡凯, 1993. 激光拉曼光谱碳质地温计及其地质应用[J]. 地质科学, 28(3): 235-245.

胡鹏, 吴越, 张长青, 等, 2014. 扬子板块北缘马元铅锌矿床闪锌矿 LA-ICP-MS 微量元素特征与指示意义[J]. 矿物学报, 34(4): 461-468.

胡瑞忠, 等, 2015. 华南陆块陆内成矿作用[M]. 北京: 科学出版社.

胡瑞忠, 等, 2021. 华南大规模低温成矿作用[M]. 北京: 科学出版社.

胡修权, 施泽进, 田亚铭, 等, 2014. 川东南地区茅口组断裂多重分形特征及意义[J]. 成都理工大学学报(自然科学版), 41(4): 476-482.

胡亚飞, 李克庆, 韩斌, 等, 2022. 基于响应面法-满意度准则的混合骨料充填体强度发展与优化分析[J]. 中南大学学报(自然科学版), 53(2): 620-630.

胡宇思, 叶霖, 黄智龙, 等, 2019. 滇东北麻栗坪铅锌矿床微量元素分布与赋存状态: LA-ICPMS 研究[J]. 岩石学报, 35(11): 3477-3492.

胡宇思, 叶霖, 韦晨, 等, 2020. 湘西花垣矿田热液方解石稀土元素地球化学[J]. 矿物学报, 40(4): 441-449.

胡煜昭, 任涛, 2019. 金属矿床和油气藏: 沉积盆地中的两个亲兄弟[J]. 自然杂志, 41(1): 44-48.

胡煜昭, 韩润生, 毛小贤, 2007. 黔东地区下古生界地层中金属成矿与油气成藏的关系[J]. 地质与勘探, 43(5): 54-59.

黄根深, 杜宜渝, 1992. 黔南汞矿带中的微细浸染型金矿[J]. 贵金属地质(Z1): 163-166.

黄智龙, 陈进, 韩润生, 等, 2004. 云南会泽超大型铅锌矿床地球化学及成因——兼论峨眉山玄武岩与铅锌成矿的关系[M]. 北京: 地质出版社.

江万, 1995. 贵州东部镇远地区钾镁煌斑岩的矿物学和岩石学研究[J]. 现代地质, 9(3): 351-358.

蒋超, 李社宏, 付嵩, 等, 2021. 广西大瑶山西北地区构造分形与成矿预测[J]. 地球学报, 42(4): 514-526.

蒋成竹, 王庆飞, 万丽, 等, 2012. 云南三江地区典型金矿床吨位-边界品位曲线特征[J]. 岩石学报, 28(5): 1551-1560.

金灿海, 张玙, 张达, 等, 2014. 贵州都匀牛角塘铅锌矿床成矿模式[J]. 矿床地质, 33(S1): 699-700.

金灿海, 蒋诗鹏, 祁传林, 等, 2015. 滇东北茂租铅锌矿控矿因素及找矿方向[J]. 矿产与地质, 29(1): 1-6.

金宠, 陈安清, 楼章华, 等, 2012. 黔南坳陷构造运动与流体响应及油气保存[J]. 浙江大学学报(工学版), 46(10): 1910-1922.

金邓辉, 马瑾, 1998. 红河断裂带的断层几何特征及其与地震的关系[M]//马瑾, 王绳组. 第二届构造物理学术讨论会文集. 北京: 地震出版社.

金少荣, 叶霖, 杨德智, 等, 2018. 贵州凯里—都匀地区铅锌矿化规律与找矿靶区[J]. 矿物学报, 38(6): 675-683.

金中国, 周家喜, 黄智龙, 等, 2016. 贵州普定纳雍枝铅锌矿床成因: S 和原位 Pb 同位素证据[J]. 岩石学报, 32(11): 3441-3455.

金中国, 黄智龙, 郑明泓, 等, 2020. 贵州碳酸盐岩型铅锌矿床地质特征与容矿机理[J]. 矿物学报, 40(4): 346-355.

康建威, 余谦, 田晶春, 等, 2016. 黔南坳陷下奥陶统油苗与沥青特征及其成藏史[J]. 新疆石油地质, 37(5): 507-511.

匡文龙, 杨绍祥, 余沛然, 等, 2008. 湘西北花垣县下寒武统清虚洞组浊积岩沉积特征及其地质意义[J]. 地质科学, 43(2): 347-358.

兰天龙, 2013. 浅议黔东北地区铅锌矿地质特征与找矿方向[J]. 地质找矿论丛, 28(2): 216-223.

李葆华, 李雯霞, 吴大伟, 等, 2014. 贵州丹寨古油藏形成及演化的流体包裹体证据[J]. 矿物岩石地球化学通报, 33(5): 681-687.

李超, 屈文俊, 王登红, 等, 2014. Re-Os 同位素在沉积地层精确定年及古环境反演中的应用进展[J]. 地球学报, 35(4): 405-414.

李超, 孙鹏程, 孟会明, 等, 2022. 沥青 Re-Os 同位素年龄地质意义解读[J]. 岩石学报, 38(6): 1595-1604.

李长江, 麻土华, 朱兴盛, 1999. 矿产勘查中的分形、混沌与 ANN[M]. 北京: 地质出版社.

李传班, 刘幼平, 武国辉, 等. 2012. 贵州省凯里地区铝土矿床控矿因素研究[J]. 地质与勘探, 48(1): 31-37.

李飞, 刘国生, 周庆卫, 等, 2016. 分形理论在断裂与矿产关系研究中的应用[J]. 合肥工业大学学报(自然科学版), 39(5): 701-706.

李厚民, 沈远超, 毛景文, 等, 2003. 石英、黄铁矿及其包裹体的稀土元素特征——以胶东焦家式金矿为例[J]. 岩石学报, 19(2): 267-274.

李军, 高军波, 魏怀瑞, 等, 2019. 贵州寒武系底部黑色岩系成矿序列划分与对比[J]. 地质与勘探, 55(2): 508-518.

李堃, 2018. 湘西—黔东地区铅锌矿床成矿模式与成矿预测[D]. 武汉: 中国地质大学.

李堃, 段其发, 赵少瑞, 等, 2017. 湖南花垣铅锌矿床成矿物质来源与成矿机制——来自 S、Pb、Sr 同位素的证据[J]. 地质通报, 36(5): 811-822.

李堃, 汤朝阳, 刘劲松, 等, 2018a. 黔东松桃嗅脑铅锌矿床成矿物质来源: 稀土元素与碳、氧、硫、铅同位素制约[J]. 桂林理工大学学报, 38(3): 365-376.

李堃, 赵少瑞, 汤朝阳, 等, 2018b. 湘西北花垣矿集区铅锌矿床成矿流体来源及矿床成因[J]. 地球科学, 43(7): 2449-2464.

李堃, 刘飞, 赵武强, 等, 2021. 湘西—黔东地区碳酸盐岩容矿铅锌矿床成矿模式[J]. 地球科学, 46(4): 1151-1172.

李明道, 袁先顺, 1998. 曼洞断层与牛角塘断层的主要特征及两者关系探讨[J]. 贵州地质, 15(3): 240-245.

李荣西, 毛景文, 赵帮胜, 等, 2021. 烃类流体在 MVT 型铅锌矿成矿中角色与作用: 研究进展与展望[J]. 地球科学进展, 36(4): 335-345.

李双建, 高波, 沃玉进, 等, 2011. 中国南方海相油气藏破坏类型及其时空分布[J]. 石油实验地质, 33(1): 43-49.

李学刚, 杨坤光, 胡祥云, 等. 2012. 黔东凯里-三都断裂结构及形成演化[J]. 成都理工大学学报(自然科学版), 39(1): 18-26.

李宗发, 1991. 湘西黔东地区铅锌矿成因初步探讨[J]. 贵州地质, 8(4): 363-371.

廖红建, 刘少华, 何玉琪, 等, 2022. 黄土孔径和持水特性的分形维数研究[J]. 西北大学学报(自然科学版), 52(3): 416-422.

廖家飞, 冯佐海, 罗畅权, 等, 2012. 广西贺州水岩坝矿田断裂构造分形特征分析[J]. 矿床地质, 31(3): 459-464.

刘家军, 何明勤, 李志明, 等, 2004. 云南白秧坪银铜多金属矿集区碳氧同位素组成及其意义[J]. 矿床地质, 23(1): 1-10.

刘建明, 刘家军, 1997. 滇黔桂金三角区微细浸染型金矿床的盆地流体成因模式[J]. 矿物学报, 17(4): 448-456.

刘建明, 叶杰, 刘家军, 等, 2000. 盆地流体中有机组分的成矿效应[J]. 矿物岩石地球化学通报, 19(3): 141-148.

刘劲松, 邹先武, 汤朝阳, 等, 2012. 湘西黔东地区铅锌矿床与古油藏关系初探[J]. 华南地质与矿产, 28(3): 220-225.

刘路, 胡煜昭, 张桂权, 2016. 晴隆锑矿古油藏沥青及烃类包裹体的拉曼光谱特征[J]. 地质论评, 62(4): 1010-1020.

刘淑文, 石顺, 李荣西, 等, 2013. 扬子板块北缘马元铅锌矿床稀土元素地球化学研究[J]. 矿床地质, 32(5): 979-988.

刘铁庚, 叶霖, 2000. 都匀牛角塘大型独立镉矿床的地质地球化学特征[J]. 矿物学报, 20(3): 279-285.

刘铁庚, 张乾, 叶霖, 等, 2004a. 贵州牛角塘镉锌矿床中发现原生硫镉矿[J]. 矿物学报, 24(2): 191-196.

刘铁庚, 张乾, 叶霖, 等, 2004b. 自然界中 ZnS-CdS 完全类质同象系列的发现和初步研究[J]. 中国地质, 31(1): 40-45.

刘铁庚, 叶霖, 王兴理, 等, 2005. 中国首次发现菱镉矿[J]. 中国地质, 32(3): 443-446.

刘铁庚, 叶霖, 周家喜, 等, 2010. 闪锌矿的 Fe、Cd 关系随其颜色变化而变化[J]. 中国地质, 37(5): 1457-1468.

刘文均, 郑荣才, 1999. 花垣铅锌矿床包裹体气相组分研究——MVT 矿床有机成矿作用研究（Ⅱ）[J]. 沉积学报, 17（4）: 608-614.

刘文均, 卢家烂, 2000. 湘西下寒武统有机地化特征——MVT 铅锌矿床有机成矿作用研究(Ⅲ)[J]. 沉积学报, 18（2）: 290-296.

刘文均, 郑荣才, 2000a. 花垣铅锌矿床成矿流体特征及动态[J]. 矿床地质, 19（2）: 173-181.

刘文均, 郑荣才, 2000b. 硫酸盐热化学还原反应与花垣铅锌矿床[J]. 中国科学(D 辑: 地球科学), 30（5）: 456-464.

刘文均, 郑荣才, 李元林, 等, 1999. 花垣铅锌矿床中沥青的初步研究—MVT 铅锌矿床有机地化研究（Ⅰ）[J]. 沉积学报, 17（1）: 19-23.

刘英, 吴立新, 岳辉, 2018. 基于梯度结构相似度的矿区土壤湿度空间分析[J]. 武汉大学学报(信息科学版), 43（1）: 87-93.

刘英超, 侯增谦, 杨竹森, 等, 2008. 密西西比河谷型(MVT)铅锌矿床: 认识与进展[J]. 矿床地质, 27（2）: 253-264.

刘英超, 侯增谦, 于玉帅, 等, 2013. 西藏昌都地区拉拢拉类 MVT 铅锌矿床矿化特征与成因研究[J]. 岩石学报, 29（4）: 1407-1426.

刘英超, 杨竹森, 于玉帅, 等, 2019. 西藏昌都赵发勇溶洞控矿 MVT 铅锌矿床地质特征与矿床成因[J]. 地球学报, 40（6）: 853-870.

刘英俊, 曹励明, 李兆麟, 等, 1984. 元素地球化学[M]. 北京: 科学出版社.

刘幼平, 李传班, 周文龙, 等, 2014. 贵州凯里—黄平地区铝土矿空间分布规律与古岩溶地貌关系的研究[J]. 科学技术与工程, 14（31）: 165-171.

柳贺昌, 林文达, 1999. 滇东北铅锌银矿床规律研究[M]. 昆明: 云南大学出版社.

卢贸达, 徐磊, 任厚州, 等, 2022. 贵州半边街铅锌矿床 C-O-S-Pb 同位素地球化学特征[J]. 大地构造与成矿学, 46（6）: 1105-1119.

卢新卫, 马东升, 1999. 湘中锑矿带断裂体系分维及其对成矿流体运移和矿床定位的指示作用[J]. 矿床地质, 18（2）: 168-174.

罗开, 周家喜, 徐畅, 等, 2021. 四川乌斯河大型锗铅锌矿床锗超常富集特征及其地质意义[J]. 岩石学报, 37（9）: 2761-2777.

吕昶良, 邓明国, 沙建泽, 2013. 云南镇康芦子园铅锌矿构造控矿规律及其机理分析[J]. 矿产与地质, 27（3）: 198-203, 233.

吕凤军, 郝跃生, 李川平, 等, 2007. 基于 FLAASH 模块的遥感数据大气校正应用研究[J]. 河北地质, 27（2）: 23-26.

马鸿霖, 贾伟洁, 付长亮, 等, 2019. 沙特阿拉伯吉达东北部地质构造与蚀变信息提取及找矿有利部位预测[J]. 国土资源遥感, 31（3）: 174-182.

马力克, 杨涛, 黄波, 等. 2020. "内生外成"论贵州省黑色岩系钒矿成矿特征[J]. 有色金属(矿山部分), 72（3）: 70-75, 103.

马志鑫, 李波, 刘喜停, 等, 2015. 黔东下寒武统清虚洞组地球化学特征及其对沉积环境演化的指示[J]. 地质科技情报, 34（2）: 71-77.

毛政利, 彭省临, 赖健清, 等, 2004. 个旧矿区东区断裂构造分形研究及成矿预测[J]. 地质找矿论丛, 19（1）: 17-19, 47.

孟庆田, 周家喜, 孙国海, 等. 2022. 贵州贵定半边街锌矿床地球化学特征与找矿进展[J]. 矿物学报, 42（1）: 51-58.

孟宪萌, 张鹏举, 周宏, 等, 2019. 水系结构分形特征的研究进展[J]. 地球科学进展, 34（1）: 48-56.

莫璐璐, 2020. 贵州省贵定县半边街锌矿地质特征及成因浅析[J]. 西部探矿工程, 32（9）: 125-127, 132.

牛贺才, 陈繁荣, 林茂青, 1996. 岩浆成因重晶石、萤石的稀土元素地球化学特征[J]. 矿物学报, 16（4）: 382-388.

彭建堂, 胡瑞忠, 漆亮, 等, 2004. 锡矿山热液方解石的 REE 分配模式及其制约因素[J]. 地质论评, 50（1）: 25-32.

彭松, 金中国, 刘开坤, 等, 2021. 黔东铅锌矿床地质特征与分布规律及成因分析[J]. 矿产与地质, 35（4）: 617-623.

彭子茂, 黄震, 2020. 模拟非饱和流的新型相对渗透系数模型[J]. 长江科学院院报, 37（7）: 115-119.

戚华文, 胡瑞忠, 漆亮, 2005. 低温含锗溶液与泥炭和褐煤相互作用实验研究[J]. 中国科学(D 辑), 35（5）: 428-433.

秦守荣, 刘爱民, 1998. 论贵州喜山期的构造运动[J]. 贵州地质, 15（2）: 105-114.

丘元禧, 张渝昌, 马文璞. 1998. 雪峰山陆内造山带的构造特征与演化[J]. 高校地质学报, 4(4): 73-84.

饶红娟, 蔡逸涛, 杨献忠, 等. 2019. 贵州镇远马坪地区钾镁煌斑岩侵位模式及找矿前景[J]. 地质通报, 38(1): 76-92.

任顺利, 李延河, 曾普胜, 等. 2018. 膏盐层在云南会泽和毛坪铅锌矿成矿中的作用: 硫同位素证据[J]. 地质学报, 92(5): 1041-1055.

任涛, 周家喜, 王蝶, 等. 2019. 滇东北富乐铅锌矿床微量元素和 S-Pb 同位素地球化学研究[J]. 岩石学报, 35(11): 3493-3505

施国栋, 靳保路, 陈斌. 2020a. 安徽省矿点分布与主要形迹相关性的分形研究[J]. 桂林理工大学学报, 40(2): 271-277.

施国栋, 姚佛军, 陈斌, 等. 2020b. 安徽省地质灾害空间分布的分形研究[J]. 防灾科技学院学报, 22(1): 17-22.

施俊法, 王春宁, 1998. 中国金矿床分形分布及对超大型矿床的勘查意义[J]. 地球科学, 23(6): 616-619.

施泽进, 罗蛰潭, 彭大钧, 等, 1995. 四地区断层空间分布的多重分形特征[J]. 现代地质, 9(4): 467-474.

史兴旺, 管新邦, 边筠. 2021. 云南省滑坡灾害分形特征研究与分形评价模型探讨[J]. 自然灾害学报, 30(3): 209-216.

舒良树, 2012. 华南构造演化的基本特征[J]. 地质通报, 31(7): 1035-1053.

舒良树, 于津海, 贾东, 等. 2008. 华南东段早古生代造山带研究[J]. 地质通报, 27(10): 1581-1593.

宋保昌, 张宝林, 梁光河, 等, 2002. 分形理论在山西堡子湾金矿成矿预测中的应用[J]. 黄金科学技术, 10(5): 6-14.

孙超, 杨天翼, 李明熹, 等, 2020. 分形理论在非饱和土低基质吸力下抗剪强度理论中的应用[J]. 吉林建筑大学学报, 37(3): 17-21.

孙家骢, 1984. 云南大红山铁矿控矿构造型式的分析[J]. 中国地质科学院地质力学研究所所刊(5): 45-55.

孙涛, 廖泽忠, 吴开兴, 等, 2017. 赣南地区断裂构造的分形分布特征及其地质意义[J]. 江西理工大学学报, 38(1): 48-54.

孙涛, 李杭, 吴开兴, 等, 2018. 铜陵矿集区断裂分形与多重分形特征[J]. 有色金属工程, 8(4): 111-115.

谭华, 2012. 贵州牛角塘锌矿床地质特征及外围找矿潜力分析[J]. 南方国土资源(7): 26-29.

谭凯旋, 郝新才, 戴塔根, 1998. 中国断裂构造的分形特征及其大地构造意义[J]. 大地构造与成矿学, 22(1): 17-20.

谭凯旋, 刘顺生, 谢焱石, 2000. 新疆阿尔泰地区矿床分布的多重分形分析[J]. 大地构造与成矿学, 24(4): 333-341.

唐超, 邵龙义, 2017. 遥感异常提取的机理研究与成控矿相关性分析——以青海祁漫塔格成矿带为例[J]. 矿业科学学报, 2(4): 316-329.

唐永永, 毕献武, 和利平, 等, 2011. 兰坪金顶铅锌矿方解石微量元素、流体包裹体和碳-氧同位素地球化学特征研究[J]. 岩石学报, 27(9): 2635-2645.

唐永永, 张克学, 田亚江, 等, 2020. 黔东铅锌矿床方解石稀土元素组成与矿床成因[J]. 矿物学报, 40(4): 356-366.

腾格尔, 秦建中, 郑伦举, 2008. 黔南坳陷海相优质烃源岩的生烃潜力及时空分布[J]. 地质学报, 82(3): 366-372.

田世洪, 侯增谦, 杨竹森, 等, 2011. 青海玉树莫海拉亨铅锌矿床 S、Pb、Sr-Nd 同位素组成: 对成矿物质来源的指示——兼与东莫扎抓铅锌矿床的对比[J]. 岩石学报, 27(9): 2709-2720.

田亚江, 余杰, 郑禄林, 等, 2018. 贵州丹寨老东寨铅锌矿床微量元素特征及其地质意义[J]. 矿产与地质, 32(6): 1043-1048.

涂光炽, 高振敏, 胡瑞忠, 等, 2003. 分散元素地球化学及成矿机制[M]. 北京: 地质出版社.

王峰, 陈进, 罗大锋, 2013. 川滇黔接壤铅锌矿产资源潜力与找矿规律分析[M]. 北京: 科学出版社.

王富良, 黄艺, 付勇, 等. 2020. 黔东早寒武世早期重晶石富集机制研究——来自硫同位素的约束[J]. 地球学报, 41(5): 686-698.

王国芝, 胡瑞忠, 刘颖, 等, 2003. 黔西南晴隆锑矿区萤石的稀土元素地球化学特征[J]. 矿物岩石, 23(2): 62-65.

王华云, 1993. 贵州铅锌矿的地球化学特征[J]. 贵州地质, 10(4): 272-290.

王华云. 1996. 黔东铅锌矿的成矿规律及成矿模式[J]. 贵州地质, 13(1): 7-23.

王华云, 施继锡, 1997. 贵州丹寨、三都、都匀地区低温成矿系列的成矿物质来源和分异条件[J]. 矿物学报, 17(4): 491-500.

王亮, 胡从亮, 张嘉玮, 等.2019. 贵州深部四级断裂构造特征及与重要矿产的关系[J]. 地质力学学报, 25(1): 36-51.

王茂林, 肖贤明, 魏强, 等, 2015. 页岩中固体沥青拉曼光谱参数作为成熟度指标的意义[J]. 天然气地球科学, 26(9): 1712-1718.

王敏, 戴传固, 王雪华, 等. 2011. 贵州梵净山白云母花岗岩锆石年代、铪同位素及对华南地壳生长的制约[J]. 地学前缘, 18(5): 213-223.

王敏, 戴传固, 王雪华, 等. 2012. 贵州梵净山群沉积时代——来自原位锆石 U-Pb 测年证据[J]. 岩石矿物学杂志, 31(6): 843-857.

王敏, 戴传固, 陈建书, 等. 2016. 贵州省梵净山区新元古代岩浆活动的年代学格架及其大地构造意义[J]. 中国地质, 43(3): 843-856.

王明艳, 息朋庄, 李毅, 2008. 广西热水沉积矿床中重晶石岩地质地球化学特征[J]. 矿产与地质, 22(4): 335-341.

王琼, 徐进鸿, 吴林锋, 等. 2022. 黔东铜仁地区磷块岩型铀矿床岩石地球化学特征[J]. 铀矿地质, 38(6): 1137-1151.

王守德, 郑冰, 蔡立国, 1997. 中国南方古油藏与油气评价[J]. 海相油气地质, 2(1): 44-50.

王维, 刘敏院, 史功文, 等, 2016. 西藏隆子县扎西康矿集区断裂构造分形特征及其找矿意义[J]. 华南地质与矿产, 32(4): 358-365.

王伟锋, 周维维, 徐政语.2014. 黔南坳陷构造变形特征及稳定区块评价[J]. 中国矿业大学学报, 43(2): 255-261.

王潇, 刘婷, 姚昆, 等, 2019. 分形理论在达州市达川区滑坡灾害研究中的应用[J]. 人民长江, 50(2): 144-150.

隗含涛, 邵拥军, 叶周, 等, 2017. 湘西花垣铅锌矿田方解石 REE 元素和 Sr 同位素地球化学[J]. 中国有色金属学报, 27(11): 2329-2339.

温汉捷, 周正兵, 朱传威, 等, 2019. 稀散金属超常富集的主要科学问题[J]. 岩石学报, 35(11): 3271-3291

文德潇, 韩润生, 吴鹏, 等, 2014. 云南会泽 HZT 型铅锌矿床蚀变白云岩特征及岩石-地球化学找矿标志[J]. 中国地质, 41(1): 235-245.

吴从文, 2017. 铅锌矿床成矿流体特征及矿床成因分析[J]. 资源信息与工程, 32(1): 30-31.

吴从文, 2022. 贵州牛角塘铅锌矿田深部找矿远景分析[J]. 工程技术研究, 7(14): 1-3.

吴根耀, 王伟锋, 迟洪星, 2012. 黔南坳陷及邻区盆地演化和海相沉积的后期改造[J]. 古地理学报, 14(4): 507-521.

吴涛, 黄智龙, 叶霖, 等, 2021. 湘西发现镓超常富集铅锌矿床[J]. 矿床地质, 40(6): 1357-1362.

吴越, 张长青, 田广, 2013. 四川跑马铅锌矿萤石稀土元素地球化学特征与指示意义[J]. 矿物学报, 33(3): 295-301.

吴越, 孔志岗, 陈懋弘, 等, 2019. 扬子板块周缘 MVT 型铅锌矿床闪锌矿微量元素组成特征与指示意义: LA-ICPMS 研究[J]. 岩石学报, 35(11): 3443-3460

夏瑞, 徐东波, 陆莎桃, 等. 2021. 贵州天柱大河边超大型重晶石矿床地质特征及成矿机制探讨[J]. 矿产勘查, 12(12): 2349-2360.

向璐, 郑建平, 黄远成, 等. 2019. 贵州镇远马坪金伯利岩及其捕房晶对金刚石成矿条件的指示意义[J]. 地质通报, 38(1): 177-188.

肖贤明, 周秦, 程鹏, 等, 2020. 高-过成熟海相页岩中矿物-有机质复合体(MOA) 的显微激光拉曼光谱特征作为成熟度指标的意义[J]. 中国科学: 地球科学, 50(9): 1228-1241.

肖宪国, 衮民汕, 郑明泓, 等, 2022. 有机烃地球化学测量在隐伏 MVT 铅锌矿床找矿勘查中的应用——以贵州牛角塘铅锌矿床为例[J]. 矿物学报, 42(5): 570-578.

谢焱石, 谭凯旋, 2002. 断裂构造的分形研究及其地质应用[J]. 地质地球化学, 30(1): 71-77.

谢焱石, 尹建文, 谭凯旋, 等, 2015. 华南地区构造-岩浆活化与热液铀成矿的分形动力学[J]. 大地构造与成矿学, 39(3): 510-519.

谢卓君, 夏勇, 王泽鹏, 等. 2012. 三都—丹寨汞-金-锑成矿带中卡林型金矿的一些典型特征探讨[J]. 矿床地质, 31(S1): 453-454.

谢卓君, 夏勇, 闫宝文, 等. 2014. 贵州省三都—丹寨成矿带中卡林型金矿地球化学特征及成矿物质来源初探[J]. 矿物岩石地球化学通报, 33(3): 326-333.

徐德义, 成秋明, 王志敬, 2009. MVT 型矿床中闪锌矿结晶的 Liesegang 环带模拟[J]. 地球科学, 34(2): 253-257.

徐亚军, 杜远生, 2018. 从板缘碰撞到陆内造山: 华南东南缘早古生代造山作用演化[J]. 地球科学, 43(2): 333-353.

徐政语, 姚根顺, 郭庆新, 等, 2010. 黔南坳陷构造变形特征及其成因解析[J]. 大地构造与成矿学, 34(1): 20-31.

薛怀民, 马芳, 宋永勤. 2012. 江南造山带西南段梵净山地区镁铁质-超镁铁质岩: 形成时代、地球化学特征与构造环境[J]. 岩石学报, 28(9): 3015-3030.

鄢明才, 迟清华, 1997. 中国东部地壳与岩石的地球化学组成[M]. 北京: 科学出版社.

颜丹平, 邱亮, 陈峰, 等. 2017. 华南地块雪峰山中生代板内造山带构造样式及其形成机制[J]. 地学前缘, 25(1): 1-13.

晏国祥, 王亮. 2014. 贵州下寒武统黑色岩系中钼镍钒矿床特征及成因浅析[J]. 贵州地质, 31(1): 38-44, 9.

杨德智, 周家喜, 罗开, 等. 2020. 贵州贵定竹林沟锌矿床的新发现及其研究价值[J]. 矿物岩石地球化学通报, 39(2): 344-345.

杨德智, 周家喜, 孔志岗, 等. 2022. 闪锌矿矿物结构对 Ge 超常富集的制约: 以贵州竹林沟 Ge-Zn 矿床为例[J]. 大地构造与成矿学, 46(6): 1120-1136.

杨光忠. 2013. 贵州镇远地区钾镁煌斑岩产出控制因素浅析[J]. 地质与勘探, 49(4): 696-702.

杨光忠, 李永刚, 张与伦, 等. 2019. 黔东钾镁煌斑岩分布控制因素及其侵位模式[J]. 地质通报, 38(1): 27-35.

杨光忠, 房斌, 夏瑞, 等. 2020. 施洞口断裂带对金钟山断陷盆地沉积建造的制约研究[J]. 贵州地质, 37(1): 66-73.

杨红梅, 刘重芃, 段瑞春, 等. 2015. 贵州铜仁卜口场铅锌矿床 Rb-Sr 与 Sm-Nd 同位素年龄及其地质意义[J]. 大地构造与成矿学, 39(5): 855-865.

杨红梅, 刘重芃, 蔡红, 等. 2017. 闪锌矿分相 Rb-Sr 体系定年机理初探[J]. 华南地质与矿产, 33(4): 344-353.

杨坤光, 李学刚, 戴传固, 等, 2012. 断层调整与控制作用下的叠加构造变形: 以贵州地区燕山期构造为例[J]. 地质科技情报, 31(5): 50-56.

杨平, 汪正江, 印峰, 等, 2014. 麻江古油藏油源识别与油气运聚分析: 来自油气地球化学的证据[J]. 中国地质, 41(3): 982-994.

杨庆坤, 孟祥金, 郭福生, 等, 2014. 江西相山矿田脉石矿物微量元素特征及其地质意义[J]. 矿物岩石地球化学通报, 33(4): 457-465, 483.

杨瑞东, 李鑫正, 莫洪成, 等. 2023. 湘西黔东寒武纪重晶石矿成矿规律与成矿模式[J]. 矿物学报, 43(2): 173-184.

杨绍祥, 劳可通, 2007. 湘西北铅锌矿床碳氢氧同位素特征及成矿环境分析[J]. 矿床地质, 26(3): 330-340.

杨松平, 周家喜, 徐磊, 等. 2018. 黔南乌龙沟铅锌矿床地质和 S 同位素地球化学[J]. 矿物学报, 38(6): 619-626.

杨毓红, 黄艺, 刘燊, 等. 2021. 黔东南钾镁煌斑岩地球化学特征及指示意义[J]. 矿物学报, 41(3): 258-270.

杨智谋, 周家喜, 罗开, 等. 2021. 贵州竹林沟锗锌矿床碳酸盐矿物学和矿物化学特征及其地质意义[J]. 岩石学报, 37(9): 2743-2760.

杨宗文, 刘灵, 廖莉萍, 等. 2015. 黔东镇远金堡铅锌矿床稳定同位素特征与成矿物质来源探讨[J]. 矿物学报, 35(2): 147-153.

叶飞, 李江风, 舒多友, 等. 2021. 贵州梵净山世界自然遗产地重要地质遗迹特征、成因及演化研究[J]. 地球学报, 42(1): 99-110.

叶霖, 刘铁庚, 2001. 贵州都匀牛角塘富镉锌矿床中镉的分布及赋存状态探讨[J]. 矿物学报, 21(1): 115-118.

叶霖, 刘铁庚, 邵树勋, 2000. 富镉锌矿成矿流体地球化学研究: 以贵州都匀牛角塘富镉锌矿为例[J]. 地球化学, 29(6): 597-603.

叶霖, 潘自平, 李朝阳, 等, 2005a. 贵州都匀牛角塘富镉锌矿同位素地球化学研究[J]. 矿物岩石, 25(2): 70-74.

叶霖, 潘自平, 李朝阳, 等, 2005b. 镉的地球化学研究现状及展望[J]. 岩石矿物学杂志, 24(4): 339-348.

叶霖, 李珍立, 胡宇思, 等, 2016. 四川天宝山铅锌矿床硫化物微量元素组成: LA-ICPMS 研究[J]. 岩石学报, 32(11): 3377-3393

叶霖, 胡宇思, 杨松平, 等, 2018. 黔东成矿带铅锌成矿作用刍议[J]. 矿物学报, 38(6): 709-715.

叶霖, 韦晨, 胡宇思, 等, 2019. 锗的地球化学及资源储备展望[J]. 矿床地质, 38(4): 711-728.

尹观, 等, 2009. 同位素地球化学[M]. 北京: 地质出版社.

游家贵, 2019. 黔南牛角塘铅锌矿床地质特征及找矿预测[D]. 北京: 中国地质大学.

于玉帅, 刘阿睢, 戴平云, 等, 2017. 贵州铜仁塘边铅锌矿床成矿时代和成矿物质来源——来自 Rb-Sr 同位素测年和 S-Pb 同位素的证据[J]. 地质通报, 36(5): 885-892.

余杰, 周祖虎, 2021. 竹林沟锌矿矿床地质特征及矿床成因浅析[J]. 有色金属设计, 48(1): 104-107, 113.

张碧志, 覃明, 李明道, 1994. 都匀牛角塘锌矿矿田控矿条件及成矿模式探讨[J]. 贵州地质, 11(4): 287-293.

张传恒, 高林志, 史晓颖, 等. 2014. 梵净山群火山岩锆石 SHRIMP 年龄及其年代地层学意义[J]. 地学前缘, 21(2): 139-143.

张洪瑞, 杨天南, 宋玉财, 等, 2012. 古溶洞控矿构造在青藏高原中部的发现及意义——以茶曲帕查铅锌矿床为例[J]. 矿床地质, 31(3): 449-458.

张建, 王登红, 孙宝生, 等, 2009. 基于分形理论的成矿空间分析——以新疆东天山康古尔塔格金矿带为例[J]. 地球学报, 30(1): 58-64.

张江江, 2010. 黔南坳陷构造演化研究[D]. 东营: 中国石油大学(华东).

张瑞忠, 张精明, 李德秀, 2008. 大尹格庄金矿床金元素分形特征及地质意义[J]. 黄金科学技术, 16(6): 16-21.

张旭, 高军波, 杨瑞东, 等, 2017. 黔南泥盆系重晶石矿床地质特征与成矿规律[J]. 地球化学, 46(5): 456-465.

张艳如, 李国庆, 刘冠, 等, 2022. 陕西省延安市燕沟流域水系分形与地貌侵蚀发育研究[J]. 水土保持研究, 29(2): 7-10.

张永庭, 张晓东, 刘自增, 等, 2012. 宁夏区地质构造与围岩蚀变遥感信息提取[J]. 国土资源遥感, 24(1): 132-136.

张瑜, 夏勇, 王泽鹏, 等, 2010. 贵州簸箕田金矿单矿物稀土元素和同位素地球化学特征[J]. 地学前缘, 17(2): 385-395.

张羽旭, 朱传威, 付绍洪, 等, 2012. 川滇黔地区铅锌矿床中镉的富集规律研究[J]. 矿物学报, 32(1): 60-64.

张玉君, 曾朝铭, 陈薇, 2003. ETM+(TM)蚀变遥感异常提取方法研究与应用——方法选择和技术流程[J]. 国土资源遥感, 15(2): 44-49, 78.

张玉君, 杨建明, 姚佛军, 2006. ASTER 数据进行不同类型矿床蚀变异常提取研究[J]. 国土资源遥感, 25(S1): 507-510.

张长青, 毛景文, 吴锁平, 等, 2005. 川滇黔地区 MVT 铅锌矿床分布、特征及成因[J]. 矿床地质, 24(3): 336-348.

张长青, 李向辉, 余金杰, 等, 2008. 四川大梁子铅锌矿床单颗粒闪锌矿铷-锶测年及地质意义[J]. 地质论评, 54(4): 532-538.

张长青, 余金杰, 毛景文, 2009. 密西西比型(MVT)铅锌矿床研究进展[J]. 矿床地质, 28(2): 195-210.

赵家琳, 李瑾, 张震, 等, 2018. 渤中凹陷西次洼断层空间分布的多重分形特征[J]. 石油钻采工艺, 40(S1): 14-16.

赵少攀, 庞绪成, 郭跃闪, 等, 2015. 河南龙门店银矿断裂构造分形特征分析[J]. 黄金科学技术, 23(3): 12-18.

赵英时, 2003. 遥感应用分析原理与方法[M]. 北京: 科学出版社.

赵振华, 2016. 微量元素地球化学原理[M]. 第 2 版, 北京: 科学出版社.

赵征, 包广萍, 钱志宽, 等, 2018a. 黔南双龙泉铅锌矿床热液方解石 C-O 同位素和 REE 地球化学特征[J]. 矿物学报, 38(6): 627-636.

赵征, 胡宇思, 谭华, 等, 2018b. 黔西北产于震旦系中铅锌矿床地质特征与控矿因素——以纳雍水东地区铅锌矿床为例[J]. 矿物学报, 38(6): 701-708.

郑秀才, 郭成贤, 高振中, 等, 1992. 湘西下寒武统清虚洞组碳酸盐缓坡沉积相特征[J]. 江汉石油学院学报, 14(3): 15-20.

郑永飞, 陈江峰, 2000. 稳定同位素地球化学[M]. 北京: 科学出版社.

周家喜, 黄智龙, 周国富, 等, 2009. 贵州天桥铅锌矿床分散元素赋存状态及规律[J]. 矿物学报, 29(4): 471-480

周家喜, 黄智龙, 周国富, 等, 2012. 黔西北天桥铅锌矿床热液方解石 C、O 同位素和 REE 地球化学[J]. 大地构造与成矿学, 36(1): 93-101.

周家喜, 孟庆田, 任厚州, 等. 2020a. 贵州黄丝背斜地区发现特大型共(伴)生锗矿床[J]. 大地构造与成矿学, 44(5): 1025-1026.

周家喜, 杨德智, 余杰, 等, 2020b. 贵州黄丝背斜地区实现大型共(伴)生锗矿床找矿突破[J]. 矿物学报, 40(6): 772.

周家喜, 杨德智, 余杰, 等, 2021. 贵州贵定竹林沟锌矿床发现锗超常富集[J]. 中国地质, 48(2): 665-666.

周家喜, 黄智龙, 金中国, 等, 2022. 黔西北地区铅锌矿床成矿作用与找矿预测[M]. 北京: 科学出版社.

周亮, 胡煜昭, 谭笑林, 等, 2022. 黔西南普安铅锌矿区盆地尺度构造[J]. 地球科学, 47(1): 368-386.

周琦, 杜远生, 袁良军, 等. 2016. 贵州铜仁松桃锰矿国家整装勘查区地质找矿主要进展及潜力预测[J]. 贵州地质, 33(4): 237-244.

周琦, 杜远生, 袁良军, 等. 2017. 古天然气渗漏沉积型锰矿床找矿模型——以黔湘渝毗邻区南华纪"大塘坡式"锰矿为例[J]. 地质学报, 91(10): 2285-2298.

周泉宇, 谭凯旋, 谢焱石, 2009. 华南地区铀成矿及构造控制的分形分析[J]. 南华大学学报(自然科学版), 23(2): 32-36.

周云, 段其发, 曹亮, 等, 2014. 湘西—鄂西地区铅锌矿的大范围低温流体成矿作用研究[J]. 高校地质学报, 20(2): 198-212.

周云, 段其发, 曹亮, 等, 2017. 湘西花垣下寒武统清虚洞组灰岩与锶同位素研究[J]. 地层学杂志, 41(3): 335-343.

周祖虎, 2021. 黔南竹林沟铅锌矿床形成机制研究[J]. 冶金与材料, 41(3): 10-11.

朱炳泉, 常向阳, 邱华宁, 等, 1998. 地球化学急变带的元古宙基底特征及其与超大型矿床产出的关系[J]. 中国科学(地球科学), 28(S2): 63-70.

朱传威, 温汉捷, 张羽旭, 等, 2013. 铅锌矿床中的 Cd 同位组成特征及其成因意义[J]. 中国科学: 地球科学, 43(11): 1847-1856.

朱平平, 成秋明, 周远志, 等, 2020. 基于分形理论的板块形态重建[J]. 地学前缘, 27(4): 150-157.

祝新友, 甄世民, 程细音, 等, 2017. 华南地区泥盆系 MVT 铅锌矿床 S、Pb 同位素特征[J]. 地质学报, 91(1): 213-231.

左佳丽, 2013. 贵州省贵定县半边街铅锌矿床地质特征及控矿因素分析[J]. 南方国土资源, (5): 39-41.

翟裕生, 林新多, 1993. 矿田构造学[M]. 北京: 地质出版社.

翟裕生, 王建平, 2011. 矿床学研究的历史观[J]. 地质学报, 85(5): 603-611.

翟裕生, 邓军, 彭润民, 1999. 中国区域成矿若干问题探讨[J]. 矿床地质, 18(4): 323-332.

Akhavan A, Shafaatian S M H, Rajabipour F, 2012. Quantifying the effects of crack width, tortuosity, and roughness on water permeability of cracked mortars[J]. Cement and Concrete Research, 42(2): 313-320.

An Y L, Luo K, Zhou J X, et al., 2022. Origin of the Devonian carbonate-hosted Banbianjie Ge-Zn deposit, Guizhou Province, South China: Geological, mineralogical and geochemical constraints[J]. Ore Geology Reviews, 142: 104696.

An Y L, Zhou J X, Meng Q T, et al., 2023. Trace elements of gangue minerals from the Banbianjie Ge-Zn deposit in Guizhou province, SW China[J]. Minerals, 13(5): 638.

Atanassova R, Bonev I K, 2006. Two crystallographically different types of skeletal galena associated with colloform sphalerite[J]. Mineraloyg and Petrology, 44: 1-18.

Barker S L, Cox S F, 2011. Oscillatory zoning and trace element incorporation in hydrothermal minerals: Insights from calcite growth experiments[J]. Geofluids, 11 (1): 48-56.

Barnes J C, Duncan C S, 1972. Complexes of some alkali-metal and silver salts with 1, 4-dioxan[J]. Journal of the Chemical Society, Dalton Transactions, (16): 1732-1734.

Barton P B, 1967. Possible role of organic matter in the precipitation of the Mississippi Valley ores[J]. Economic Geology, 3: 371-377.

Barton P B, Toulmin P, 1966. Phase relations involving sphalerite in the Fe-Zn-S system[J]. Economic Geology, 61 (5): 815-849.

Basuki N I, Taylor B E, Spooner E T C, 2008. Sulfur isotope evidence for thermochemical reduction of dissolved sulfate in Mississippi valley-type zinc-lead mineralization, bongara area, northern Peru[J]. Economic Geology, 103 (4): 783-799.

Bau M, 1991. Rare-earth element mobility during hydrothermal and metamorphic fluid-rock interaction and the significance of the oxidation state of europium[J]. Chemical Geology, 93 (3-4): 219-230.

Bau M, 1996. Controls on the fractionation of isovalent trace elements in magmatic and aqueous systems: Evidence from Y/Ho, Zr/Hf, and lanthanide tetrad effect[J]. Contributions to Mineralogy and Petrology, 123 (3): 323-333.

Bau M, Möller P, 1992. Rare earth element fractionation in metamorphogenic hydrothermal calcite, magnesite and siderite[J]. Mineralogy and Petrology, 45 (3): 231-246.

Bau M, Dulski P, 1995. Comparative study of yttrium and rare-earth element behaviours in fluorine-rich hydrothermal fluids[J]. Contributions to Mineralogy and Petrology, 119 (2): 213-223.

Bau M, Dulski P, 1999. Comparing yttrium and rare earths in hydrothermal fluids from the Mid-Atlantic Ridge: implications for Y and REE behaviour during near-vent mixing and for the Y/Ho ratio of Proterozoic seawater[J]. Chemical Geology, 155 (1-2): 77-90.

Bauer M E, Burisch M, Ostendorf J, et al., 2019. Trace element geochemistry of sphalerite in contrasting hydrothermal fluid systems of the Freiberg district, Germany: insights from LA-ICP-MS analysis, near-infrared light microthermometry of sphalerite-hosted fluid inclusions, and sulfur isotope geochemistry[J]. Mineralium Deposita, 54 (2): 237-262.

Beales F W, 1975. Precipitation mechanisms for Mississippi Valley-type ore deposits[J]. Economic Geology, 70 (5): 943-948.

Beaudoin G, 2000. Acicular sphalerite enriched in Ag, Sb, and Cu embedded within color-banded sphalerite from the Kokanee Range, British Columbia, Canada[J]. Canadian Mineralogist, 38: 1387-1398.

Belissont R, Boiron M C, Luais B, et al., 2014. LA-ICP-MS analyses of minor and trace elements and bulk Ge isotopes in zoned Ge-rich sphalerites from the Noailhac-Saint-Salvy deposit (France): Insights into incorporation mechanisms and ore deposition processes[J]. Geochimica et Cosmochimica Acta, 126: 518-540.

Belissont R, Munoz M, Boiron M C, et al., 2016. Distribution and oxidation state of Ge, Cu and Fe in sphalerite by μ-XRF and K-edge μ-XANES: insights into Ge incorporation, partitioning and isotopic fractionation[J]. Geochimica et Cosmochimica Acta, 177: 298-314.

Bendall C, Lahaye Y, Fiebig J, et al., 2006. In situ sulfur isotope analysis by laser ablation MC-ICPMS[J]. Applied Geochemistry, 21 (5): 782-787.

Bernstein L R, 1985. Germanium geochemistry and mineralogy[J]. Geochimica et Cosmochimica Acta, 49 (11): 2409-2422.

Bonnet J, Mosser-Ruck R, André-Mayer A S, et al., 2014. Germanium distribution in sphalerite from North-East America MVT deposits: A multiscale study[J]. Acta Geologica Sinica-English Edition, 88 (S2): 437-439.

Bonnet J, Cauzid J, Testemale D, et al., 2017. Characterization of germanium speciation in sphalerite (ZnS) from Central and Eastern Tennessee, USA, by X-ray absorption spectroscopy[J]. Minerals, 7(5): 79.

Bottinga Y, 1968. Calculation of fractionation factors for carbon and oxygen isotopic exchange in the system calcite-carbon dioxide-water[J]. The Journal of Physical Chemistry, 72(3): 800-808.

Boynton W V, 1984. Cosmochemistry of the rare earth elements: meteorite studies Developments in geochemistry[M]. Amsterdam, Elsevier, 63-114.

Carter A, Roques D, Bristow C, et al., 2001. Understanding Mesozoic accretion in Southeast Asia: Significance of Triassic thermotectonism (Indosinian orogeny) in Vietnam[J]. Geology, 29(3): 211-214.

Cello G, 1997. Fractal analysis of a quaternary fault array in the central apennines, Italy[J]. Journal of Structural Geology, 19(7): 945-953.

Chen C, Lv X B, Gun M S, et al., 2021. Metallogenic chronology and tectonic setting of the Erdaohe Pb-Zn-Ag deposit in Inner Mongolia, NE China: Constraints from sphalerite Rb-Sr dating, zircon U-Pb dating, and Hf isotope analysis[J]. Ore Geology Reviews, 134: 104067.

Chen L, Liu Y S, Hu Z C, et al., 2011. Accurate determinations of fifty-four major and trace elements in carbonate by LA-ICP-MS using normalization strategy of bulk components as 100%[J]. Chemical Geology, 284(3-4): 283-295.

Chen Q, Zhao Z F, Jiang Q G, et al., 2019. Detecting subtle alteration information from ASTER data using a multifractal-based method: A case study from Wuliang Mountain, SW China[J]. Ore Geology Reviews, 115: 103182.

Chen Q, Zhao Z F, Zhou J X, et al., 2022. ASTER and GF-5 satellite data for mapping hydrothermal alteration minerals in the Longtoushan Pb-Zn deposit, SW China[J]. Remote Sensing, 14(5): 1253.

Chen Y J, Fu S G, 1991. Variation of REE patterns in early Precam brian sediments: Theoretical study and evidence from the southern margin of the Northern China Craton[J]. Chinese Science Bulletin, 36(13): 1100-1104.

Chen Y J, Zhao Y C, 1997. Geochemical characteristics and evolution of REE in the Early Precam brian sediments: Evidence from the southern margin of the North China Craton[J]. Episodes Journal of International Geoscience, 20(2): 109-116.

Cheng Q M, 1995. The perimeter-area fractal model and its application to geology[J]. Mathematical Geology, 27(1): 69-82.

Cheng Y, Hu Y, Wang D, et al., 2021. Oil, -source rock analysis and metallogenic significance of the palaeo-oil reservoir in the Qinglong antimony deposit, South China[J]. Ore Geology Reviews, 137: 104281.

Cheng Y, Hu Y, Xu S, et al., 2022. TSR action and genesis mechanism of antimony deposit: Evidence from aromatic hydrocarbon geochemistry of bitumen from paleo-oil reservoir in Qinglong ore field, southwestern Guizhou depression, China[J]. Minerals, 12(10): 1306.

Cherniak D J, Zhang X Y, Wayne N K, et al., 2001. Sr, Y and REE diffusion in fluorite[J]. Chemical Geology, 181(1-4): 99-111.

Chouinard A, Paquette J, Williams-Jones A E, 2005. Crystallographic controls on trace-element incorporation in auriferous pyrite from the Pascua epithermal high-sulfidation deposit, Chile Argentina. The Canadian Mineralogist, 43(3): 951-963.

Claypool G E, Holser W T, Kaplan I R, et al., 1980. The age curves of sulfur and oxygen isotopes in marine sulfate and their mutual interpretation[J]. Chemical Geology, 28: 199-260.

Cocherie A, Calvez J Y, Oudin-Dunlop E, 1994. Hydrothermal activity as recorded by Red Sea sediments: Sr - Nd isotopes and REE signatures[J]. Marine Geology, 118(3-4): 291-302.

Cook N J, Ciobanu C L, Pring A, et al., 2009. Trace and minor elements in sphalerite: A LA-ICPMS study[J]. Geochimica et Cosmochimica Acta, 73(16): 4761-4791.

Cook N J, Etschmann B, Ciobanu C L, et al., 2015. Distribution and substitution mechanism of Ge in a Ge-(Fe)-bearing sphalerite[J]. Minerals, 5(2): 117-132.

Cooley T, Anderson G P, Felde G W, et al., 2002. FLAASH, a MODTRAN4-based atmospheric correction algorithm, its application and validation[J]. IEEE International Geoscience and Remote Sensing Symposium, (3): 1414-1418.

Corbella M, Ayora C, Cardellach E, 2004. Hydrothermal mixing, carbonate dissolution and sulfide precipitation in Mississippi Valley-type deposits[J]. Mineralium Deposita, 39(3): 344-357.

Craddock P R, Rouxel O J, Ball L A, et al., 2008. Sulfur isotope measurement of sulfate and sulfide by high-resolution MC-ICP-MS[J]. Chemical Geology, 253(3-4): 102-113.

Crosta A P, Moore J, 1989. Geological mapping using Landsat Thematic Mapper imagery in Almeria Province, south-east Spain[J]. International Journal of Remote Sensing, 10(3): 505-514.

Crosta A P, Souza Filho C R, Azevedo F, et al., 2003. Targeting key alteration minerals in epithermal deposits in Patagonia, Argentina, Using ASTER imagery and principal component analysis[J]. International Journal of Remote Sensing, 24(21): 4233-4240.

Cugerone A, Cenki-Tok B, Chauvet A, et al., 2018. Relationships between the occurrence of accessory Ge-minerals and sphalerite in Variscan Pb-Zn deposits of the Bossost anticlinorium, French Pyrenean Axial Zone: Chemistry, microstructures and ore-deposit setting[J]. Ore Geology Reviews, 95: 1-19.

Cugerone A, Cenki-Tok B, Oliot E, et al., 2019. Redistribution of germanium during dynamic recrystallization of sphalerite[J]. Geology, 48(3): 236-241.

Cugerone A, Cenki-Tok B, Munoz M, et al., 2021. Behavior of critical metals in metamorphosed Pb-Zn ore deposits: example from the Pyrenean Axial Zone[J]. Mineralium Deposita, 56(4): 685-705.

Cui Z L, Zhou J X, Luo K et al., 2022. Fractal structure characteristics and prospecting direction of dispersed metals in the Eastern Guizhou Pb-Zn metallogenic belt, SW China[J]. Minerals, 12(12): 1567.

Debruyne D, Hulsbosch N, Muchez P, 2016. Unraveling rare earth element signatures in hydrothermal carbonate minerals using a source–sink system[J]. Ore Geology Reviews, 72: 232-252.

Denison R E, Koepnick R B, Burke W H, et al., 1998. Construction of the Cambrian and Ordovician seawater 87Sr/86Sr curve[J]. Chemical Geology, 152(3-4): 325-340.

Di Tommaso I, Rubinstein N, 2007. Hydrothermal alteration mapping using ASTER data in the Infiernillo porphyry deposit, Argentina[J]. Ore Geology Reviews, 32(1-2): 275-290.

Doe B R, Steven T A, Delevaux M H, et al., 1979. Genesis of ore deposits in the San Juan volcanic field, southwestern Colorado: lead isotope evidence[J]. Economic Geology, 74: 1-26.

Donadio C, Magdaleno F, Mazzarella A, et al., 2015. Fractal dimension of the hydrographic pattern of three large rivers in the Mediterranean morphoclimatic system: Geomorphologic interpretation of Russian (USA), Ebro (Spain) and Volturno (Italy) fluvial geometry[C]//International Conference on Fractals and Dynamic Systems in Geoscience, 172(7): 1975-1984.

Duan Q F, Cao L, Zeng J K, et al., 2014. Rb-Sr dating of sphalerites from Shizishan Pb-Zn deposit and its geological significance in Huayuan ore concentration area, Western Hunan[J]. Earth Science, 39: 977-999.

Elderfield H, Sholkovitz E R, 1987. Rare earth elements in the pore waters of reducing nearshore sediments[J]. Earth and Planetary Science Letters, 82(3-4): 280-288.

European Commission, 2014. Critical Raw materials for the EU. Report of the Ad Hoc Working Group on Defining Critical Raw Materials, European Commission: Brussels, Belgium.

Fang Y, Liao Y, Wu L, et al., 2011. Oil-source correlation for the paleo-reservoir in the Majiang area and remnant reservoir in the Kaili area, South China[J]. Journal of Asian Earth Sciences, 41 (2): 147-158.

Faure G, 1977. Principles of isotope geology[M]. OSTI. GOV.

Feng Y, Zhang W, Hu Z, et al., 2018. Development of sulfide reference materials for in situ platinum group elements and S-Pb isotope analyses by LA-(MC)-ICP-MS[J]. Journal of Analytical Atomic Spectrometry, 33 (12): 2172-2183.

Finlay A J, Selby D, Osborne M J., 2012. Petroleum source rock identification of United Kingdom Atlantic margin oil fields and the western Canadian oil sands using platinum, palladium, osmium and rhenium: Implications for global petroleum systems[J]. Earth and Planetary Science Letters, 313: 95-104.

Fougerouse D, Reddy S M, Aylmore M, et al., 2021. A new kind of invisible gold in pyrite hosted in deformation-related dislocations[J]. Geology, 49 (10): 1225-1229.

Frenzel M, Hirsch T, Gutzmer J, 2016. Gallium, germanium, indium, and other trace and minor elements in sphalerite as a function of deposit type—a meta-analysis[J]. Ore Geology Reviews, 76: 52-78.

Frenzel M, Voudouris P, Cook N J, et al., 2021. Evolution of a hydrothermal ore-forming system recorded by sulfide mineral chemistry: A case study from the Plaka Pb-Zn-Ag deposit, Lavrion, Greece[J]. Mineralium Deposita, 57 (3): 417-438.

Frondel C, Ito J, 1957. Geochemistry of germanium in the oxidized zone of the Tsumeb mine, South-West Africa[J]. American Mineralogist, 42 (11-12): 743-753.

Gao S, Yang J, Zhou L, et al., 2011. Age and growth of the Archean Kongling terrain, South China, with emphasis on 3. 3 Ga granitoid gneisses[J]. American Journal of Science, 311 (2): 153-182.

Garven G, Ge S, Person M A, et al., 1993. Genesis of stratabound ore deposits in the Midcontinent basins of North America I: The role of regional groundwater flow[J]. American Journal of Science, 293 (6): 497-568.

Ge X, Shen C, Selby D, et al., 2016. Apatite fission-track and Re-Os geochronology of the Xuefeng uplift, China: Temporal implications for dry gas associated hydrocarbon systems[J]. Geology, 44 (6): 491-494.

Gu X X, Zhang Y M, Li B H, et al., 2012. Hydrocarbon-and ore-bearing basinal fluids: A possible link between gold mineralization and hydrocarbon accumulation in the Youjiang basin, South China[J]. Mineralium Deposita, 47 (6): 663-682.

Guan G, Li S, Li R, 2023. Mineralization Process of MVT Zn-Pb Deposit Promoted by the Adsorbed Hydrocarbon: A Case Study from Mayuan Deposit on the North Margin of Sichuan Basin[J]. Minerals, 13 (1): 72.

He H, An L, Liu W, et al., 2017. Fractal characteristics of fault systems and their geological significance in the Hutouya poly-metallic ore field of Qimantage, east Kunlun, China[J]. Geological Journal, 52: 419-424.

Hirata T, Satoh T, Ito K, 1987. Fractal structure of spatial distribution of micro fracturing in rock[J]. Geophys J Roy Astron Soc, 90 (2): 369-374.

Hoefs J, 1980. Stable Isotope Geochemistry[M]. Berlin: Springer.

Höll R, Kling M, Schroll E, 2007. Metallogenesis of germanium-A review[J]. Ore Geology Reviews, 30 (3-4): 145-180.

Hu Y, Liu W, Wang J, et al., 2017. Basin-scale structure control of Carlin-style gold deposits in central Southwestern Guizhou, China: Insights from seismic reflection profiles and gravity data[J]. Ore Geology Reviews, 91: 444-462.

Hu Y, Ye L, Huang Z, et al., 2022. Genetic model for early Cambrian reef limestone-hosted Pb-Zn deposits in the world-class Huayuan orefield, South China: New insights from mineralogy, fluorite geochemistry and sulfides in situ S-Pb isotopes[J]. Ore Geology Reviews, 141: 104682.

Hu Y S, Wei C, Ye L, et al., 2021. LA-ICP-MS sphalerite and galena trace element chemistry and mineralization-style fingerprinting for carbonate-hosted Pb-Zn deposits: Perspective from Early Devonian Huodehong deposit in Yunnan, South China[J]. Ore Geology Reviews, 136: 104253.

Hulen J B, Collister J W, 1999. The oil-bearing, carlin-type gold deposits of Yankee Basin, Alligator Ridge District, Nevada[J]. Economic Geology, 94(7): 1029-1049.

Hunt G R, Ashley R P, 1979. Spectra of altered rocks in the visible and near infrared[J]. Economic Geology, 74(7): 1613-1629.

Hurtig N C, Hanley J J, Gysi A P, 2018. The role of hydrocarbons in ore formation at the Pillara Mississippi Valley-type Zn-Pb deposit, Canning Basin, Western Australia[J]. Ore Geology Reviews, 102: 875-893.

Jackson S A, Beales F W, 1967. An aspect of sedimentary basin evolution: the concentration of Mississippi valley-type ores during late stages of diagenesis[J]. Bulletin of Canadian Petroleum Geology, 15: 383-433.

Jakubowicz M, Dopieralska J, Belka Z, 2015. Tracing the composition and origin of fluids at an ancient hydrocarbon seep (Hollard Mound, Middle Devonian, Morocco): A Nd, REE and stable isotope study[J]. Geochimica et Cosmochimica Acta, 156: 50-74.

Jean G E, Bancroft G M, 1986. Heavy metal adsorption by sulphide mineral surfaces[J]. Geochimica et Cosmochimica Acta, 50(7): 1455-1463.

Johan Z, 1988. Indium and germanium in the structure of sphalerite: An example of coupled substitution with copper[J]. Mineralogy and Petrology, 39(3): 211-229.

Kamber B S, Greig A, Collerson K D, 2005. A new estimate for the composition of weathered young upper continental crust from alluvial sediments, Queensland, Australia[J]. Geochimica et Cosmochimica Acta, 69(4): 1041-1058.

Keller J, Hoefs J, 1995. Stable isotope characteristics of recent natrocarbonatites from Oldoinyo Lengai[J]. IAVCEI Proceedings in Volcanology, 4: 113-123.

Kelley K D, Leach D L, Johnson C A et al., 2004. Textural, compositional, and sulfur isotope variations of sulfide minerals in the Red Dog Zn-Pb-Ag deposits, Brooks Range, Alaska: Implications for Ore Formation[J]. Economic Geology, 99: 1509-1532.

Kesler S E, Jones H D, 1994. Role of crude oil in the genesis of Mississippi Valley-type deposits: Evidence from the Cincinnati arch[J]. Geology, 22(7): 609-612.

Kitchaev D A, Ceder G, 2016. Evaluating structure selection in the hydrothermal growth of FeS_2 pyrite and marcasite[J]. Nature Communications, 7(1): 1-7.

Kruhl J H, 1994. Fractals and Dynamic Systems in Geoscience[M]. New York: Spring-Verlag.

Leach D L, Sangster D F, Kelley K D, et al., 2005. Sediment-hosted lead-zinc deposits: A global perspective[J]. Economic Geology, 100: 561-607.

Leventhal J S, 1990. Organic matter and thermochemical sulfate reduction in the Viburnum Trend, Southeast Missouri[J]. Economic Geology, 85(3): 622-632.

Li B, Wang X, Tang G, et al., 2021. S-Pb isotopes and tectono-geochemistry of the Lunong ore block, Yangla large Cu deposit, SW China: Implications for mineral exploration[J]. Ore Geology Reviews, 136: 104249.

Liu J, Selby D, Obermajer M, et al., 2018. Rhenium-osmium geochronology and oil-source correlation of the Duvernay petroleum system, Western Canada sedimentary basin: Implications for the application of the rhenium-osmium geochronometer to petroleum systems[J]. AAPG Bulletin, 102(8): 1627-1657.

Liu T, Zhu C, Yang G, et al., 2020. Primary study of germanium isotope composition in sphalerite from the Fule Pb-Zn deposit, Yunnan province[J]. Ore Geology Reviews, 120: 103466.

Liu Y F, Qi H W, Bi X W, et al., 2021. Two types of sediment-hosted Pb-Zn deposits in the northern margin of Lanping basin, SW China: Evidence from sphalerite trace elements, carbonate C-O isotopes and molybdenite Re-Os age[J]. Ore Geology Reviews, 131: 104016.

Lorens R B, 1981. Sr, Cd, Mn and Co distribution coefficients in calcite as a function of calcite precipitation rate[J]. Geochimica et Cosmochimica Acta, 45 (4): 553-561.

Lottermoser B G, 1992. Rare earth elements and hydrothermal ore formation processes[J]. Ore Geology Reviews, 7 (1): 25-41.

Loughlin W P, 1991. Principal component analysis for alteration mapping[J]. Photogrammetric Engineering & Remote Sensing, 57: 1163-1169.

Lüders V, Möller P, Dulski P, 1993. REE fractionation in carbonates and fluorite[J]. Monograph Series on Mineral Deposits, 30: 133-150.

Luo K, Zhou J X, Huang Z L, et al., 2019. New insights into the origin of early Cambrian carbonate-hosted Pb-Zn deposits in South China: A case study of the Maliping Pb-Zn deposit[J]. Gondwana Research, 70: 88-103.

Luo K, Zhou J X, Huang Z L, et al., 2020. New insights into the evolution of Mississippi Valley-Type hydrothermal system: A case study of the Wusihe Pb-Zn deposit, South China, using quartz in-situ trace elements and sulfides in situ S-Pb isotopes[J]. American Mineralogist, 105 (1): 35-51.

Luo K, Cugerone A, Zhou M F, et al., 2022. Germanium enrichment in sphalerite with acicular and euhedral textures: An example from the Zhulingou carbonate-hosted Zn (-Ge) deposit, South China[J]. Mineralium Deposita, 57 (8): 1343-1365.

Ma Y J, Liu C Q, 1999. Trace element geochemistry during weathering as exemplified by the weathered crust of granite, Longnan, Jiangxi[J]. Chinese Science Bulletin, 44 (24): 2260-2263.

Machel H, 2001. Bacterial and thermochemical sulfate reduction in diagenetic settings-old and new insights[J]. Sedimentary Geology, 140 (1): 143-175.

Machel H G, Krouse H R, Sassen R, 1995. Products and distinguishing criteria of bacterial and thermochemical sulfate reduction[J]. Applied Geochemistry, 10 (4): 373-389.

Magnall J M, Gleeson S A, Blamey N J F, et al., 2016. The thermal and chemical evolution of hydrothermal vent fluids in shale hosted massive sulphide (SHMS) systems from the MacMillan Pass district (Yukon, Canada)[J]. Geochimica et Cosmochimica Acta, 193 (15): 251-273.

Malehmir A, Durrheim R, Bellefleur G, et al., 2012. Seismic methods in mineral exploration and mine planning: A general overview of past and present case histories and a look into the future[J]. Geophysics, 77 (5): WC173-WC190.

Malevskiy Y, 1966. Form of germanium in sphalerite[J]. Acadmacy Scicence of the Union of Socialist Soviet Republics, Earth Scicence Section, 167: 81-83 (in Russian with English Abstract).

Mandelbrot B B, 1975. Stochastic models for the earth's relief, the shape and the fractal dimension of the coastlines, and the number-area rule for islands[J]. Proceedings of the National Academy of Sciences, 72 (10): 3825-3828.

Michard A, 1989. Rare earth element systematics in hydrothermal fluids[J]. Geochimica et Cosmochimica Acta, 53 (3): 745-750.

Mills R A, Elderfield H, 1995. Rare earth element geochemistry of hydrothermal deposits from the active TAG Mound, 26°N Mid-Atlantic Ridge[J]. Geochimica et Cosmochimica Acta, 59 (17): 3511-3524.

Möller P, Parekh P P, Schneider H J, 1976. The application of Tb/Ca-Tb/La abundance ratios to problems of fluorspar genesis[J]. Mineralium Deposita, 11 (1): 111-116.

Monteiro S L V, Bettencourt S J, Juliani C, et al., 2006. Geology, petrography, and mineral chemistry of the Vazante non-sulfide and Ambrosia and Fagundes sulfide-rich carbonate-hosted Zn-(Pb) deposits, Minas Gerais, Brazil[J]. Ore Geology Reviews, 28(2): 201-234.

Murowchick J B, Barnes H L., 1986. Marcasite precipitation from hydrothermal solutions[J]. Geochimica et Cosmochimica Acta, 50(12): 2615-2629.

Nozaki Y, Zhang J, Amakawa H, 1997. The fractionation between Y and Ho in the marine environment[J]. Earth and Planetary Science Letters, 148(1-2): 329-340.

Ohmoto H, 1972. Systematics of sulfur and carbon isotopes in hydrothermal ore deposits[J]. Economic Geology, 67: 551-578.

Ohmoto H, Rye R O, 1979. Isotope of Sulfur and Carbon. Geochemistry of Hydrothermal Ore Deposits (Barnes, HL, ed.)[M], 509-567.

O'Neil J R, Clayton R N, Mayeda T K, 1969. Oxygen isotope fractionation in divalent metal carbonates[J]. The Journal of Chemical Physics, 51(12): 5547-5558.

Palmer M R, Elderfield H, 1985. Sr isotope composition of sea water over the past 75 Myr[J]. Nature, 314(6011): 526-528.

Palmer M, Edmond J, 1989. The strontium isotope budget of the modern ocean[J]. Earth and Planetary Science Letters, 92(1): 11-26.

Paton C, Woodhead J D, Hellstrom J C, et al., 2010. Improved laser ablation U-Pb zircon geochronology through robust downhole fractionation correction[J]. Geochemistry Geophysics Geosystems, 11(3): 1-36.

Pattrick R A, Dorling M, Polya D A, 1993. TEM study of indium-bearing and copper-bearing growth-banded sphalerite[J]. Canadican Mineralogy, 31: 105-117.

Pearce N J, Perkins W T, Westgate J A, et al., 1997. A compilation of new and published major and trace element data for NIST SRM 610 and NIST SRM 612 glass reference materials[J]. Geostandards Newsletter, 21(1): 115-144.

Petke T, Diamond L W, 1996. Rb-Sr dating of sphalerite based on fluid inclusion-host mineral isochrons: a clarification of why it works[J]. Economic Geology, 91(5): 951-956.

Pour A B, Hashim M, 2012. The application of ASTER remote sensing data to porphyry copper and epithermal gold deposits[J]. Ore Geology Reviews, 44: 1-9.

Pour A B, Park T S, Park Y, et al., 2018. Application of multi-sensor satellite data for exploration of Zn-Pb sulfide mineralization in the Franklinian Basin, North Greenland[J]. Remote Sensing, 10: 1186.

Pour A B, Park T -Y S, Park Y, et al., 2019. Landsat-8, advanced spaceborne thermal emission and reflection radiometer, and WorldView-3 multispectral satellite imagery for prospecting copper-gold mineralization in the northeastern Inglefield Mobile Belt (IMB), Northwest Greenland[J]. Remote Sensing, 11: 2430.

Qi L, Hu J, Gregoire, D C, 2000. Determination of trace elements in granites by inductively coupled plasma mass spectrometry[J]. Talanta, 51(3): 507-513.

Qiu Y M M, Gao S, McNaughton N J, et al., 2000. First evidence of >3. 2 Ga continental crust in the Yangtze craton of South China and its implications for Archean crustal evolution and Phanerozoic tectonics[J]. Geology, 28: 11-14.

Ravizza G, Turekian K K, 1989. Application of the ^{187}Re-^{187}Os system to black shale geochronometry[J]. Geochimica Et Cosmochimica Acta, 53(12): 3257-3262.

Rimstidt J D, Balog A, Webb J, 1998. Distribution of trace elements between carbonate minerals and aqueous solutions[J]. Geochimica et Cosmochimica Acta, 62(11): 1851-1863.

Roedder E, 1968. The non-colloidal origin of 'colloform' textures in sphalerite ores[J]. Economic Geology, 63(5): 451-471.

Sabins F F, 1999. Remote sensing for mineral exploration[J]. Ore Geology Reviews, 14(3-4): 157-183.

Schneider J, Boni M, Lapponi F, et al., 2002. Carbonate-hosted zinc-lead deposits in the Lower Cambrian of Hunan, South China: A radiogenic (Pb, Sr) isotope study[J]. Economic Geology, 97(8): 1815-1827.

Selby D, Creaser R A, 2005. Direct radiometric dating of hydrocarbon deposits using rhenium-osmium isotopes[J]. Science, 308(5726): 1293-1295.

Selby D, Creaser R A, Dewing K, et al., 2005. Evaluation of bitumen as a ^{187}Re-^{187}Os geochronometer for hydrocarbon maturation and migration: A test case from the Polaris MVT deposit, Canada[J]. Earth and Planetary Science Letters, 235(1-2): 1-15.

Shannon R D, 1976. Revised effective ionic radii and systematic studies of interatomic distances in halides and chalcogenides[J]. Acta Crystallographica Section A, 32(5): 751-767.

Spangenberg J, Fontboté L, Sharp Z D, et al., 1996. Carbon and oxygen isotope study of hydrothermal carbonates in the zinc-lead deposits of the San Vicente district, central Peru: A quantitative modeling on mixing processes and CO_2 degassing[J]. Chemical Geology, 133(1-4): 289-315.

Su J, Dong S, Zhang Y et al., 2017. Orogeny processes of the western Jiangnan Orogen, South China: Insights from Neoproterozoic igneous rocks and a deep seismic profile[J]. Journal of Geodynamics, 103: 42-56.

Sun G T, Zhou J X, Cugerone A, et al., 2023. Germanium-rich nanoparticles in Cu-poor sphalerite: A new mechanism for Ge enrichment[J]. Geological Society of America Bulletin, https: //doi. org/10. 1130/B37014. 1.

Sun W H, Zhou M F, Gao J F, et al., 2009. Detrital zircon U-Pb geochronological and Lu-Hf isotopic constraints on the Precambrian magmatic and crustal evolution of the western Yangtze Block, SW China[J]. Precambrian Research, 172(1-2): 99-126.

Taylor H P, Frechen J, Degens E T, 1967. Oxygen and carbon isotope studies of carbonatites from the Laacher See District, West Germany and the Alno District, Sweden[J]. Geochimica Et Cosmochimica Acta, 31(3): 407-430.

Taylor S R, McLennan S M, 1995. The geochemical evolution of the continental crust[J]. Reviews of Geophysics, 33(2): 241-265.

Turcotte D L, 2002. Fractals in petrology[J]. Lithos, 65(3-4): 261-271.

Van der Meer F D, Van der Werff H M A, Van Ruitenbeek F J A, et al., 2012. Multi-and hyperspectral geologic remote sensing: a review[J]. International Journal of Applied Earth Observation and Geoinformation, 14: 112-128.

Veizer J, Hoefs J, 1976. The nature of ^{18}O/^{16}O and ^{13}C/^{12}C secular trends in sedimentary carbonate rocks[J]. Geochimica Et Cosmochimica Acta, 40(11): 1387-1395.

Veizer J, Lemieux J, Jones B, et al., 1978. Paleosalinity and dolomitization of a Lower Paleozoic carbonate sequence, Somerset and Prince of Wales Islands, arctic Canada[J]. Canadian Journal of Earth Sciences, 15(9): 1448-1461.

Wang G, Huang Z, Zhao F, et al., 2020. The relationship between hydrocarbon accumulation and Mississippi Valley-type Pb-Zn mineralization of the Mayuan metallogenic belt, the northern Yangtze block, SW China: Evidence from ore geology and Rb-Sr isotopic dating[J]. Resource Geology, 70(2): 188-203.

Wang N, Liu Y S, Peng N, et al., 2015. Fractal characteristics of fault structures and their use for mapping ore-prospecting potential in the Qitianling area, southern Hunan province, China[J]. Acta Geologica Sinica(English Edition), 89(1): 121-132.

Wang P, Hu Y, Liu L, et al., 2017. Re-Os Dating of Bitumen from Paleo-Oil Reservoir in the Qinglong Antimony Deposit, Guizhou Province, China and Its Geological Significance[J]. Acta Geologica Sinica(English Edition), 91(6): 2153-2163.

Wang Q, Tong H, Huang C Y, et al., 2018. Tracing fluid sources and formation conditions of Miocene hydrocarbon-seep carbonates in the central Western Foothills, Central Taiwan[J]. Journal of Asian Earth Sciences, 168: 186-196.

Wang Y, Zhang Y, Fan W, et al., 2005. Structural signatures and $^{40}Ar/^{39}Ar$ geochronology of the Indosinian Xuefengshan tectonic belt, South China Block[J]. Journal of Structural Geology, 27(6): 985-998.

Wang Y J, Zhang F F, Fan W M, et al., 2010. Tectonic setting of the South China Block in the early Paleozoic: Resolving intracontinental and ocean closure models from detrital zircon U-Pb geochronology[J]. Tectonics, 29(6): TC6020.

Wang Z, Bovik A C, Sheikh H R, et al., 2004. Image quality assessment: From error visibility to structural similarity[J]. IEEE T Image Process, 13(4): 600-612.

Wei C, Ye L, Hu Y S, et al., 2019. Distribution and occurrence of Ge and related trace elements in sphalerite from the Lehong carbonate-hosted Zn-Pb deposit, northeastern Yunnan, China: Insights from SEM and LA-ICP-MS studies[J]. Ore Geology Reviews, 115: 103175.

Wei C, Ye L, Hu Y S, et al., 2021. LA-ICPMS analyses of trace elements in base metal sulfides from carbonate-hosted Zn-Pb deposits, South China: A case study of the Maoping deposit[J]. Ore Geology Reviews, 130: 103945.

Wilson S A, Ridley W I, Koenig A E, 2002. Development of sulfide calibration standards for the laser ablation inductively-coupled plasma mass spectrometry technique[J]. Journal of Analytical Atomic Spectrometry, 17(4): 406-409.

Wu T, Huang Z L, Ye L, et al., 2021. Origin of the carbonate-hosted Danaopo Zn-Pb deposit in western Hunan Province, China: Geology and in-situ mineral S-Pb isotope constraints[J]. Ore Geology Reviews, 129: 103941.

Wu Y, Zhang C, Mao J, et al., 2013. The genetic relationship between hydrocarbon systems and Mississippi Valley-type Zn-Pb deposits along the SW margin of Sichuan Basin, China[J]. International Geology Review, 55(8): 941-957.

Xie S Y, Cheng Q M, Zhang S S, et al., 2010. Assessing microstructures of pyrrhotites in basalts by multifractal analysis[J]. Nonlinear Processes in Geophysics, 17(4): 319-327.

Xiong S F, Gong Y J, Jiang S Y, et al., 2018. Ore genesis of the Wusihe carbonate-hosted Zn-Pb deposit in the Dadu River Valley district, Yangtze Block, SW China: evidence from ore geology, S-Pb isotopes, and sphalerite Rb-Sr dating[J]. Mineralium Deposita, 53(7): 967-979.

Xu S, Hu Y, Cheng Y, et al., 2023. Genetic relationship between the Maoping Pb-Zn deposit and paleo-oil reservoir in the northern Yunnan-Guizhou depression: Evidence from bitumen trace elements and the in-situ sulfur isotope of pyrite associated with bitumen[J]. Frontiers in Earth Science, 10: 1109112.

Yan D P, Zhou M F, Song H, et al., 2003. Origin and tectonic significance of a Mesozoic multi-layer over-thrust system within the Yangtze Block (South China)[J]. Tectonophysics, 361(3): 239-254.

Yang F, Wang G, Cao H, et al., 2017. Timing of formation of the Hongdonggou Pb-Zn polymetallic ore deposit, Henan Province, China: Evidence from Rb-Sr isotopic dating of sphalerites[J]. Geoscience Frontiers, 8(3): 605-616.

Ye L, Liu T G, Shao S X, 2000. Geochemistry of mineralizing fluid of Cd-rich zinc deposit: Taking Niujiaotang Cd-rich zinc deposit, Duyun, Guizhou for example[J]. Chinese Journal of Geochemical, 29: 597-603.

Ye L, Cook N J, Ciobanu C L, et al., 2011. Trace and minor elements in sphalerite from base metal deposits in South China: A LA-ICPMS study[J]. Ore Geology Reviews, 39(4): 188-217.

Ye L, Cook N J, Liu T G, et al., 2012. The Niujiaotang Cd-rich zinc deposit, Duyun, Guizhou province, southwest China: Ore genesis and mechanisms of cadmium concentration[J]. Mineralium Deposita, 47(6): 683-700.

Yuan B, Zhang C, Yu H, et al., 2018. Element enrichment characteristics: Insights from element geochemistry of sphalerite in Daliangzi Pb-Zn deposit, Sichuan, Southwest China[J]. Journal of Geochemistry Exploration, 186: 187-201.

Zartman R E, Doe B R, 1981. Plumbotectonics—the model[J]. Tectonophysics, 75(1-2): 135-162.

Zhao J H, Zhou M F, Yan D P, et al., 2011. Reappraisal of the ages of Neoproterozoic strata in South China: No connection with the Grenvillian orogeny[J]. Geology, 39(4): 299-302.

Zhao X F, Zhou M F, Li J W, et al., 2010. Late Paleoproterozoic to early Mesoproterozoic Dongchuan Group in Yunnan, SW China: Implications for tectonic evolution of the Yangtze Block[J]. Precambrian Research, 182(1-2): 57-69.

Zhong S, Mucci A, 1995. Partitioning of rare earth elements (REEs) between calcite and seawater solutions at 25℃ and 1 atm, and high dissolved REE concentrations[J]. Geochimica et Cosmochimica Acta, 59(3): 443-453.

Zhou J C, Wang X L, Qiu J S., 2009. Geochronology of Neoproterozoic mafic rocks and sandstones from northeastern Guizhou, South China: Coeval arc magmatism and sedimentation[J]. Precambrian Research, 170(1-2): 27-42.

Zhou J X, Huang Z L, Zhou G F, et al., 2011. The trace elements and rare earth elements geochemistry of sulfide minerals in the Tianqiao Pb-Zn ore deposit, Guizhou Province, China[J]. Acta Geologica Sinica (English Edition), 85(1): 189-199.

Zhou J X, Huang Z L, Bao G P, et al., 2013. Sources and Thermo-Chemical Sulfate Reduction for Reduced Sulfur in the Hydrothermal Fluids, Southeastern SYG Pb-Zn Metallogenic Province, SW China[J]. Journal of Earth Science, 24(5): 759-771.

Zhou J X, Wang X C, Wilde S A, et al., 2018a. New insights into the metallogeny of MVT Zn-Pb deposits: A case study from the Nayongzhi in South China, using field data, fluid compositions, and in situ S-Pb isotopes[J]. American Mineralogist, 103(1): 91-108.

Zhou J X, Xiang Z Z, Zhou M F, et al., 2018b. The giant Upper Yangtze Pb-Zn province in SW China: Reviews, new advances and a new genetic model[J]. Journal of Asian Earth Sciences, 154: 280-315.

Zhou J X, Yang Z M, An Y L, et al., 2022. An evolving MVT hydrothermal system: Insights from the Niujiaotang Cd-Zn ore field, SW China[J]. Journal of Asian Earth Sciences, 237: 105357.

Zhuang L L, Song Y C, Liu Y C, et al., 2019. Major and trace elements and sulfur isotopes in two stages of sphalerite from the world-class Angouran Zn-Pb deposit, Iran: Implications for mineralization conditions and type[J]. Ore Geology Reviews, 109: 184-200.